U0169693

普通高等教育新工科电子信息类课改系列教材

MATLAB 基础与编程入门

(第四版)

张威 编

西安电子科技大学出版社

内 容 简 介

学习和掌握科学计算应用软件——MATLAB 核心模块的应用是利用该软件开展控制系统设计与分析、数字信号与数字图像处理、通信系统设计与仿真、金融数学分析等应用的基础。本书重点介绍了该软件的核心基础内容,包括 MATLAB 产品的体系,MATLAB 桌面工具的使用方法,M 语言编程方法,MATLAB 进行数据可视化、分析处理的基本步骤等。

本书凝聚了作者从业多年来利用 MATLAB 解决各种工程问题时积累的应用经验。全书仅围绕 MATLAB 核心模块的基础内容展开,是学习和掌握 MATLAB 软件最基础的书籍,书中内容翔实、全面,用词简单、扼要,示例丰富,可以作为 MATLAB 软件的培训教材,也可以作为自学 MATLAB 应用软件的入门教程,还可以作为已经基本掌握 MATLAB 使用方法的工程技术人员提高 MATLAB 使用技巧的参考书。

图书在版编目(CIP)数据

MATLAB 基础与编程入门 / 张威编. —4 版. —西安:西安电子科技大学出版社,2022.4(2022.11 重印)

ISBN 978–7–5606–5935–0

Ⅰ. ①M…　Ⅱ. ①张…　Ⅲ. ①Matlab 软件　Ⅳ. ①TP317

中国版本图书馆 CIP 数据核字(2022)第 027543 号

策　　划　毛红兵
责任编辑　毛红兵
出版发行　西安电子科技大学出版社(西安市太白南路 2 号)
电　　话　(029)88202421　88201467　邮　　编　710071
网　　址　www.xduph.com　　　　　　电子邮箱　xdupfxb001@163.com
经　　销　新华书店
印刷单位　陕西天意印务有限责任公司
版　　次　2022 年 4 月第 4 版　　2022 年 11 月第 2 次印刷
开　　本　787 毫米×1092 毫米　1/16　印张　24
字　　数　570 千字
印　　数　3001～6000 册
定　　价　64.00 元

ISBN 978 – 7 – 5606 – 5935 – 0 / TP

XDUP 6237004–2

前　言

　　初夏的上午时分，冉冉升起的艳阳正炙烤着北京 CBD 的写字楼，意式浓缩咖啡的醇香尚未散去，笔者的个人邮箱突然收到了一封来自某大学老师的电子邮件，咨询是否有计划重新编写《MATLAB 基础与编程入门》。与此同时，西安电子科技大学出版社编辑的一通电话也问了我同样的问题，被称呼为"张老师"还多少有些不习惯。看来这本书的确需要根据新版本的 MATLAB 软件进行再一次的升级更新了。

　　笔者接触 MATLAB 软件还是在大学三年级的"自动控制原理"课程上，简单的几个命令就可以准确地绘制奈奎斯特曲线、波特图，完成复杂的矩阵运算，那时几张 1.44 英寸(注：1 英寸=2.54 厘米)的软盘就足够容纳所有的 MATLAB 安装程序包。到了今天，完整地将 MATLAB 软件安装到计算机内需要占据十几吉字节的存储空间。MATLAB 应用软件体系庞大，功能丰富，包含众多工具，掌握其功能和工具的使用成为 MATLAB 初学者的最大障碍。应用 MATLAB 产品需要首先掌握其核心基础内容，包含 MATLAB 的产品体系、桌面工具，M 语言编程，数据可视化以及数据分析的基本步骤和流程等，实际上，上述大部分功能都由 MATLAB 核心模块来提供，并不涉及具体的专业产品或者工具箱。利用这些基础功能，再结合自身的专业知识就可以解决很多领域的科学或者工程问题。

　　本书是学习、掌握 MATLAB 软件的基础书籍，第一版于 2004 年 2 月出版，之后更新出版了第二版和第三版。尽管这些年来 MATLAB 软件每年都在升级，但是很多 MATLAB 用户往往会选择自己最熟悉的那个版本软件，只有初学者才更愿意追逐产品的更新，使用最新版的软件，体会最新的功能。每一次 MATLAB 软件的升级都或多或少引入了一些新的功能，并且淘汰了一部分过时的内容。很多挚友希望看到本书能够反映 MATLAB 的新版本、新功能，于是，基于 MATLAB Release 2020a 的本书诞生了。

　　本书的基本结构与前面几个版本保持一致，围绕 MATLAB 9.80 版的核心模块展开，介绍了 MATLAB 数据类型与编程基础、数据图形的可视化功能和各种桌面工具的使用方法。与第三版相比较，本书删除了部分已经彻底淘汰的功能的介绍，修正了文字描述方面的错误，加入了部分新函数、新功能的描述，并且在对应的章节中介绍了新旧版本软件的变化，以保持对旧版本书籍及软件的向下兼容性。

　　本书从第一版到现在，均得到西安电子科技大学出版社毛红兵副总编辑的大力支持，在这里对她和出版社的其他同志表示衷心的感谢。感谢母校——北京航空航天大学对笔者的培养，从"艰苦朴素，勤奋好学，全面发展，勇于创新"到"德才兼备，知行合一"，从自动化学院到光电学院再到生物与医学工程学院，难忘主楼 243、主南 116、六号楼、新主楼和逸夫科学馆里的日日夜夜。感谢多年的同学、同事、好友以及师长，与你们一同学习、钻研 MATLAB 软件，学习和研究实时仿真、混合试验技术的日子让我终身受益。更要感谢我的父母、兄长和妻儿，我花费了太多时间在计算机前，没能很好地尽到自己应尽的义务和责任，如果没有家人对我的关心、支持和鼓励，也就没有今天本书的如期出版。

由于时间仓促，书中难免存在一些不足之处，诚望广大读者谅解，并且希望读者提出宝贵的意见和建议，以便再版时改进。如果需要获得本书所涉及的示例源代码、电子课件，或者对本书有任何疑问以及想法，可以通过电子邮件与作者直接联系。作者电子信箱为zhang_way@163.com。

作　者

2022 年 1 月

目　录

第1章　MATLAB 桌面环境 1

1.1　MATLAB 产品族简介 1

   1.1.1　MATLAB 的产品体系 2

   1.1.2　Simulink 简介 6

   1.1.3　Stateflow 简介 8

   1.1.4　自动化代码生成工具 9

1.2　MATLAB 的桌面环境 11

   1.2.1　MATLAB 用户界面 12

   1.2.2　MATLAB 用户界面布局 15

   1.2.3　修改窗体文本样式 18

1.3　Command Window 和 MATLAB
　　　命令 20

   1.3.1　在命令行窗体中执行命令 20

   1.3.2　设置命令行窗体的数值
　　　　　显示格式 23

   1.3.3　常用的命令行窗体控制命令 ...25

1.4　Command History 和历史记录 28

   1.4.1　命令行历史窗体 28

   1.4.2　diary 命令 32

1.5　使用帮助和 Function Browser 34

   1.5.1　使用在线帮助 34

   1.5.2　使用窗体帮助 37

   1.5.3　函数浏览器 40

   1.5.4　操作帮助的函数 42

1.6　Current Folder 和搜索路径 43

   1.6.1　当前路径察看器 43

   1.6.2　工作目录 45

   1.6.3　搜索路径 47

1.7　使用 MATLAB 命令收藏 50

本章小结 55

练习 56

第2章　矩阵和数组 57

2.1　向量、矩阵和数组的基本概念 57

2.2　创建向量 59

2.3　创建矩阵 62

   2.3.1　直接输入法 62

   2.3.2　工作空间浏览器 63

   2.3.3　变量编辑器 66

2.4　索引 70

   2.4.1　向量元素的访问 70

   2.4.2　矩阵元素的访问 72

2.5　基本运算 74

   2.5.1　矩阵生成函数 75

   2.5.2　基本矩阵运算 76

   2.5.3　基本数组运算 78

   2.5.4　基本数学函数 82

   2.5.5　矩阵(数组)操作函数 84

2.6　稀疏矩阵 87

2.7　多维数组 90

   2.7.1　创建多维数组 90

   2.7.2　多维数组的操作函数 94

本章小结 96

练习 96

第3章　数据类型基础 98

3.1　MATLAB 提供的数据类型 98

3.2　数值类型 99

   3.2.1　基本数值类型入门 99

   3.2.2　整数类型数据运算 102

   3.2.3　MATLAB 的常量 107

   3.2.4　空数组 110

   3.2.5　数据类型转换 112

3.3　逻辑类型 114

3.3.1　逻辑数据类型 114
3.3.2　逻辑运算 116
3.3.3　关系运算 118
3.3.4　运算符的优先级 121
3.4　字符向量与字符串数组 122
3.4.1　字符向量 122
3.4.2　字符串数组 127
3.4.3　处理字符向量和字符串的函数 ...132
3.4.4　格式化字符串 137
3.4.5　格式化输入/输出 141
3.5　元胞数组 146
3.5.1　元胞数组的创建 147
3.5.2　元胞数组基本操作 149
3.5.3　元胞数组操作函数 154
3.6　结构 157
3.6.1　结构数组的创建 157
3.6.2　结构数组的基本操作 161
3.6.3　结构操作函数 163
本章小结 166
练习 167

第4章　MATLAB 编程基础 168
4.1　M 语言编辑器 168
4.2　脚本文件 169
4.3　流程控制 173
4.3.1　选择结构 173
4.3.2　循环结构 181
4.3.3　break 语句和 continue 语句 ...184
4.3.4　提高运算性能 186
4.4　函数文件 190
4.4.1　基本结构 190
4.4.2　输入/输出参数 195
4.4.3　子函数 196
4.4.4　局部变量和全局变量 197
4.4.5　函数执行规则 200
4.5　M 文件调试 202
4.5.1　一般调试过程 202
4.5.2　条件断点 206
4.5.3　命令行调试 207
本章小结 208

练习 208
第5章　导入/导出数据文件 210
5.1　高级例程函数 210
5.1.1　MAT 数据文件操作 210
5.1.2　文本文件操作 218
5.1.3　导入其他类型数据文件 219
5.1.4　导出二进制格式数据 224
5.2　低级例程函数 225
5.2.1　打开与关闭文件 226
5.2.2　读写数据 227
5.2.3　文件位置指针 230
5.3　数据导入向导 234
本章小结 239
练习 240
第6章　图形基础 241
6.1　概述 241
6.2　交互式绘图 243
6.2.1　工具栏快速绘图 243
6.2.2　交互式绘图工具 247
6.3　命令绘图 270
6.3.1　基本绘图命令 270
6.3.2　设置曲线的样式属性 272
6.3.3　使用子图 278
6.3.4　控制绘图区域 280
6.3.5　格式化绘图命令 285
6.3.6　特殊图形函数 292
6.4　基本三维绘图 299
6.5　图形显示与调色板 304
6.6　保存和输出图形 309
6.6.1　保存图形 309
6.6.2　导出与打印图形 311
6.7　简单数据分析工具 313
6.7.1　简单数据统计 313
6.7.2　插值运算 316
6.7.3　曲线拟合 320
6.7.4　基本拟合工具 324
本章小结 329
练习 330
第7章　图形用户界面基础 332

7.1 句柄图形入门 332
7.2 GUIDE 工具入门.......................................341
  7.2.1 GUIDE 工具的界面 342
  7.2.2 创建图形用户界面外观 345
  7.2.3 图形用户界面编程 352
7.3 应用设计工具基础 357
本章小结 364
练习 364
附录 366
  附录 A MATLAB 关键字 366

附录 B MATLAB 可用的 TEX
     字符集 367
附录 C 数据文件 IO 函数 368
附录 D 可读的常见文件类型 370
附录 E 数据 IO 格式化字符向量 371
附录 F MATLAB 运算符的优先级 372
附录 G 实用命令 373
参考文献 375

第 1 章　MATLAB 桌面环境

　　MATLAB 产品是用来解决工程与科学实际问题的工程应用软件，其产品包含了很多产品模块和工具箱。结合这些模块和工具箱，MATLAB 软件可以应用于科学计算、控制系统设计与分析、数字信号处理、数字图像处理、通信系统仿真与设计、金融财经系统分析等领域。学习使用 MATLAB，首先需要了解的就是 MATLAB 软件产品的体系以及 MATLAB 的基本环境。本章将简要介绍 MATLAB 软件产品的体系，重点介绍 MATLAB 软件的图形界面环境的基本使用方法。

本章要点：

- ・ MATLAB 产品族简介；
- ・ MATLAB 桌面环境；
- ・ MATLAB 用户界面窗体的使用。

1.1　MATLAB 产品族简介

　　MATLAB 的名称源自 Matrix Laboratory，它的首创者是在数值线性代数领域颇有影响的 Cleve Moler 博士，他也是开发运营 MATLAB 产品的美国 The MathWorks 公司的创始人之一。最初开发 MATLAB 是为了以矩阵的形式处理数据，后来 MATLAB 被广泛地应用于不同的工程领域，成为将高性能的数值计算和强大的数据可视化功能集成在一起，并提供了大量内置函数的面向科学计算的实用工具。目前，MATLAB 被广泛地应用于科学计算、控制系统、信息处理等领域的分析、仿真和设计工作，而且利用 MATLAB 产品的开放式结构，可以非常容易地对 MATLAB 的功能进行扩充，从而在深化对问题的认识的同时，不断完善 MATLAB 产品以提高自身的竞争能力。

　　目前 MATLAB 产品族可以用来进行：

- ■　数值分析；
- ■　数值和符号计算；
- ■　工程与科学绘图；
- ■　控制系统设计与仿真；
- ■　数字图像处理；
- ■　数字信号处理；
- ■　通信系统设计与仿真；

■ 财务与金融工程分析。

笔者在编写本书时使用的 MATLAB 版本为 MATLAB 9.80，The MathWorks 公司将其称为 MATLAB Release 2020a。

 提示：

对于 MATLAB 的版本，早期国内用户习惯使用 MATLAB 产品体系中的核心模块——MATLAB 模块的版本作为整个产品体系的版本号，例如有的读者习惯称自己所使用的 MATLAB 是 7.0 版或者 8.1 版。The MathWorks 公司内部对 MATLAB 以产品发布次数作为其版本号，例如，MATLAB 7.0 对应的是 MATLAB Release R14，表示该版本是 MATLAB 产品体系第 14 次正式发布版。每个 MATLAB 产品模块(包括核心模块)以及不同的工具箱都对应具有自己的版本号，组合在一起是正式发布版的版本号。按照 The MathWorks 公司 2006 年初发表的声明，从 2006 年开始 MATLAB 每年将进行两次产品发布，以发布的年份作为版本号，春季发布的版本为 a 版本，秋季发布的版本为 b 版本。因此 2006 年 3 月份该公司发布了 MATLAB Release 2006a，而 2006 年 9 月份该公司发布了 MATLAB Release 2006b。以后的产品版本号以此类推。

请读者核对自己所使用的 MATLAB 产品版本。不同版本的 MATLAB 产品有诸多特性上的差别。如果需要了解特性上的差别，请读者自行察看相应版本的 Release Notes 信息。

1.1.1　MATLAB 的产品体系

MATLAB 产品由若干个模块组成，不同的模块完成不同的功能。目前 MATLAB 的整个产品体系可以分为三个产品家族，分别是基于 MATLAB 的产品族、基于 Simulink 的产品族以及在 MATLAB 和 Simulink 基础之上开发的各种专业工具箱。The MathWorks 公司于 2007 年并购法国 Polyspace Technologies 公司，获得了 Polyspace 产品，该产品主要用于在嵌入式系统开发过程中，结合 Simulink 以及代码生成工具来完成代码运行时的错误检查和验证。

相对来说，广大读者比较熟悉的 MATLAB 产品族包括如下部分：

■ MATLAB；
■ MATLAB 代码生成工具；
■ MATLAB 应用程序发布工具；
■ MATLAB 工具箱；
■ Simulink；
■ Simulink 工具集；
■ Simulink 代码生成工具；
■ Stateflow。

由这些模块构成的 MATLAB 产品体系如图 1-1 所示。

MATLAB 是 MATLAB 产品家族的基础，任何其他 MATLAB 产品都以这个模块为基础。MATLAB 核心模块提供了基本的数学算法(例如矩阵运算、数值分析算法)，集成了 2D 和 3D 图形以及数据可视化功能，并且提供了一种交互式的高级编程语言——M 语言。利用 M 语言可以通过编写脚本或者函数文件，实现用户自己的算法。MATLAB 核心模块也是与其他第三方软件集成交互的基础。本书的内容就完全集中在 MATLAB 核心模块中。

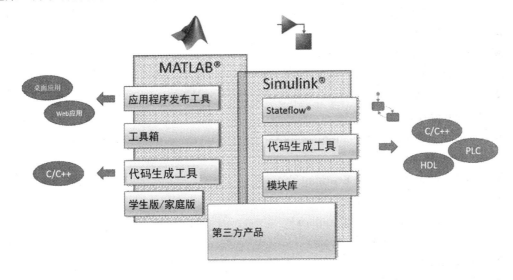

图 1-1　MATLAB 产品体系

　　MATLAB 的桌面应用程序开发以及发布工具是以 MATLAB Compiler 为核心的一组编译工具。MATLAB Compiler 能够将那些利用 MATLAB 提供的编程语言——M 语言编写的函数文件编译为可以脱离 MATLAB 环境运行的独立可执行程序。利用 MATLAB Compiler SDK 可以将 MATLAB 的功能发布为动态共享链接库、Microsoft® .NET 程序集、Java 类和 Python 包，让 MATLAB 同其他高级编程语言进行混合应用，取长补短，以提高程序的运行效率，丰富程序开发的手段。MATLAB 的应用程序还可以通过网络形式进行发布，使用 MATLAB Production Server 将 MATLAB 算法集成到 Web 云端、数据库和企业应用程序中，或者使用 MATLAB Web App Server 将 MATLAB 和 Simulink 作为 Web 应用发布，然后通过浏览器来浏览调用。

 提示：

　　有关利用 MATLAB Compiler 以及 MATLAB Compiler SDK 发布 MATLAB 应用程序，将 MATLAB 算法与第三方编程语言集成的方法，请参阅《MATLAB 应用程序集成与发布》一书，而利用 MATLAB 外部接口在 MATLAB 环境中集成第三方编程语言，如 MEX 文件应用与开发、集成 Java 接口等，可以参阅《MATLAB 外部接口编程》一书。这两本书均已由西安电子科技大学出版社出版。

　　利用 M 语言还开发了相应的 MATLAB 专业工具箱函数，以供用户直接使用。工具箱应用算法具有开放和可扩展的特性，用户不仅可以察看其中的算法，还可以针对一些算法进行修改，还允许开发自己的算法来扩充工具箱的功能。这些 MATLAB 的工具箱功能丰富，分别涵盖了高性能计算、数学统计与优化、控制系统设计与分析、数字信号处理、数字图像处理与计算机视觉、通信系统设计与分析、芯片设计与开发、测量与测试、计算金融、计算生物、航空航天工程以及车辆工程等专业领域。

MATLAB 主要工具箱和产品模块如下所示。

数学、统计与优化：

- Curve Fitting Toolbox；
- Optimization Toolbox；
- Global Optimization Toolbox；
- Symbolic Math Toolbox；
- Mapping Toolbox；
- Partial Differential Equation Toolbox。

统计与深度学习：

- Statistics and Machine Learning Toolbox；
- Deep Learning Toolbox；
- Reinforcement Learning Toolbox；
- Deep Learning HDL Toolbox；
- Text Analytics Toolbox；
- Predictive Maintenance Toolbox。

测量与测试：

- Data Acquisition Toolbox；
- Instrument Control Toolbox；
- Image Acquisition Toolbox；
- OPC Toolbox；
- Vehicle Network Toolbox；
- ThingSpeak。

数字信号处理：

- Signal Processing Toolbox；
- Phased Array System Toolbox；
- DSP System Toolbox；
- Audio Toolbox；
- Wavelet Toolbox。

通信系统开发：

- Communications Toolbox；
- WLAN Toolbox；
- LTE Toolbox；
- 5G Toolbox；
- Wireless HDL Toolbox；
- Antenna Toolbox；
- RF Toolbox；
- SerDes Toolbox。

图像处理与计算机视觉：

- Image Processing Toolbox；

- Computer Vision Toolbox；
- Lidar Toolbox；
- Vision HDL Toolbox。

控制系统设计与分析：

- Control System Toolbox；
- System Identification Toolbox；
- Predictive Maintenance Toolbox；
- Robust Control Toolbox；
- Model Predictive Control Toolbox；
- Fuzzy Logic Toolbox；
- Reinforcement Learning Toolbox。

计算金融：

- Econometrics Toolbox；
- Financial Toolbox；
- Datafeed Toolbox；
- Database Toolbox；
- Spreadsheet Link (for Microsoft Excel)；
- Financial Instruments Toolbox；
- Trading Toolbox；
- Risk Management Toolbox。

应用程序集成与发布：

- MATLAB Compiler；
- MATLAB Compiler SDK；
- MATLAB Production Server；
- MATLAB Web App Server。

代码生成与验证：

- MATLAB Coder；
- Embedded Coder；
- HDL Coder；
- HDL Verifier；
- Filter Design HDL Coder；
- Fixed-Point Designer；
- GPU Coder。

数据库与报告生成：

- Database Toolbox；
- MATLAB Report Generator。

计算生物：

- Bioinformatics Toolbox；

■　　SimBiology。

无人驾驶系统开发：

■　Automated Driving Toolbox；

■　Robotics System Toolbox；

■　UAV Toolbox；

■　Navigation Toolbox；

■　ROS Toolbox；

■　Sensor Fusion and Tracking Toolbox；

■　RoadRunner。

这些工具箱产品的共同特点是通过 M 语言编程或者命令行窗体命令完成具体的功能，需要一定的代码工作才能够完成算法的开发与实现。

不过本书中所介绍的内容不包括上述工具箱，本书将集中介绍 MATLAB 核心模块的使用方法，其他产品工具箱的介绍请参阅 MATLAB 的帮助文档信息。

1.1.2　Simulink 简介

Simulink 是基于 MATLAB 的框图设计环境，可以用来对各种动态系统进行建模、分析和仿真。它的建模范围广泛，可以针对任何能够用数学来描述的系统进行建模，如有翼飞行器动力学系统、飞行器导航、制导与控制系统、信息以及通信系统、船舶水动力系统、车辆动力学系统等，其中包括了连续、离散、条件执行、事件驱动、单速率、多速率和混杂系统等。Simulink 提供了利用鼠标拖放的方法建立系统框图模型的图形界面，而且 Simulink 还提供了丰富的功能块(Blocks)以及不同的专业模块集合(Blocksets)。利用 Simulink 几乎可以做到不书写一行代码即可完成整个动态系统的建模和仿真工作。

Simulink 的特点如下所示。

■　交互式建模：Simulink 本身提供了大量的功能块，以方便用户快速建立动态系统的模型，建模的时候只需要利用鼠标拖放功能块并将其连接起来即可。

■　交互式仿真：Simulink 的框图提供可交互的仿真环境，可以将仿真结果动态显示出来，并且在各种仿真的过程中调节系统的参数。

■　任意扩充和定制功能：Simulink 的开放式结构允许用户扩充仿真环境的功能，可以将用户利用 M 语言、C/C++、FORTRAN 语言编写的算法集成到 Simulink 框图中。

■　与 MATLAB 工具集成：Simulink 的基础是 MATLAB，那么在 Simulink 框图中就可以直接利用 MATLAB 的数学、图形和编辑功能，完成诸如数据分析、过程自动化分析、参数优化等工作。

■　专业模型库：为了扩展 Simulink 的功能，The MathWorks 公司针对不同的专业领域和行业开发了各种专业模型库，将这些模型库同 Simulink 的基本模块库结合起来，可以完成不同专业领域动态系统的建模工作，这些模块库大多配合前述的若干 MATLAB 工具箱使用，可以实现多种专业系统的建模和仿真工作。

Simulink 的基本模块库如图 1-2 所示。

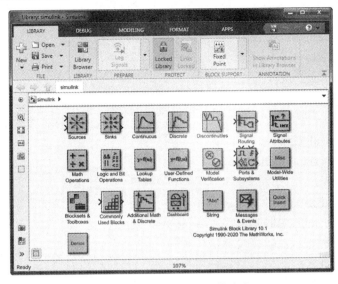

图 1-2　Simulink 的基本模块库

Simulink 的主要模块集和工具如下所示。

基于事件的系统建模：

■　SimEvents；

■　Stateflow。

物理系统建模：

■　Simscape；

■　Simscape Driveline；

■　Simscape Electrical；

■　Simscape Fluids；

■　Simscape Multibody。

代码生成：

■　Simulink Coder；

■　Embedded Coder；

■　AUTOSAR Blockset；

■　Fixed-Point Designer；

■　Simulink PLC Coder；

■　Simulink Code Inspector；

■　DO Qualification Kit (for DO-178)；

■　IEC Certification Kit (for ISO 26262 and IEC 61508)；

■　HDL Coder；

■　HDL Verifier。

模型分析与验证：

■　Simulink Requirements；

■　Simulink Check；

- Simulink Coverage；
- Simulink Design Verifier；
- Simulink Test；
- Polyspace Bug Finder；
- Polyspace Code Prover。

实时仿真目标：

- Simulink Real-Time；
- Simulink Desktop Real-Time。

车辆与航空工程：

- Powertrain Blockset；
- Vehicle Dynamics Blockset；
- AUTOSAR Blockset；
- Aerospace Blockset。

通信系统仿真：

- RF Blockset；
- Mixed-Signal Blockset。

应用程序集成与发布：

- Simulink Compiler。

图形与报告生成：

- Simulink 3D Animation；
- Simulink Report Generator。

1.1.3 Stateflow 简介

Stateflow 是一个交互式的建模与仿真工具，它基于有限状态机的理论，可以用来对复杂的事件驱动系统以及控制逻辑进行建模和仿真。Stateflow 与 Simulink 和 MATLAB 紧密集成，可以将 Stateflow 创建的复杂控制逻辑有效地结合到 Simulink 的模型中。

有限状态机是具有有限个状态(States)的系统的理论表述。它以某些默认的状态为起点，根据所定义的事件(Events)和转移(Transitions)进行操作，这里的转移表示状态机如何对事件进行响应(控制流程)。

图 1-3 所示就是有限状态机的一个例子。

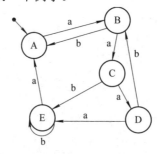

图 1-3 有限状态机的一个例子

图 1-3 中，A、B、C、D、E 分别表示系统的不同状态，而 a、b 表示相应的事件，具有方向的线表示状态与状态之间的逻辑流转移。逻辑流转移依赖事件驱动，所以这是一个典型的事件驱动模型，可以利用有限状态机理论进行表述。

假设用一个状态机表示空调的制冷工作。一般空调工作的时候具有两种状态，即运行(on)和停止(off)，当电源接通之后，空调机一般默认为运行状态。若室内的温度高于设定的温度，则空调机处于运行状态；若室内的温度低于设定的温度，则空调机停止运行。这样系统就从一个状态转换到了另一个状态。

利用 Stateflow 可以对上述系统进行建模，如图 1-4 所示。

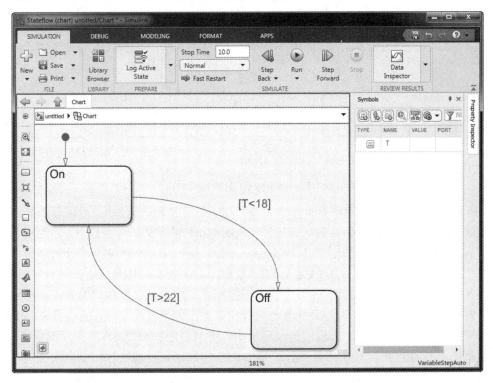

图 1-4　利用 Stateflow 建模

Stateflow 主要用于各种动态逻辑、控制流程系统的建模与仿真。例如，在飞行器的导航制导与控制系统中，经常需要根据当前的飞行状态切换不同的系统控制参数，利用 Stateflow 就可以完成此类系统的建模与仿真。再如，可以使用 Stateflow 针对通信系统的物理层(MAC Layer)协议进行建模与仿真，实现其中的逻辑判断和流程控制。

1.1.4　自动化代码生成工具

在 MATLAB 产品族中，自动化的代码生成工具主要有 C 语言代码生成工具、HDL 语言代码生成工具等，其中的核心工具是 MATLAB Coder 和 Simulink Coder。在早期版本的 MATLAB 软件中，代码生成工具是 Real-Time Workshop(RTW)、Real-Time Workshop Embedded Coder 和 Stateflow Coder。从 MATLAB Release 2011a 版本开始，就使用 Coder 产品名称来替代这些代码工具了。这些代码生成工具可以直接将 Simulink 的模型框图和

Stateflow 的状态图转换成高效优化的程序代码。利用 Coder 生成的代码简洁、可靠、易读。目前 Coder 支持生成标准的 C/C++语言代码，并且具备了生成其他语言代码的能力。整个代码的生成、编译以及相应的目标下载过程都是自动完成的，用户需要做的仅仅是使用鼠标点击几个按钮即可。业内有很多第三方公司针对不同的实时或非实时操作系统平台，开发了相应的目标选项，配合不同的软硬件系统，可以完成快速控制原型(Rapid Control Prototype)开发、硬件在回路的实时仿真(Hardware-in-Loop)、产品代码生成等工作。

代码生成工具的体系结构如图 1-5 所示。

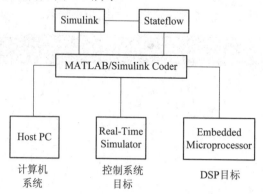

图 1-5　代码生成工具的体系结构

The MathWorks 公司开发的 Simulink Real-Time 是结合 Speedgoat 实时硬件系统进行快速原型或者硬件在回路实时仿真的理想选择，Speedgoat 也提供了丰富的 IO 功能用于进行实时仿真系统与外围硬件的数据交互。Speedgoat 公司是由 The MathWorks 公司前员工成立的公司，总部位于瑞士伯尔尼，专门为 MATLAB/Simulink 的实时仿真应用开发目标机系统。

而各种单片机——HC12、C166 等主要用于控制系统中嵌入式控制器的处理器在回路的仿真开发。The Mathworks 公司与第三方公司合作开发了若干目标工具，能够将 Simulink 框图化模型变成代码并直接导入相应的开发环境中，并且在各种类型 DSP 开发板或者 EVM 板上运行的可执行程序，直接通过硬件设备验证系统算法。目前，这些工具可支持 Texas Instruments C2000™和 C6000™、Analog Devices™ Blackfin®、Freescale™ MPC5xx、Infineon® C166®、STMicroelectronics® ST10 等类型处理器。

利用 MATLAB 产品的开放性体系，全世界范围内的多家第三方厂商、公司在 MATLAB 的基础上开发了很多工具，有些工具已转化成为商业化产品。有些厂商利用 M 语言开发了面向某一特定专业领域的工具箱，如美国 Princeton Satellite System 公司开发的面向飞行器控制系统设计、分析应用的 Aerocraft Control Toolbox。而有些厂商则在 Simulink 的基础上开发了面向某一特定应用领域的 Blocksets，如 Mechanical Simulation Corporation 开发的用于车辆动力学系统模拟与仿真的 CarSim 系列工具。此外还有很多在 Simulink Coder 或者 Real-Time Workshop 的基础上开发的实时系统目标，其中包括德国 dSPACE 公司开发的 dSPACE 系统、美国 Applied Dynamics International 公司开发的 ADI rtX 系统、加拿大 Opal-RT Technologies 公司开发的 RT-LAB 产品、英国 PI Technology 公司开发的 OpenECU 等产品。这些第三方产品极大地丰富了 MATLAB 产品在某一特定领域内的应用能力，使 MATLAB 逐渐成为了众多工程师、研发团体的首选科研软件平台。

1.2　MATLAB 的桌面环境

目前 MATLAB 可以运行在主流的 64 位桌面操作系统中，如 Windows、macOS、常见的 Linux 发行版等。在不同的操作系统中，安装与启动 MATLAB 的方式都有所差别，本书所介绍的内容是在 64 位的 Windows 环境下使用 MATLAB 软件以及进行编程开发的基础内容。如果读者在 Linux 或者 macOS 下使用 MATLAB 软件，则部分操作和特性与本书介绍的内容会有所不同。

 提示：

笔者日常使用的 MATLAB 版本为 MATLAB 9.80，也就是 MATLAB Release 2020a。如没有特别声明，所有操作均在此环境下完成。

安装 MATLAB 之后，安装程序默认地会在 Windows 的开始菜单下创建启动 MATLAB 的快捷方式，也会在 Windows 桌面创建快捷方式。启动 MATLAB 的时候需要采用这些快捷方式。

 提示：

在安装 MATLAB 的时候，需要选择是否在桌面保存 MATLAB 快捷方式，如图 1-6 所示。如果不勾选，就只有开始菜单内存在 MATLAB 的启动快捷方式。

图 1-6　设置 MATLAB 的命令收藏

1.2.1 MATLAB 用户界面

MATLAB 软件的用户界面包含了多个窗体，这些窗体包括：
- 当前路径察看器(Current Folder)；
- 工作空间浏览器(Workspace)；
- 命令行窗体(Command Window)；
- 命令行历史窗体(Command History)；
- 变量编辑器(Array Editor)；
- M 文件编辑器/调试器(Editor/Debugger)；
- 超文本帮助文档浏览器(Help Browser)；
- 网页浏览器(Web Browser)。

这些窗体都可以内嵌在 MATLAB 主窗体下，再配合 MATLAB 工具栏和快速访问工具栏就组成了 MATLAB 的桌面环境。

当 MATLAB 安装完毕并首次运行时，展示在用户面前的界面为 MATLAB 运行时的默认界面，如图 1-7 所示。

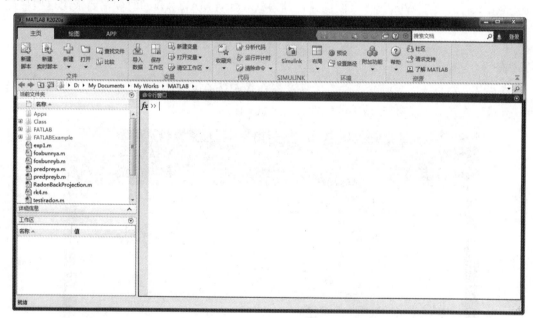

图 1-7　MATLAB 的默认桌面环境(中文界面)

MATLAB 软件从 Release 2014a 版本开始，其桌面环境就可以使用中文字符，它可以根据用户 Windows 操作系统所设置的"地域"信息来选择 MATLAB 桌面环境的默认语言。其实，对于很多 MATLAB 软件的用户来说，用户界面的汉化并没有太多的实质意义，相信大部分用户依然习惯使用英文用户界面，并且从笔者多年的使用习惯、效率、经验以及方便交流的角度考虑，建议读者尽量使用英文界面的 MATLAB。如果需要修改 MATLAB 的界面显示语言，可以在"预设项"对话框中的"常规"页面内，选择 MATLAB 的默认界面语言，如图 1-8 所示。

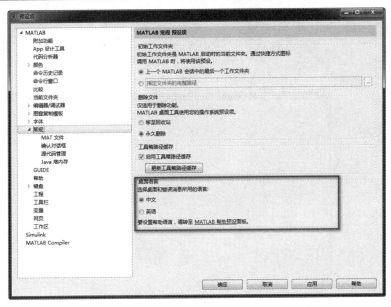

图 1-8　选择并设置 MATLAB 的默认界面语言

如果读者使用的 MATLAB 版本为 Release 2014a 或者 2014b，则需要通过设置 Windows 环境变量的方法来修改 MATLAB 的默认界面语言，即创建 Windows 环境变量 MWLOCALE_TRANSLATED，设置变量值为 OFF 即可，如图 1-9 所示。

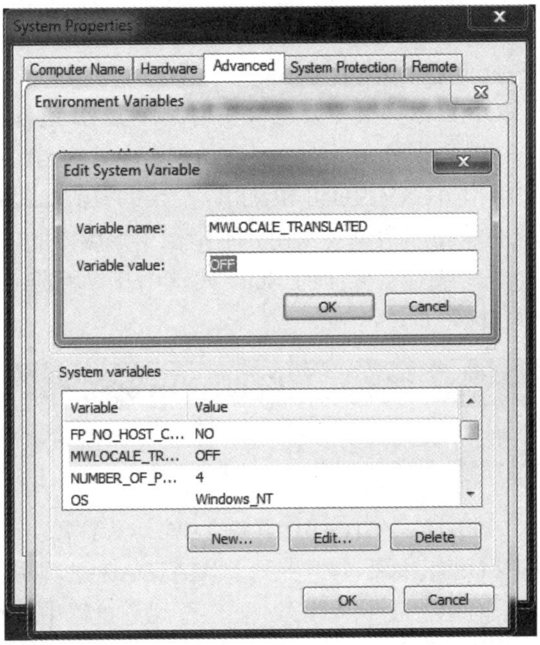

图 1-9　通过设置环境变量转换 MATLAB 桌面环境的界面语言

修改界面语言之后需要重新启动 MATLAB 才能够看到界面语言的变化效果，如图 1-10 所示，MATLAB 默认图形界面为英文界面。本书默认使用英文界面的 MATLAB Release 2020a 版应用软件。

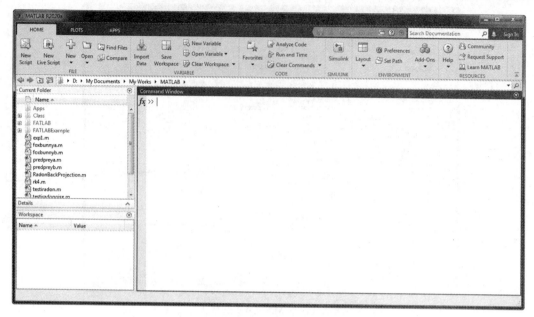

图 1-10　MATLAB 的默认桌面环境(英文界面)

在 MATLAB Release 2012b 版本发布时，MATLAB 的桌面环境基本形成了当前的样式，取消了更早期版本的"Start"启动菜单，并且增加了类似于 Microsoft Office 应用软件的工具条(ToolStrip)，将不同的操作分类在 Home、Plots 以及 APPS 标签页下，并且将保存(Save)、拷贝(Copy)、粘贴(Paste)等常用的操作命令添加到了快速访问工具栏(Quick Access Toolbar)，同时增加了文档搜索栏(Search Documentation)。

MATLAB 工具条的 HOME 标签页主要包含使用 MATLAB 过程当中最常用的一些功能项。这些功能项归类为六个类别，分别针对文件(FILE)、变量(VARIABLE)、MATLAB 代码(CODE)、SIMULINK、应用环境(ENVIRONMENT)以及帮助资源(RESOURCES)等进行操作。利用图形化工具条完成这些操作非常直观易用，不用像早期版本的 MATLAB 那样，需要依靠操作人员记住相应的命令，或者从界面的 Start 菜单中找寻相应的命令。图 1-11 所示为 MATLAB 工具条的 HOME 标签页。

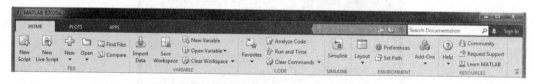

图 1-11　MATLAB 工具条的 HOME 标签页

MATLAB 工具条的 PLOSTS 标签页下罗列了 MATLAB 进行数据可视化最常用的若干绘图功能项。这些功能项只有用户在 MATLAB 工作空间浏览器中选择了相应的变量时才可以使用。在这里，根据大家各自的 MATLAB 安装的模块和工具箱的种类不同，PLOTS 标签页内能够选择的绘图功能项也不尽相同。有关利用 MATLAB 工作空间浏览器配合完成绘图的功能将在本书的第 6 章详细介绍。图 1-12 所示为 MATLAB 工具条的 PLOTS 标签页。

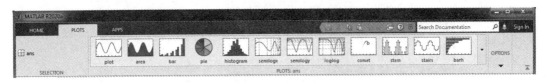

图 1-12 MATLAB 工具条的 PLOTS 标签页

MATLAB 工具条的 APPS 标签页内显示了已经安装在当前计算机下的若干 MATLAB 应用。这里的 MATLAB 应用一般是由 The MathWorks 公司或者第三方公司开发好的 MATLAB 工具箱图形工具，用户也可以自己开发相应的工具并且添加到这里。这些图形工具给用户提供了简单易用的操作途径，可以针对某些特定的应用问题提供简便快捷的解决办法。不同的 MATLAB 工具箱内含有不同的应用工具，如 Curve Fitting Toolbox 下面的曲线拟合应用工具，Control System Toolbox 下面的 PID 调参应用工具等。在 MATLAB 工具条的 APPS 标签页里面所显示的内容与读者安装了哪些 MATLAB 软件工具箱有关。关于如何进行 MATLAB 应用开发，可以参考本书第 7 章或者 MATLAB 的帮助文档。图 1-13 所示为 MATLAB 工具条的 APPS 标签页。

图 1-13 MATLAB 工具条的 APPS 标签页

1.2.2 MATLAB 用户界面布局

MATLAB 启动之后的桌面环境有几种布局形式，用户可以通过 MATLAB 工具条中的 HOME 标签页内 Layout 菜单下的若干命令来设置不同的 MATLAB 桌面布局样式。菜单命令如图 1-14 所示，这些命令分别如下所述。

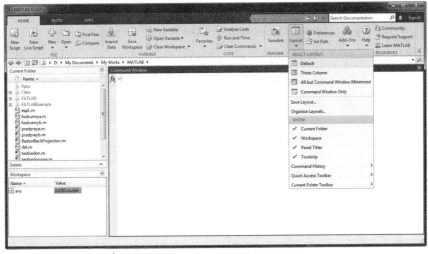

图 1-14 设置不同的桌面环境外观

■ Default：默认的 MATLAB 桌面环境，如图 1-10 所示。这一命令包含当前目录浏览器(Current Folder)、工作空间浏览器(Workspace)和命令行窗体(Command Window)。

■ Three Column：将 MATLAB 默认桌面环境窗体分为三列显示，如图 1-15 所示。

图 1-15　MATLAB 的桌面环境(三列显示)

■ All but Command Window Minimized： 显示所有窗体，但只有命令行窗体最大化显示，其余窗体最小化，最小化的窗体仅显示窗体标签，如图 1-16 所示。

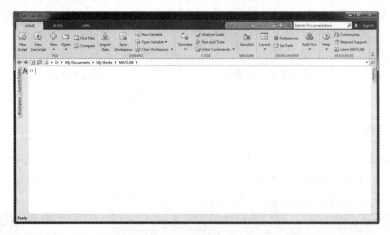

图 1-16　MATLAB 的桌面环境(显示命令行窗体，其余窗体最小化)

■ Command Window Only：仅显示命令行窗体，其余窗体工具均关闭，如图 1-17 所示。

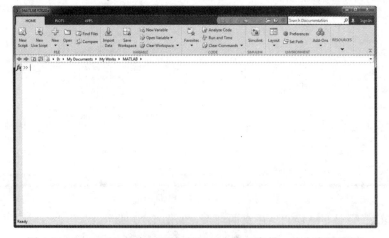

图 1-17　MATLAB 的桌面环境(仅显示命令行窗体，其余窗体关闭)

　　MATLAB 工具条中的 HOME 标签页内 Layout 菜单下的其余菜单命令可以用于设置 MATLAB 桌面环境布局的具体细节，如设置命令行历史窗体、快速访问工具栏，设置当前路径工具条等，请读者自行选择执行这些菜单命令来了解相应命令与 MATLAB 桌面环境之间的对应关系。至于选择哪一种作为读者的桌面布局，完全取决于个人的使用习惯。笔者的习惯是选择 Command Window Only 的界面布局，这种界面布局与早期版本的 MATLAB 界面基本类似，简洁明了，占用系统资源少。

 提示：

　　早期版本的 MATLAB，如 MALTAB Release 2012a 或者更早的版本，其桌面环境中具有 Start 菜单，通过 Start 菜单能够访问 MATLAB 软件的所有资源，如文档、工具、演示示例等。MATLAB Start 菜单下的内容，特别是工具箱(Toolboxes)子菜单下的内容取决于用户安装的 MATLAB 模块的内容，安装的工具箱或者模块越多，Start 菜单下的内容就越丰富。在 Start 菜单上主要有五类图标，它们的意义分别如下：

　　　　：可用工具，如 MATLAB 中的 GUIDE；
　　　　：Simulink 的 Blocksets；
　　　　：MATLAB 的帮助文档；
　　　　：MATLAB 系统自带的演示示例；
　　　　：MATLAB 的网上资源，包括新闻组、用户交流区等。

　　在更早期版本的 MATLAB 中，如 MATLAB 6.5 或者更早的版本，还包含了一个图形工具，这个工具叫作 Launch Pad，即目录分类窗体，它和 Start 菜单从功能上看非常相似，具有 MATLAB 产品的树状列表，通过树状列表可以访问所有已经安装的 MATLAB 资源。

　　MATLAB 桌面环境的所有图形工具窗体都可以嵌入(Dock)MATLAB 的桌面环境，也可以从 MATLAB 窗体中弹出(Undock)，成为浮动的窗体。例如，在 MATLAB 默认的桌面环境下，单击命令行窗体右上角 按钮，在弹出的菜单中选择 Undock 命令，就可以将 MATLAB 命令行窗体弹出，如图 1-18 所示。

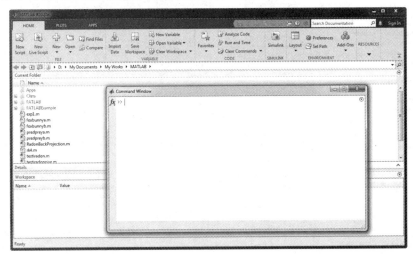

图 1-18　浮动的 MATLAB 命令行窗体

此时，单击 MATLAB 命令行窗体上的 ⊙ 按钮，在弹出的菜单中选择 Dock 命令，就可以将命令行窗体恢复到如图 1-10 所示的默认界面样式。

每个 MATLAB 的窗体都可以单独关闭，可以通过 MATLAB 工具栏 Layout 菜单下相应的命令分别打开。用户完全可以根据自己的喜好定义 MATLAB 桌面环境下打开的图形工具种类，并且可以在完成桌面环境配置之后，执行 Layout 菜单下的 Save Layout…命令，将用户自己配置的桌面样式保存下来。保存的时候可以给自己设置的桌面样式起个名字，这个名称会出现在 Layout 子菜单下让用户来选择。需要注意的是，每次启动 MATLAB 的时候，会按照用户前一次关闭 MATLAB 时的桌面布局样式来启动当前的 MATLAB 桌面环境。

 提示：

建议用户选择仅命令行窗体(Command Window Only)的桌面样式，在这种方式下 MATLAB 的启动速度比较快，占用的资源略少。

本书后续的章节将分别介绍 MATLAB 桌面环境图形工具的具体使用方法。

1.2.3 修改窗体文本样式

MATLAB 桌面环境窗体内的字体属性(如字体、字号或者颜色等)都可以根据用户的需要进行自定义。一般地，设置文本字体属性的方法是通过 MATLAB 的 Preferences 工具，具体的方法是：执行 MATLAB 工具条 HOME 标签下的 References 命令 ⊙ Preferences ，在弹出的对话框中，选择左侧选项列中的 Fonts 项，就可以设置 MATLAB 所有窗体中的字体和字号，如图 1-19 所示。

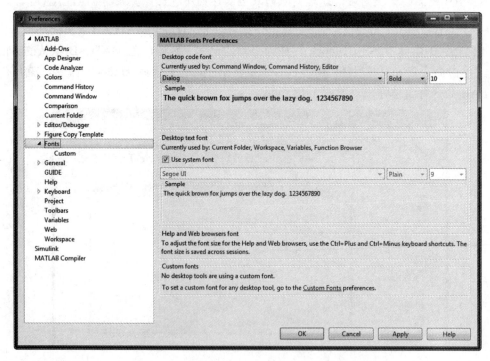

图 1-19　设置 MATLAB 窗体的文本属性

在这里设置的字体属性将直接影响相应的 MATLAB 窗体的字体属性。这里的字体属性分为两大类：Desktop code font(见图 1-19 右侧上半部分)和 Desktop text font(见图 1-19 右侧下半部分)。其中，前者设置的字体属性将影响命令行窗体(Command Window)、命令行历史窗体(Command History)以及 M 语言编辑器(Editor)，而后者设置的字体将影响当前路径察看器(Current Folder)、工作空间浏览器(Workspace)、变量编辑器(Variable Editor)以及函数浏览器(Function Browser)等窗体的字体。现在大多数用户使用的计算机图形显示能力越来越强，显示器的尺寸也越来越大，桌面的分辨率也越来越高，为了保护大家的视力并且获取较好的文本显示结果，建议读者根据自己的喜好设置一下窗体的文本字号和字体类型。例如，笔者比较喜欢将 Desktop code font 中的字体设置为 Dialog，字号设置为 10，并且加粗，这样窗体里的字体看上去比较饱满，显示效果好，而且中英文都能够正确显示，如图 1-20 所示。

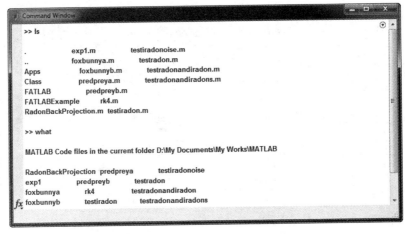

图 1-20　设置命令行窗体的字体效果

MATLAB 桌面环境的窗体中的字体还可以进一步细化设置，选择 Preferences 窗体左侧选项列 Fonts 分支下的 Custom，则 Preferences 对话框如图 1-21 所示。

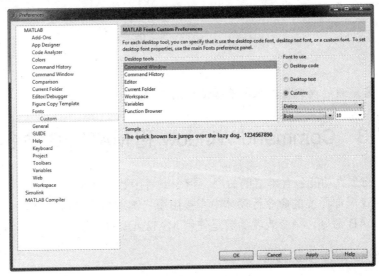

图 1-21　设置每个窗体的字体属性

这里可以分别设置每个窗体工具的字体属性，可以让窗体工具使用 Desktop code 或者 Desktop text，也可以专门为某个窗体单独设置相应的字体属性。

MATLAB 桌面环境的图形窗体内文本的颜色也可以根据用户的想法和要求进行设置。在 Preferences 对话框下选择左侧选项列中的 Colors 项，如图 1-22 所示。此时 Preferences 对话框右侧部分就可以由用户自行定义窗体文本的颜色。MATLAB 针对命令行窗体内文本的显示以及 M 语言编辑器内文本的显示设置有默认的颜色，如关键字(Keywords)、注释(Comments)等。一般情况下，不推荐修改这些默认的颜色设置。通过前面所示的对话框设置的各种文本显示属性一经设置，在单击 Apply 按钮或者 OK 按钮时立即生效，而且设置的属性也会被永久保留下来。在下一次 MATLAB 启动时，将直接使用这些设定好的属性。此外，每个窗体都可以单独设置一些显示方式。

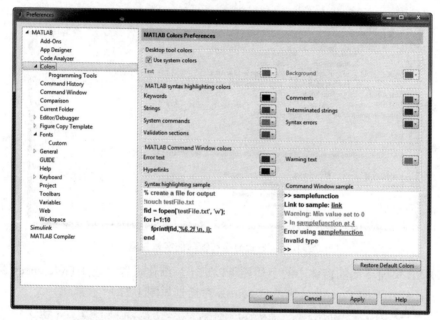

图 1-22　设置字体颜色

提示：

有关 M 语言编程的内容将在本书第 4 章详细介绍。

1.3　Command Window 和 MATLAB 命令

MATLAB 的强大功能包含丰富的命令、指令或者函数以及工具等。这些命令或者函数可以在 MATLAB 桌面环境的命令行窗体中直接由用户键入相应的命令来调用。通过命令行窗体调用 MATLAB 命令、指令或者函数是使用 MATLAB 的最基本方法。

1.3.1　在命令行窗体中执行命令

MATLAB 的命令行窗体无论是基本外观还是使用方法，从其 4.x 的版本起就已经没有明显的变化了。它最具特色的就是命令回调(Command Callbacks)功能。在 MATLAB 的命令行窗体中键入任意算术表达式或者调用函数，系统将立即自动解算，并给出结果。

【例 1-1】　计算算术表达式 $\dfrac{-5}{(4.8+5.32)^2}$。

只要直接在 MATLAB 的命令行窗体中键入：

>> -5/(4.8+5.32)^2✓

MATLAB 将计算出表达式的结果，并且给出答案：

ans =

　　-0.0488

说明：

符号 ">>" 为 MATLAB 的命令行提示符；符号✓表示键入表达式之后按回车键。MATLAB 的数学运算符等同于其他计算机高级编程语言，与标准 C 语言类似；这里计算得到的结果自动赋值给变量 ans，ans 是英文单词 "answer" 的缩略，它是 MATLAB 默认的系统变量之一。所有 MATLAB 的计算结果和数值都默认使用双精度类型显示。

【例 1-2】　计算复数的运算 $(1+2i) \times (1-3i)$。
在 MATLAB 命令行窗体中键入：

>> (1+2i)*(1-3i) ✓

MATLAB 将计算出表达式的结果，并且给出答案：

ans =

　　7.0000 - 1.0000i

说明：

在 MATLAB 中要按照例 1-2 中所示的样式表示复数，即 $x \pm yi$，其中 x 和 y 都是双精度的数字。在这里，i 作为复数单位存在，同样也可以使用 j 表示复数单位。也就是说，在 MATLAB 命令行中键入(1+2j)*(1-3j)得到的结果和例 1-2 的结果完全一致。

上面的两个例子都是将 MATLAB 当作计算器来使用的——通过键入数字和表达式计算得出表达式的结果。在 MATLAB 的命令窗体中还可以定义 MATLAB 数据对象和变量以及调用函数。

【例 1-3】　调用函数。

>> cos(pi/2)

ans =

　　6.1232e-017

>> exp(acos(0.3))

ans =

　　3.5470

例 1-3 调用余弦函数求 $\pi/2$ 的余弦值，由数学知识可知，$\pi/2$ 的余弦应该为 0，但是这里 MATLAB 所求得的数值不是 0，而是近似为 0 的数值。这是由计算机操作系统和 MATLAB

浮点数计算精度引起的系统误差，在进行数值计算时需要注意。同时，在调用函数的时候，需要注意括号的作用——括号会引起计算优先级的变化。例 1-3 在计算第二个表达式的时候，首先进行了反余弦函数的计算，然后进行指数函数的计算。

在例 1-1～例 1-3 中，键入相应的 MATLAB 命令后，MATLAB 命令行窗体立即完成计算，并且输出结果，这一功能被称为命令行窗体的回调功能。利用这一功能，MATLAB 命令行窗体就像计算用的草稿一样，可以和工程师进行交互式计算。如果不希望命令行窗体将计算的结果回调显示在窗体中，可以在命令的结尾增加分号"；"，这样计算的结果就不会显示出来了。例如，在 MATLAB 命令行窗体中键入命令：

```
>> A = exp(acos(0.3))
A =
    3.5470
>> B = exp(acos(0.3));
```

可以看到，增加了分号后将抑制命令行窗体的回调输出。

MATLAB 软件中包含了海量的 M 语言函数或者内建函数以及命令，实现了强大而又丰富的计算功能。在命令行窗体中，调用这些函数的方法就是直接键入函数或者命令，并且根据函数的要求提供相应的参数列表。MATLAB 具有保存命令行历史的功能，用户在命令行窗体中键入的命令默认会被保存起来，并且可以通过使用上下光标键重复调用之前键入的命令。命令行历史还具有局部记忆的能力。例如，假设在 MATLAB 的命令行窗体中曾经执行了一个函数 testcommandwindows，那么再次运行该函数时，只要在命令行中键入 test，然后按光标上键↑，命令行历史窗体会提示用户曾经执行过的该命令，再直接回车就可以重复运行该命令。

 注意：

有关命令行历史的基本功能，将在 1.4 小节详细介绍。这里提醒读者，如果曾经清理了命令行历史，则无法找到清理之前键入的命令。

MATLAB 命令行窗体还可以辅助用户完成命令的输入。例如，在 MATLAB 命令行窗体中键入字符 pas 之后，单击 Tab 键，此时将弹出一个小浮动窗体，显示当前 MATLAB 环境下以 pas 为开头的所有 MATLAB 命令，如图 1-23 所示。

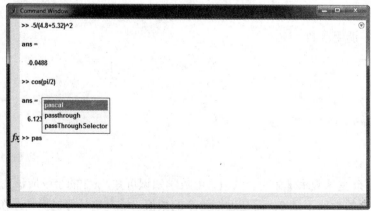

图 1-23　使用命令辅助输入功能

此时只要使用光标上下键就可以在弹出的窗体中选择自己需要执行的 MATLAB 命令，按回车键就可以完成在命令行窗体中输入该命令的功能。这个功能有助于用户快速完成 MATLAB 命令输入，用户只要记住命令的前几个字母，就可以完成命令输入。

1.3.2　设置命令行窗体的数值显示格式

MATLAB 计算结果的显示方式主要有两种：一种是以可视化的形式通过图形来显示，另一种就是在命令行窗体中以文本的形式来显示。1.3.1 小节的示例都是在命令行窗体中直接显示计算的数值结果。在命令行窗体中显示数值计算的结果可以有一定的格式。在之前的例子中，所有计算结果数值都是按照 MATLAB 默认的数值显示格式——浮点短(short)格式来显示的。浮点短格式显示的数值具有固定的小数点后四位有效数字，对于大于 1000 的浮点数值，则使用科学计数法表示。要设置数值的显示格式，可以在 MATLAB 命令行窗体中使用 format 命令，也可以通过 Preferences 对话框来设置。表 1-1 列出了在 MATLAB 命令行窗体中使用 format 命令的方法，在表格中使用的示例数值为自然对数的底数 e。

表 1-1　MATLAB 命令行窗体数据显示格式

指　令	说　明	示　例
format	默认的数据格式，同 short 格式一致	271.82 显示为 271.8200
format short	具有固定的小数点后 4 位有效数字，对于大于 1000 的数值，使用科学计数法表示	2718.2 显示为 2.7182e+003
format long	具有固定的小数点后 14 位或者 15 位有效数字(取决于符号位)，如果是单精度数据类型的数据，则显示 7 位有效数字	2.71828182845905
format short e	具有小数点后 4 位有效数字的科学计数法表示	2.7183e+000
format long e	具有小数点后 14 位或者 15 位有效数字的科学计数法表示，如果是单精度数据类型的数据，则显示 7 位有效数字	2.718281828459046e+000
format short g	紧凑的显示方法，在 format short 和 format short e 中自动选择数据显示的格式	2.7183
format long g	紧凑的显示方法，在 format long 和 format long e 中自动选择数据显示的格式	2.71828182845905
format short eng	工程数据格式，具有固定的小数点后 4 位有效数字，并且以指数形式显示，指数部分具有 3 位有效数字	2.7183e+000
format long eng	工程数据格式，具有全部 16 位有效数字，并且以指数形式显示，指数部分具有 3 位有效数字	2.71828182845905e+000
format hex	使用十六进制的数据形式表示	4005bf0a8b14576a
format +	显示大矩阵并使用该格式时，分别使用正号、负号或者空格显示矩阵元素中的正数、负数或者 0	+
format bank	金融数据显示方法，小数点后只有两位有效数字	2.72
format rat	使用近似的分数表示数值	1457/536

注：利用表 1-1 中的命令设定的数值显示格式将立即生效，直到重新使用 format 命令改变数值显示格式。

例 1-4 给出了使用 format 命令来设置命令行窗体数值显示格式的具体实例。

【例 1-4】 使用不同的数据显示格式显示数值。

在 MATLAB 命令行窗体中，键入下面的命令：

```
>> pi
ans =
     3.1416
>> format long
>> pi
ans =
     3.141592653589793
>> format +
>> pi
ans =
+
>> format
>> a = 100000
a =
      100000
>> a = 100000.1
a =
     1.0000e+05
```

例 1-4 中，首先使用 MATLAB 的内建函数 pi 获取常数 π 的数值，也可以将 pi 看作是 MATLAB 的常数之一。有关 MATLAB 常数的内容将在后面的章节中详细讲述。从例 1-4 中可以看出，在不同的数值显示格式下，所显示出来的数值有效位数不尽相同，读者请根据自己的需要来设置数值显示的有效位数。请注意在示例最后显示变量 a 数值的时候，当 a 的数值为整数时，在默认数值显示格式的情况下，显示了变量的全部数值，而没有使用科学计数法。这也是 MATLAB 的特性之一，在默认数值显示格式情况下，当整数数值小于某个数值时(默认为 10^{10} 以内)，则显示完整的数值，如果是浮点数则大于 1000 时使用科学计数法。

设置命令行窗体的数值显示格式也可以在 Preferences 对话框中完成。选择 Preferences 对话框左侧选项列的 Command Window 项，此时在对话框右侧 Text display 属性组中就可以设置数值显示格式(Numeric format)，如图 1-24 所示。在这里设置的数值显示格式相当于修改了命令行窗体的默认显示格式，直到用户利用 format 命令修改格式或者在 Preferences 对话框中重新设置显示格式为止。

在 Preferences 对话框中还可以设置命令行窗体数值的显示方法，即 Numeric Display，下面有两个选项，loose 和 compact，其实这两个选项仅仅影响在命令行窗体下输出计算结果回调时，是否在不同的行之间增加空白行，例如在 MATLAB 命令行窗体内键入如下命令：

```
>> format compact
>> pi
ans =
    3.1416
>> format loose
>> pi


ans =


    3.1416
```

其中的区别就是在第二次键入 pi 之后，得到的命令行窗体回调结果每一行之前都增加了一个空白行。

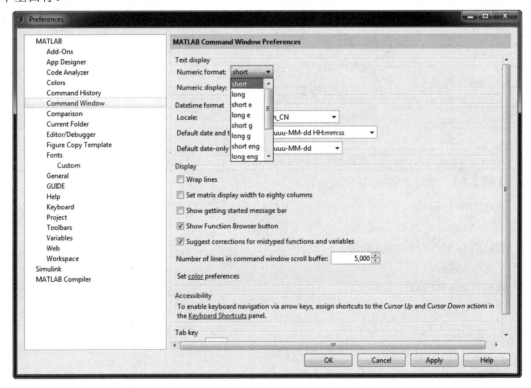

图 1-24　设置命令行窗体下数值的显示格式

1.3.3　常用的命令行窗体控制命令

　　MATLAB 核心模块包含的函数或者命令可以粗略地分为两大类，一大类是执行各种具体计算或者数据处理功能的核心函数，如 cos、abs、sqrt 函数等，而另外一类是进行 MATLAB 环境控制的命令，比如退出 MATLAB 会话、执行操作系统的功能等。表 1-2 中，对一些常用的控制命令进行了总结。

表 1-2 常用的 MATLAB 控制命令

命　　令	说　　明
exit	退出 MATLAB 会话
quit	
format	数值显示格式
clc	清除当前的命令行窗体
more	定义命令行窗体的分页显示模式
home	将当前命令行窗体的光标设置在左上角
dos	执行 dos 系统命令
unix	执行 unix 系统命令
system	执行系统命令，针对不同的系统有不同的命令
computer	返回当前计算机的相关信息
cd	切换路径或者显示当前的路径
pwd	显示当前的路径
dir	显示当前路径下的文件
ls	
who	显示当前工作空间内的变量
clear	清除当前工作空间内的变量
what	显示当前路径下的 MATLAB 文件
which	判断当前文件的所在路径

【例 1-5】　常用的控制命令示例。

清除命令行窗体：

>> clc

清除所有工作空间内的变量：

>> clear all

察看当前的路径：

>> pwd

ans =

'D:\My Documents\My Works\MATLAB'

切换路径：

>> cd Class\ML01_v4

>> pwd

ans =

'D:\My Documents\My Works\MATLAB\Class\ML01_v4'

察看当前路径下的内容：

>> ls

.   ..   Ch1   Ch2   Ch3   Ch4   Ch5   Ch6   Ch7

切换路径：

>> cd Ch7

察看当前路径下的内容：
>> what

MATLAB Code files in the current folder D:\My Documents\My Works\MATLAB\Class\ML01_v4\Ch7

default_properties　　gui_playsound　　　simple_gui　　　　simplegui　　　　　volvec

MAT-files in the current folder D:\My Documents\My Works\MATLAB\Class\ML01_v4\Ch7

bird　　　　　　train　　　　trainwhistle

what 命令的路径：
>> which what

built-in (C:\Program Files\Polyspace\R2020a\toolbox\matlab\general\what)

察看 M 文件 logo.m 的路径：
>> which logo

C:\Program Files\Polyspace\R2020a\toolbox\matlab\general\logo.m

执行系统命令：
>> system('copy train.mat trainwhistle.mat')

　　　　1 file(s) copied.

ans =

　　0

在执行例 1-5 的过程中，要注意每个命令的执行效果。clc 和 clear 两个命令是进行 MATLAB 操作时常用的两个命令，特别是 clear 命令，能够清除当前工作空间内的变量，而 clear all 的效果则是清除当前 MATLAB 会话所有工作空间，相当于重置 MATLAB 内存空间到初始状态。

在例 1-5 最后执行系统命令的时候还可以使用 "!" 符号，可以这样做：
>> !copy train.mat trainwhistle.mat

"!" 符号和 system 命令直接的区别在于，通过 system 命令执行系统命令能够获取系统命令的执行反馈，例如命令执行的状态等。system 命令的一般使用方法：

system('command');

其中，command 就是系统命令，用单引号 "'" 括起来作为参数传递给 system 命令。

在使用 which 命令的时候，得到的输出根据 which 命令后面参数的不同而不同，例如在执行 which what 时，系统判断 what 为内建(build-in)的函数，而在执行 which logo 命令时，系统判断 logo 为 M 文件，并且给出了 M 文件所在路径。which 和 what 命令是 MATLAB 比较常用的命令，在后面的章节中还要多次使用这两个命令，而有关内建函数或者 M 文件函数的概念将在本书的第 4 章内介绍。

如果要在同一行键入多条 MATLAB 命令，则在命令与命令之间使用分号 ";" 作为间隔即可，例如：
>> format long; pi

ans =

　　3.141592653589793

这里在同一行设置了命令行窗体的数值显示格式，同时调用了内建函数 pi。

如果命令行较长，无法在同一行内键入或者需要将同一命令行分行键入，则需要在分行处使用符号"…"来实现，例如：

>> get(0,...

'Diary')

ans =

off

当在命令行窗体中键入"get(0,..."之后，按下回车键就可以进入下一行，然后再继续键入"'Diary')"，按下回车键完成命令的输入并且执行命令得到相应的结果。

1.4　Command History 和历史记录

MATLAB 的命令行窗体提供了非常友好的交互能力，用户可以在这个环境中边思考、边计算、边验证，可以随时调整自己的想法，随时得到交互计算的结果。当用户完成了算法设计之后，可以通过 MATLAB 命令行窗体的命令历史记录将那些已经经过验证考察的命令依次提取出来，组合成函数或者脚本。这种自动记录命令的能力就是 MATLAB 的命令行历史(Command History)功能。

1.4.1　命令行历史窗体

在早期版本的 MATLAB 中，命令行历史(Command History)窗体是 MATLAB 桌面环境默认显示的窗体之一。例如，在 MATLAB Release 2013a 版本中，该窗体的默认位置是 MATLAB 桌面环境的右下角，如图 1-25 所示。

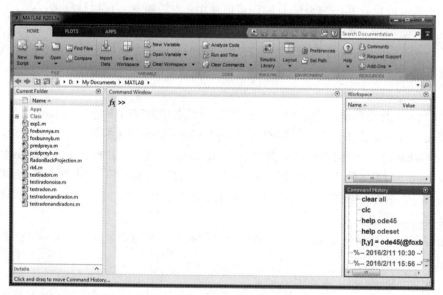

图 1-25　MATLAB Release 2013a 版本桌面环境中的命令行历史窗体

从 MATLAB Release 2014a 版本开始，命令行历史窗体不再默认内嵌显示在 MATLAB 桌面环境的主界面之中。如果需要调用命令行历史，方法是将光标停留在命令行窗体后，按下光标上键↑，则会在光标所在位置弹出命令行历史的浮动窗体，如图 1-26 所示。

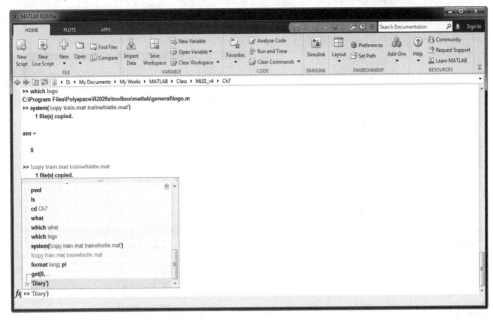

图 1-26　默认位置显示浮动的 MATLAB 命令行历史窗体

在 MATLAB 命令行历史窗体中，罗列了在 MATLAB 命令行窗体内键入的所有命令，还包括了每次启动 MATLAB 的时间。这些命令不但被清晰地记录下来，可以被再次执行，还能够被复制到 MATLAB 的命令行窗体中，也可以用来直接创建 M 文件。命令行历史窗体可以通过鼠标移动至不同的位置：在窗体上边沿点击并保持鼠标左键，就可以移动命令行历史窗体到任意位置。命令行历史窗体一旦离开了默认位置，则窗体会显示标题栏，右上角会显示快捷菜单按钮 ⦿ 和关闭窗体按钮 ✕，如图 1-27 所示。

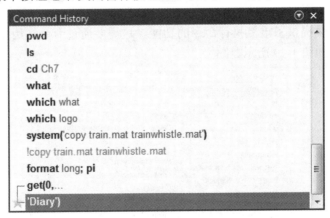

图 1-27　浮动的 MATLAB 命令行历史窗体

命令行历史窗体可以内嵌入 MATLAB 桌面环境，执行快捷菜单按钮 ⦿ 下的 Dock 命令，就可以实现命令行历史窗体内嵌，效果如图 1-28 所示。

通过执行快捷菜单按钮 ⦿ 下的 Undock 命令，MATLAB 命令行历史窗体会隐藏起来，如果需要重新打开命令行历史窗体则需要通过光标上键来完成。

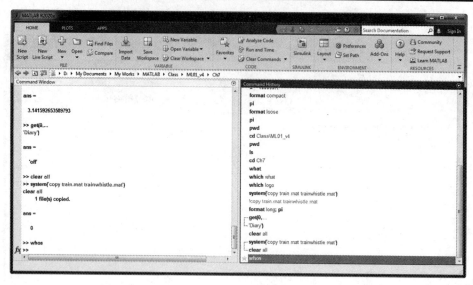

图 1-28　内嵌入 MATLAB 桌面环境的命令行历史窗体

　　启动 MATLAB 命令行历史窗体还可以通过在 MATLAB 命令行窗体中键入命令 commandhistory 来实现，其效果与通过光标上键打开命令行历史窗体一致。

　　MATLAB 命令行历史窗体还可以通过执行 MATLAB 工具条 HOME 标签的 Layout 菜单下 Command History 子菜单内的相应命令来打开。选择相应子菜单下的 Docked 命令，则得到效果如图 1-28 所示的 MATLAB 桌面环境，即将 MATLAB 命令行历史窗体内嵌在 MATLAB 桌面之中。如果选择相应子菜单下的 Popup 命令，则命令行历史窗体将作为弹出窗体，通过光标上键或者 commandhistory 命令呼出。如果选择相应子菜单下的 Closed 命令，则不显示命令行历史窗体，但是命令行历史仍然会被记录。使用光标上键和下键可以在 MATLAB 命令行窗体内重复之前键入的命令。如果需要再次显示命令行历史窗体，则需要执行相应子菜单内的不同命令。

　　命令行历史窗体提供了重复执行命令的功能，这需要通过命令行历史窗体的右键快捷菜单来完成，菜单如图 1-29 所示。

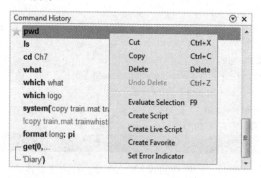

图 1-29　命令行历史窗体的右键快捷菜单

快捷菜单中的命令简要说明如下：
- Evaluate Selection：执行当前选中的命令；
- Create Script：用当前选中的命令创建新的 M 脚本文件；

- ■ Create Live Script：用当前选中的命令创建现场交互式脚本；
- ■ Create Favorite：用当前选中的命令创建命令收藏并且添加至收藏标签页；
- ■ Set Error Indicator：在命令行历史窗体中设置错误标识。

【例 1-6】　命令行历史窗体的应用。

继续例 1-5 的应用，首先通过光标上键打开命令行历史窗体，然后在命令行历史窗体中，选择下面两条命令：

system('copy train.mat trainwhistle.mat')

clear all

注意：

当需要选择多条命令时，可以按住 Ctrl 键或者 Shift 键来达到目的。如果使用 Ctrl+A 键，可以选中所有命令行历史窗体中的命令。

这时，被选择的 MATLAB 命令会自动出现在 MATLAB 命令行窗体之中，完成选择之后，直接按回车键就可以执行被选择的命令了，如图 1-30 所示。

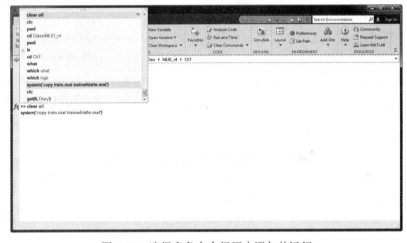

图 1-30　选择多条命令行历史语句并运行

注意：

无论采用何种次序来选择历史命令，最终出现在 MATLAB 命令行窗体内的命令次序与相应命令在 MATLAB 命令行历史窗体内出现的先后次序保持一致。

执行历史命令的方法还可以通过快捷菜单来完成，在 MATLAB 命令行历史窗体中选择好历史命令，然后单击鼠标右键，在弹出的快捷菜单中，选择 Evaluate Selection 命令，也可以重复运行这些命令。

重复执行单条命令的方法更简便，只要在命令行窗体中用鼠标左键双击相应的命令就可以了。

MATLAB 的命令行历史窗体支持历史命令的搜索，只要窗体处于激活状态，使用快捷键 Ctrl + F，或者通过点击窗体右上角的快捷菜单按钮 ⊙，通过菜单命令 Find…或者在命令行历史窗体处于激活并且浮动的状态时直接键入所需要搜索的内容，都可以打开命令行历史窗体的搜索工具栏，在搜索工具栏内键入相应的内容，则命令行历史窗体将自动搜索到相应的命令，例如键入 pi，命令行历史窗体将显示相应的命令，如图 1-31 所示。

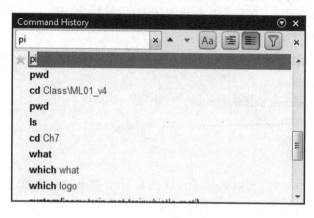

图 1-31　命令行窗体的搜索功能

这时 MATLAB 命令行历史窗体将显示"最近"一次使用 pi 命令的命令行，如果这时直接回车，就运行搜索到的 MATLAB 命令，如果需要寻找下一个 pi 命令，则搜索工具栏上的上下图标 ▲ ▼ 分别向前搜索或者向后搜索其他使用了 pi 命令的 MATLAB 命令行。

MATLAB 将所有历史命令都保存在一个历史记录文件中，这个文件位于系统路径下，一般不需要进行编辑。用户可以通过执行 HOME 标签下的 References 命令，在如图 1-32 所示的 References 对话框中设置命令行历史的属性。通常情况下，使用默认的属性值即可，除非有特别的要求再进行修改。默认地，MATLAB 会保留 25 000 行命令行历史，在这里可设置最多可保存 1 000 000 行命令行历史。

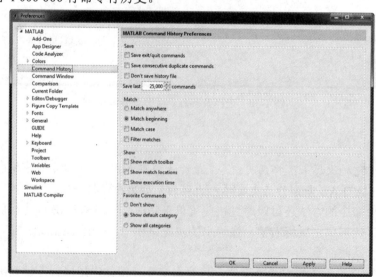

图 1-32　命令行历史窗体属性设置

1.4.2　diary 命令

diary 命令是常用的 MATLAB 命令行命令之一，该命令的功能是创建一个"日志"文件，并且让 MATLAB 进入到日志记录状态。

diary 命令的使用方法如下。

- ■　Diary：在历史日志记录功能 on 和 off 状态之间切换；
- ■　diary on：打开历史日志记录功能；
- ■　diary off：关闭历史日志记录功能；
- ■　diary('filename')：创建日志文件，文件名为 filename；
- ■　diary filename：创建日志文件，文件名为 filename。

在使用 diary 命令时，若不指定文件名，则 MATLAB 在当前的工作目录下会自动创建一个名为 diary(注意：该文件没有扩展名，为纯文本文件)的日志文件，并且进入到历史日志记录状态。日志文件中将记录所有在命令行窗体中键入的命令以及这些命令运行过程中输出到命令行窗体的文本。注意，diary 命令仅记录在执行该命令之后的 MATLAB 命令行窗体会话，如果关闭 MATLAB 之后再次启动，需要重新键入 dairy 命令才能够进入日志记录状态，如果不更换文件名，则相应的信息会继续添加到之前的日志文件。

提示：

如果需要了解当前的 MATLAB 会话是否处于日志文件记录状态，则可以在 MATLAB 命令行窗体中键入命令:

　　　　>> get(0,'Diary')

如果得到的结果是 off，则表明没有进入日志记录的状态，而键入命令:

　　　　>> get(0,'DiaryFile')

则获取当前的日志文件的文件名称。

MATLAB 的日志文件是 UTF-8 格式的纯文本文件，不包含任何格式信息，因此日志文件的内容与命令行窗体内看到的内容并不完全一致，特别是某些 MATLAB 命令行窗体的超链接信息会全部显示在日志文件中，例如如果在 MATLAB 命令行窗体内键入如下的命令:

　　　　>> diary on

　　　　>> which

　　　　Error using which

　　　　Not enough input arguments.

　　　　>> diary off

这里在键入命令 which 时没有给出足够的参数，所以 MATLAB 提示相应的错误信息。如果打开相应的日志文件，则日志文件保存的内容:

　　　　which

　　　　{

　　　　　　　Error using <a href="matlab:matlab.internal.language.introspective.errorDocCallback('which')" style= "font-weight:bold">which</a>

　　　　　　　Not enough input arguments.

　　　　}

可以看到日志文件中保存了命令行窗体内完整的超链接信息，这些超链接细节信息并不会显示在 MATLAB 命令行窗体内，而是在窗体错误提示中标有下画线的蓝色文本，表示用户可以单击来了解更多的信息。

1.5　使用帮助和 Function Browser

MATLAB 的产品体系内包含了众多核心功能和工具箱，具有成千上万个不同的命令或函数，没有谁能够将这些命令或者函数都清清楚楚地记忆在脑海之中。MATLAB 为了便于用户掌握并且使用这些命令和函数，提供了功能完善的辅助系统，包括函数浏览器(Function Browser)和帮助系统。其中 MATLAB 的帮助系统体系清晰，讲解透彻，是掌握 MATLAB 功能和使用方法以及应用的最佳教科书。所有使用 MATLAB 的用户需要掌握使用帮助系统的方法，而且也需要在日常的算法开发工作中养成书写帮助文档的良好习惯。

MATLAB 的帮助主要有两大类，一类是函数的在线帮助，另外一类就是窗体帮助。

1.5.1　使用在线帮助

所有的 MATALB 函数都具有自己的帮助信息，这些帮助信息保存在相应的函数文件注释区中。在线帮助信息由工程开发人员在编写函数的同时添加在函数内，用于说明函数的基本功能、算法或者开发过程等，所以，这些信息能够直接说明函数的功能和使用方法。在线帮助的获取需要通过具体的命令，将在线帮助信息显示在命令行窗体中，因此，获取在线帮助的过程非常快捷，不需要依赖其他桌面工具，所有版本的 MATLAB 都支持函数的在线帮助，其操作方法和模式、输出的内容基本一致。因此，MATLAB 用户获取函数帮助的最常用方法就是使用在线帮助。

获取函数在线帮助的方法是使用命令 help，见例 1-7。

【例 1-7】　获取在线帮助。

在进行本示例的时候，请首先关闭并且重新启动 MATLAB，然后在 MATLAB 命令行窗体中，键入下面的命令：

```
>> help
```

此时在 MATLAB 命令行窗体显示的内容如图 1-33 所示。

可以看到，在 Getting Started 和 open the Help browser 下有带下画线的蓝色文本，表明这些文本具有超链接，如果单击相应的超链接，则可以打开 MATLAB 帮助窗体浏览 MATLAB 的窗体帮助信息。

接着在 MATLAB 命令行窗体中键入命令：

```
>> help elfun
```

此时，MATLAB 命令行窗体中将显示 MATLAB 基本数学函数的列表以及每个函数的简要说明，如图 1-34 所示。

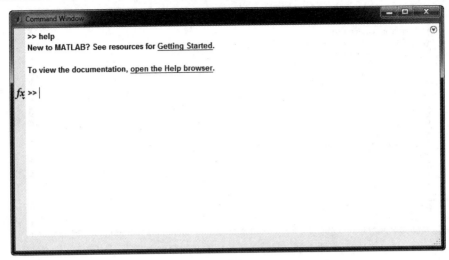

图 1-33　单独使用 help 命令的执行效果

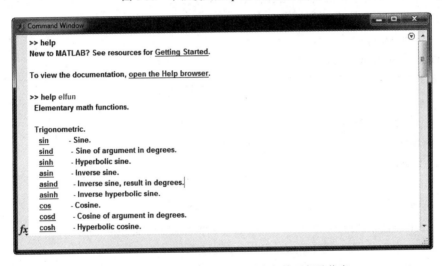

图 1-34　显示基本数学函数的列表和简要帮助信息

　　同样地，可以看到函数列表中，每个函数名称下也有下画线，并且是蓝色字体，表明相应的文本也是超链接，单击超链接，则可以在命令窗体中显示相应函数的在线帮助信息。

　　接着在 MATLAB 命令行窗体中键入命令：

```
>> help cos
cos    Cosine of argument in radians.

    cos(X) is the cosine of the elements of X.

    See also acos, cosd, cospi.

    Documentation for cos
```

　　此时在 MATLAB 命令行窗体中所显示的内容就是 cos 函数的在线帮助，因为 cos 函数比较简单，所以在线帮助的文本内容也不是很多，在 See also 后面给出了类似函数的超文本链接，而 Document for cos 超链接则指向该函数的窗体帮助内容，如图 1-35 所示。

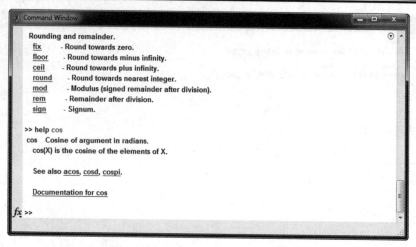

图 1-35　显示 cos 函数的在线帮助信息

其实 help 命令执行的结果与 MATLAB 会话的上下文、用户给定的参数都有关系，例如在 MATLAB 命令行窗体中键入如下命令：

```
>> system('copy train.mat trainwhistle.mat')
The system cannot find the file specified.
ans =

    1
```

然后直接键入 help 命令：

```
>> help
--- help for system ---


 system    Execute system command and return result.
    [status,result] = system('command') calls upon the operating system to
    execute the given command.   The resulting status and standard output
 are returned.

    …
```

可以看到，此时直接键入 help 命令相当于察看了 system 命令(即 help 命令之前的一条命令)的在线帮助信息，这里为了节约篇幅，使用了省略号，在真正的 MATLAB 命令行窗体中，将显示出所有在线帮助的内容。

 提示：

某些 MATLAB 函数的在线帮助内容较长，通常在单一页面的 MATLAB 命令行窗体中无法全部显示，此时，可以在执行 help 命令获取函数在线帮助之前，执行命令 more on，然后再执行相应的 help 命令，则对应函数的在线帮助会分页显示，便于阅读。

所有的 MATLAB 函数还具有一种在线帮助，叫作 H1 帮助行，这部分内容为每一个 M 语言函数文件在线帮助的第一行，它能够被 lookfor 函数搜索查询，因此在这一行帮助中，往往是言简意赅的说明性语言，在所有的在线帮助中相对最重要。例如，在 MATLAB 命令

行窗体中键入如下命令:

```
>> lookfor Fourier
fft             - Discrete Fourier transform.
fft2            - Two-dimensional discrete Fourier Transform.
fftn            - N-dimensional discrete Fourier Transform.
ifft            - Inverse discrete Fourier transform.
ifft2           - Two-dimensional inverse discrete Fourier transform.
ifftn           - N-dimensional inverse discrete Fourier transform.
...
```

　　这时 MATLAB 将所有有关傅里叶变换的函数罗列在命令行窗体中，这些函数的 H1 帮助行都有关键字 Fourier。

　　关于如何在 M 语言函数文件中编写在线帮助和 H1 帮助行，将在本书的第 4 章内详细讲述。

1.5.2　使用窗体帮助

　　尽管函数在线帮助使用起来简便快捷，但是在线帮助能够提供的信息毕竟有限，而且并不是所有与函数有关的内容都可以用在线帮助文本显示，比如数学公式，图形等。因此，MALTLAB 还提供了内容更加丰富的帮助文档，作为 MATLAB 的用户指南出现。目前，MATALB 的帮助文档也逐渐拥有多国语言版本，但不是所有 MATLAB 产品模块都有中文版帮助文档。

　　MATLAB 的帮助文档显示在 MATLAB 的帮助文档浏览器窗体中，单击 MATLAB 工具条 HOME 标签页内的 "❓" 按钮，将打开 MATLAB 的帮助文档浏览器，如图 1-36 所示。

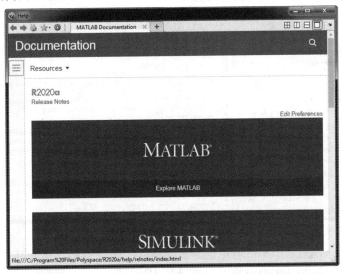

图 1-36　MATLAB 的帮助文档浏览器察看帮助信息

　　默认地，MATLAB 帮助文档浏览器会访问 The MathWorks 公司的网站来获取在线的帮助文档，这需要有网络连接，而且需要有足够的带宽才能够比较顺畅地查阅帮助。其实每个产品模块的帮助文档内容已经跟随产品安装到计算机本地，用户可以设置访问这些本地安装好的帮助文档，来提高效率，方法是通过 References 对话框设置相应内容，如图 1-37 所示。

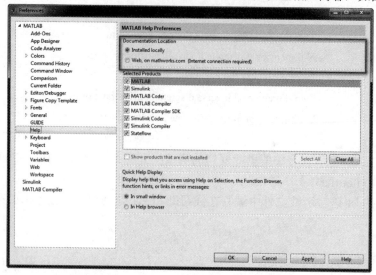

图 1-37　设置并使用安装于本地的帮助文档

经过设置之后，MATLAB 帮助文档浏览器内的内容就是跟随 MATLAB 产品一同发布经过安装之后的超文本内容。在浏览器内，列出了所有已经安装的产品帮助。如果需要察看具体的内容，可以单击目录☰按钮，通过目录来浏览具体的帮助文档内容，如图 1-38 所示。

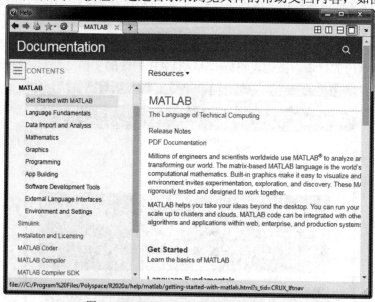

图 1-38　MATLAB 产品模块的帮助目录

　　一般地，学习 MATLAB 不可避免地需要阅读这些帮助文档，而就笔者的经验而言，阅读帮助文档是学习 MATLAB 最直接、最有效的方法。

　　在 MATLAB 的帮助文档中列出了若干用于教学和演示的 MATLAB 示例，这些示例演示了各种 MATLAB 产品的特性，也包括了不同版本的新特性介绍，产品的入门简介等，是非常好的入门教程。

注意：

在 MATLAB 命令行窗体中键入命令 demo 可以直接打开 MATLAB 帮助窗体的示例页，如图 1-39 所示。

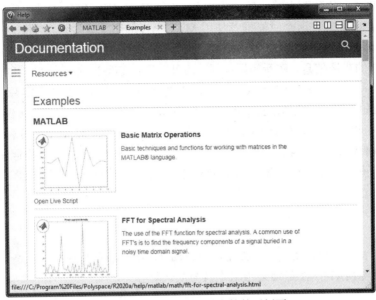

图 1-39　MATLAB 帮助文档的示例页

还有一种获取帮助的方法就是在 MATLAB 命令行窗体中键入相应的函数名称之后按下 F1 键，此时 MATLAB 将通过弹出的窗体来显示该函数的帮助内容。例如，在 MATLAB 命令行窗体中键入函数 cos，然后直接按下 F1 键，则会弹出具有图形用户界面的帮助信息，如图 1-40 所示。

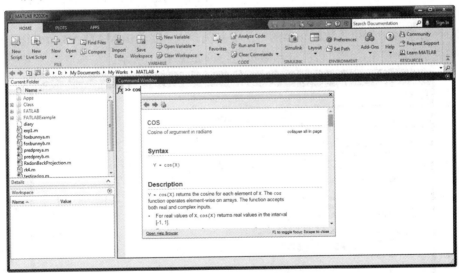

图 1-40　快速显示函数的帮助内容

MATLAB 的帮助文档除了超文本格式的以外，还具有 PDF 格式的帮助文档，这些帮助文档与 MATLAB 的产品手册(纸版)一一对应，部分 PDF 文件格式的帮助文档内容要多于超文本格式的文档，更是多于纸版的手册。所以，在必要的情况下，可以将部分 PDF 格式的文档打印出来，作为手册保存。不过，所有 PDF 格式的帮助文档都需要用户去 The MathWorks 公司的官方网站下载。

尽管 MATLAB 的帮助文档比较翔实规范，用户在使用 MATLAB 的过程中，还是不可避免地会遇到一些问题，这个时候推荐使用 MATLAB 的网上资源。在 The MathWorks 公司提供的网上资源中，笔者推荐 MATLAB 线上社区 MATLAB Central。在该网站上不仅可以查阅 MATLAB 的实用信息，在新闻组提问，还可以通过 File Exchange 的功能从网站上下载大量的用户实例。这些例子比 MATLAB 自带的示例更新颖，更贴近实际。若需要访问 MATLAB Central，可以单击 MATLAB 工具条 HOME 标签页的 按钮。除了这些在线资源以外，用户还可以向 The MathWorks 公司的技术人员发送电子邮件咨询技术问题。在询问问题的时候需要提供相关产品信息，该信息可通过在 MATLAB 命令行窗体中键入 ver 命令来获取，将出现在命令行窗体中的 MATLAB License Number 内容提供给 The MathWorks 公司即可。

注意：

如果关闭 MATLAB 之前，MATLAB 帮助文档浏览器处于打开状态，则下次启动 MATLAB 的时候 MATLAB 帮助文档浏览器会默认打开。

1.5.3 函数浏览器

函数浏览器(Function Browser)是 MATLAB Release 2008b 版本增加的功能之一，与函数浏览器一同增加的功能还有函数在线提示(Function Hints)功能，这两个功能可以在 MATLAB 命令行窗体和 M 语言编辑器内使用，基本功能和使用过程大同小异，不过，关于 M 语言编辑器的功能将在本书的第 4 章内介绍。

在命令行窗体中使用函数浏览器的方法非常简单，只要单击 MATLAB 命令行窗体命令行提示符左边的 *fx* 按钮，就可以打开函数浏览器，如图 1-41 所示。

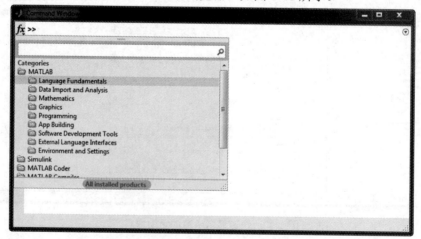

图 1-41　在浮动的 MATLAB 命令行窗体中打开函数浏览器

　　在函数浏览器内，MATLAB 根据产品模块和功能将函数进行了分类，例如 MATLAB 核心模块函数列表中包含了基本语言开发(Language Fundamentals)、数据导入与分析(Data Import and Analysis)、数学函数(Mathematics)、图形与可视化(Graphics)、编程(Programming)、创建应用(App Building)、软件开发工具(Software Development Tools)、外部接口编程(External Language Interface)、开发环境与设置(Environment and Settings)等几大类。如果安装有其他的产品模块或者工具箱，则函数浏览器内也会列出相应的函数。

　　用户可以点击不同的函数分类来浏览每个类别的函数细节，也可以通过搜索工具来检索函数，例如在搜索栏中键入 cos，则 MATLAB 函数浏览器将搜索得到相应的函数，并且给出函数的简要信息，如图 1-42 所示。

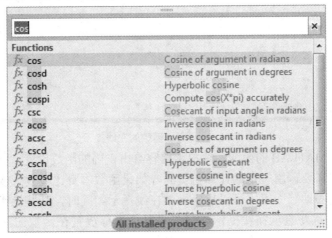

图 1-42　在函数浏览器内搜索函数

　　如果此时将鼠标光标放置在相应的函数上，函数浏览器还可以显示该函数的在线帮助信息，如图 1-43 所示。

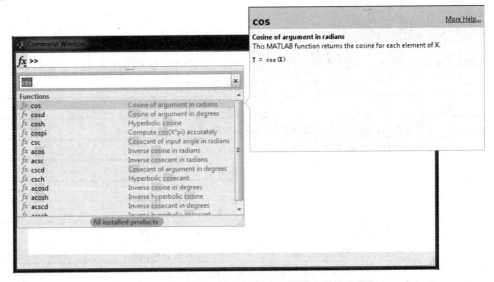

图 1-43　在函数浏览器内显示函数的在线帮助信息

用鼠标双击函数浏览器内相应的函数名称，则对应的函数会自动出现在 MATLAB 命令行窗体的当前命令行中。例如双击函数浏览器内的 cos，则当前命令行内会自动填充 cos，用户就可以接着给出后续的函数输入，键入左括号 "("，此时的 MATLAB 命令行窗体会自动显示函数的在线提示，如图 1-44 所示。

图 1-44　显示 cos 函数的在线提示

用户可以根据 MATLAB 的函数在线提示内容给出正确的函数设置，这里需要提醒读者，显示函数在线提示需要占用一定的计算机资源，如果函数本身比较复杂或者计算机本身性能有限，就需要耐心地等一等才可以出现函数在线提示。同时，某些操作会影响在线提示的显示，如果希望重新显示在线提示，可以将鼠标光标放置在函数的左括号处，再按下 Ctrl+F1 键来重新显示相应函数的在线提示。

提示：

如果按下 F1 键则会显示该函数的帮助信息。

1.5.4　操作帮助的函数

MATLAB 还提供了一些函数用于操作帮助和帮助文档浏览器，在表 1-3 中进行了总结。

表 1-3　操作帮助的函数

函　数	说　明
help	在 MATLAB 命令行窗体中显示函数在线帮助
doc	打开帮助文档浏览器，并显示指定的内容
demo	打开帮助文档浏览器并显示示例标签页
lookfor	搜索函数的 H1 帮助行
helpwin	打开帮助文档浏览器，并显示帮助文档
helpbrowser	与函数 helpwin 功能一致，不过未来版本该函数会被淘汰
helpdesk	与函数 helpwin 功能一致，不过未来版本该函数会被淘汰
web	打开 MATLAB 网页浏览器，并且打开指定的网页
docroot	返回帮助文档存在的根目录信息
dbtype	显示 M 文件内容，同时包括文件代码行号

这些函数中最常用的函数是 help 函数和 doc 函数，两者命令行语法基本相同，只不过 doc 函数将打开 MATLAB 的帮助文档浏览器并显示超文本帮助文档，如果 doc 命令后面不给任何函数名称，则默认打开如图 1-36 所示的帮助文档浏览器界面，如果给出函数名称，则显示相应函数的超文本帮助文档，例如在 MATLAB 命令行窗体中键入下面的命令：

　　　　>> doc cos

则帮助文档浏览器会被自动打开并且显示关于 cos 函数的内容，具体的执行效果请读者自己尝试运行一下。

其他函数的具体用法就不再一一叙述了，有兴趣的读者可以查阅帮助文档或者在线帮助，当然最有效的办法就是直接在 MATLAB 里面尝试运行，看看命令运行的结果。

1.6　Current Folder 和搜索路径

MATLAB 核心模块包含了四百余个核心函数和数百个 M 函数文件以及脚本文件，如果再安装了其他工具箱，那么 MATLAB 软件的函数数量就有数千甚至上万个，再加上用户自己开发的算法文件，整个 MATLAB 就是由海量的文件和数据构成的庞大的软件体系。那么，在用户执行一条命令或者加载了一个数据文件时，MATLAB 是如何判断这些文件所处的位置，并按照要求加载正确数据，执行正确命令的呢？这一切就需要利用 MATLAB 的路径管理方法——搜索路径来实现。

1.6.1　当前路径察看器

MATLAB 加载任何文件或者执行任何命令都从当前的工作目录下开始。MATLAB 提供了一个图形化的工具叫作当前路径察看器——Current Folder，该工具在 MATLAB 默认的桌面环境中位于界面的左侧。同时，位于 MATLAB 工具条下面的是当前路径工具条(Current Folder Toolbar)，切换路径的工作可以在当前路径工具条内来完成，如图 1-45 所示。

图 1-45　当前路径察看器与工具条

　　当前路径察看器主要的作用是帮助用户组织管理当前路径下所有文件，特别是 MATLAB 文件，包括 M 语言文件、MAT 数据文件等。通过该工具，可以预览 MATLAB 文件的基本内容，例如在如图 1-46 所示的情况下，选择当前路径察看器中的 MAT 数据文件 bird.mat，然后点击当前路径察看器右下角的 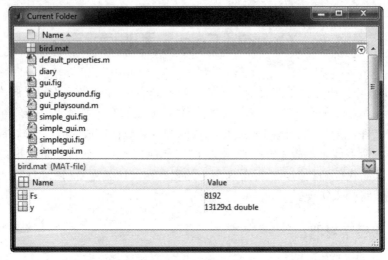 按钮，则当前路径察看器的下面部分会显示 MAT 数据文件的基本内容，这些内容的具体意义将在本书的后续章节详细介绍。在当前路径察看器中还能够运行、编辑相应的 M 语言文件，完成加载 MAT 数据文件等操作，这些操作都可以通过相应的右键快捷菜单完成。当用户选择不同类型的 MATLAB 文件时，右键快捷菜单的菜单命令略有不同。大家可以参考 MATLAB 的帮助文档，或者直接尝试运行一下菜单命令来了解其功能。

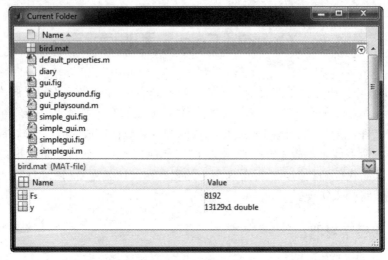

图 1-46　在当前路径察看器中预览 MAT 数据文件

　　与其他 MATLAB 桌面工具类似，当前路径察看器可以浮动在所有窗体上方，也可以默认内嵌在 MATLAB 桌面环境中，浮动的当前路径察看器窗体如图 1-47 所示。

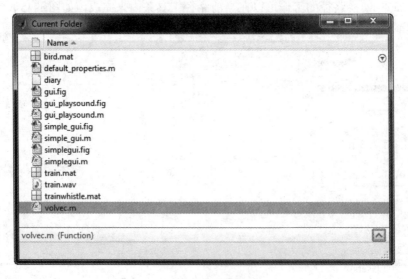

图 1-47　浮动的 MATLAB 当前路径察看器

　　当前路径察看器可以通过相应的属性设置对话框设置外观等属性。执行 MATLAB 工具条 HOME 标签页内的 Preferences 命令，在左侧选项列表中选择 Current Folder，如图 1-48 所示，对话框的右侧可设置当前路径察看器属性，这里比较重要的属性是 History 栏目。其属性表示在 MATLAB 界面中当前路径工具条下拉列表框中显示路径的个数，默认的数值为 20 个，即当前路径工具条下拉列表框能够将最后访问过的 20 个路径信息保存起来，便于用户快速的回访到那些已经访问过的路径。如果路径发生了根本变化，或者不需要保留这些路径信息时，则可以单击 Preferences 对话框中的 Clear History 按钮，将该下拉列表框中的路径信息删除。删除后，当前路径工具条下仅保留当前的工作目录。

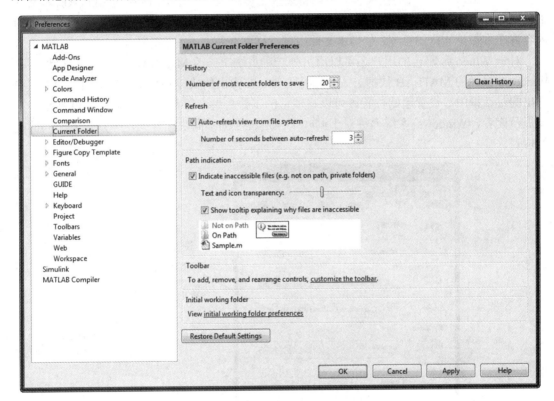

图 1-48　设置当前路径察看器的属性

1.6.2　工作目录

　　所谓 MATLAB 的工作目录，其实就是当前的文件夹。不过 MATLAB 启动时会默认使用一个文件夹作为工作目录，所有当前 MATLAB 会话的文件保存和读取都将从该文件夹下开始。一般在 Windows 系统中，MATLAB 会使用当前用户文档路径下的 MATLAB 文件夹作为默认的工作目录，可以在 MATLAB 命令行窗体中键入如下的命令来获取该工作目录信息：

```
>> userpath
ans =
    'C:\Users\Administrator\Documents\MATLAB'
```

注意：

早期版本 MATLAB 产品安装之后会存在一个名为$matlabroot\work 的文件夹，默认情况下，MATLAB 会使用该文件夹作为默认的工作目录。

对于 Linux/Unix 操作系统，启动 MATLAB 的目录就是工作目录。

MATLAB 启动时默认的工作目录可以任意修改。较常用的方法是利用 MATLAB 的 Startup 脚本文件来完成，这种修改方法不会受到操作系统或者软件特性的影响。该脚本文件在 MATLAB 启动时自动被执行，可以将设置工作目录的命令(cd 命令)添加到该脚本文件中，则每次启动 MATLAB 的时候将自动的切换到相应的文件夹下。有关 Startup 等脚本的内容将在本书第 4 章的第 4.2 节脚本文件中进行详细介绍。

对于 Windows 平台的用户还可以用另外一种方法来修改 MATLAB 的默认工作目录。在 Windows 桌面的 MATLAB 快捷方式上单击右键，在弹出的快捷菜单中，选择属性命令，在弹出的对话框中，设置起始位置，可以将默认的工作目录设置在这里，如图 1-49 所示。需要提示读者，Windows 系统允许对于同一个应用程序的不同快捷方式，分别设置不同的起始位置。

图 1-49   设置 MATLAB 的起始位置

另外一种修改 MATLAB 默认工作目录的方法是通过 MATLAB 的 Preferences 对话框内相关属性设置来完成。打开 MATLAB Preferences 对话框之后，在 General 页面下可以看到 Initial Work Folder 的设置内容，可以在这里设置 MATLAB 的默认工作目录，如图 1-50 所示。这种方式修改的 MATLAB 默认工作目录只有在 MATLAB 是通过快捷方式启动时才有效，并且在相应的快捷方式内没有设置起始位置的时候才可以使用。否则，MATLAB 将使用快捷方式所定义的起始位置作为默认的工作目录。

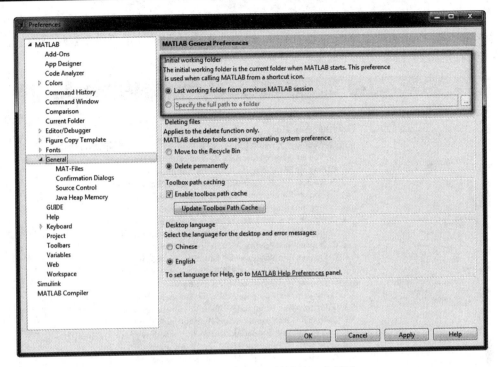

图 1-50　设置 MATLAB 的默认工作目录

1.6.3　搜索路径

如前文所述，MATLAB 通过不同的路径来组织管理自己的文件，那么为了避免执行不同路径下的 MATLAB 文件而不断切换到相应的路径，MATLAB 提供了搜索路径机制。

所有的 MATLAB 文件都被保存在不同的路径中，将这些路径按照一定的次序组织起来，就构成了搜索路径，当 MATLAB 执行某个 MATLAB 命令时，系统将按照以下的顺序搜索该命令。

- 判断该命令是否为变量；
- 判断该命令是否为内建的函数；
- 在当前的工作目录下搜索是否存在该命令文件；
- 从搜索路径中依次搜索该文件直到找到第一个符合要求的函数文件为止；
- 若上述的搜索都没有找到该命令，则报告错误信息。

MATLAB 按照上面的顺序来判断命令的执行，并且仅执行第一个符合条件的命令。

 注意：

实际的命令解析顺序要更复杂一些，将在本书后面的章节中再次详细讲述。

设置搜索路径可以通过 MATLAB 命令，也可以通过对话框来完成。单击 MATLAB 工具条 HOME 标签页内的 Set Path 按钮 ⬚ Set Path ，在弹出的对话框中就可以设置 MATLAB 的搜索路径，如图 1-51 所示。这里可以通过 Add Folder 或者 Add with Subfolders 按钮将相应的路径添加到搜索路径列表中。对于已经添加到搜索路径列表中的可以通过 Move to Top 等按钮修改该路径在搜索路径中的顺序。对于那些不需要出现在搜索路径中的内容，可以通过 Remove 按钮将其从搜索路径列表中删除。修改搜索路径之后一定要单击对话框中的 Save 按钮来保存搜索路径。

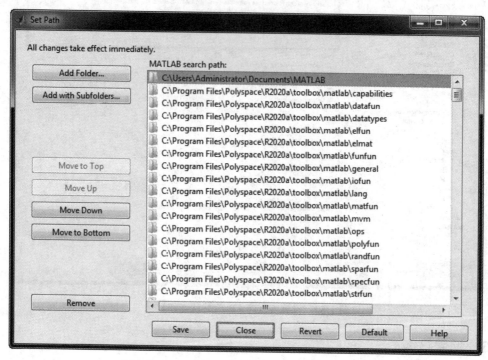

图 1-51　MATLAB 的搜索路径设置对话框

MATLAB 系统将所有搜索路径的信息保存在一个 M 文件中——pathdef.m，有兴趣的读者可以察看该文件的内容，通过修改该文件也可以修改搜索路径。

以上设置路径的方法还可以通过命令来完成，这些命令如下。

- path：察看或者修改路径信息；
- addpath：添加路径到搜索路径中；
- rmpath：将路径从搜索路径列表中删除；
- path2rc：保存搜索路径信息；
- pathtool：显示搜索路径设置对话框；
- genpath：生成路径字符向量；
- restoredefaultpath：恢复默认的搜索路径设置。

关于这些命令的使用方法，请见例 1-8。

【例 1-8】　设置 MATLAB 搜索路径的命令使用示例。

显示当前 MATLAB 搜索路径：

>> path

MATLABPATH

C:\Users\Administrator\Documents\MATLAB

C:\Program Files\Polyspace\R2020a\toolbox\matlab\capabilities

```
C:\Program Files\Polyspace\R2020a\toolbox\matlab\datafun

C:\Program Files\Polyspace\R2020a\toolbox\matlab\datatypes

C:\Program Files\Polyspace\R2020a\toolbox\matlab\elfun

…
```

当前的路径：

```
>> pwd

ans =

        'D:\My Documents\My Works\MATLAB\Class\ML01_v4'
```

生成路径字符向量：

```
>> p = genpath(pwd)

p =

'D:\My Documents\My Works\MATLAB\Class\ML01_v4;D:\My Documents\My

Works\MATLAB\Class\ML01_v4\Ch4;D:\My Documents\My

Works\MATLAB\Class\ML01_v4\Ch5;D:\My Documents\My

Works\MATLAB\Class\ML01_v4\Ch6;D:\My Documents\My

Works\MATLAB\Class\ML01_v4\Ch7;'
```

添加搜索路径：

```
>> addpath(p,'-end')
```

察看路径信息：

```
>> path

        MATLABPATH

C:\Users\Administrator\Documents\MATLAB

C:\Program Files\Polyspace\R2020a\toolbox\matlab\capabilities

C:\Program Files\Polyspace\R2020a\toolbox\matlab\datafun

…

D:\My Documents\My Works\MATLAB\Class\ML01_v4

D:\My Documents\My Works\MATLAB\Class\ML01_v4\Ch4

D:\My Documents\My Works\MATLAB\Class\ML01_v4\Ch5

D:\My Documents\My Works\MATLAB\Class\ML01_v4\Ch6

D:\My Documents\My Works\MATLAB\Class\ML01_v4\Ch7
```

　　例 1-8 的主要步骤是利用 genpath 命令从当前的路径(pwd)中生成路径字符向量，然后使用 addpath 命令将路径字符向量添加到了搜索路径列表的末端。有关这些函数(命令)的详细说明可参阅 MATLAB 的帮助文档。

　　MATLAB 为了提高运行效率会使用 Toolbox Path Caching 特性，该特性将所有 MATLAB 工具箱路径和路径下面的文件名称保存在缓存中，这样，当调用函数时，可以通过缓存直接定位函数位置，提高程序调用的速度。

　　在使用 MATLAB 时，不要将用户自己定义的 MATLAB 文件随意拷贝添加到工具箱路径下，因为增加或者删除的文件很有可能没有被正确加载到 Toolbox Path Cache 中，相应的修改工作就无法立即反映出来。此时可以通过 Preferences 对话框设置工具箱路径缓存的属性，若用户不需要使用缓存，则取消复选框 Enable toolbox path cache 的选择，如图 1-52 所示。

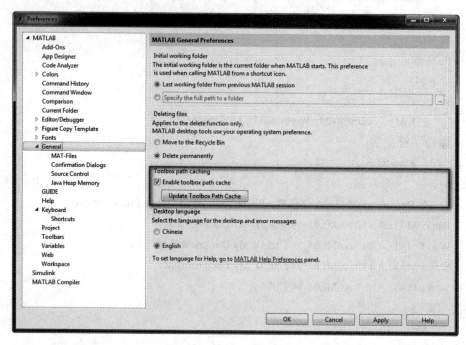

图 1-52　设置路径高速缓存

通常情况下，如果对 MATLAB 搜索路径内文件进行了增删改之后，就需要更新工具箱路径缓存，有的时候如果增加了 MATLAB 的模块或工具箱，或者对部分工具进行了更新升级之后，也需要更新工具箱路径缓存。其实每次 MATLAB 在启动的时候，都会检查路径缓存，并且自动进行必要的更新。如果需要人工干预，可以单击 Preferences 对话框上的 Update Toolbox Path Cache 按钮，或者使用命令 rehash 来更新路径缓存。

 注意：

从 MATLAB Release 14 Service Pack 2 即 MALTAB 7.0.4 开始，可支持在 MATLAB 的路径中使用空格，另外，不建议在 MATLAB 任何路径信息中使用中文。

1.7　使用 MATLAB 命令收藏

MATLAB 的命令收藏(Favorites)功能是从 MATLAB Release 2018a 版本开始引入的功能，类似的功能在之前的版本中叫作 MATLAB 快捷方式(Shortcuts)。利用 MATLAB 命令收藏可以很便捷地将一组 MATLAB 命令组合起来，并且随时可以被调用。用户创建的 MATLAB 命令收藏项会以图标的方式显示在 MATLAB 工具条的 Favorites 标签下，也可以显示在 MATLAB 桌面环境的快速访问工具条(Quick Access)上。图 1-53 是默认的 MATLAB Favorites 标签页。

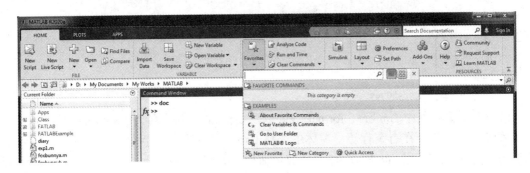

图 1-53　默认的 MATLAB Favorites 标签页内容

 注意：

　　MATLAB 的快捷方式是 MATLAB Release 14(MATLAB 7.0)版本引入的特性之一，在后续的版本中，MATLAB 的桌面环境下均存在快捷方式工具栏(Shortcut Toolbar)或快捷方式标签页(Shortcut Tab)。如图 1-54 所示，在 MATLAB Release 2011b 版本的桌面环境中就存在快捷方式工具栏，并且默认包含了两个快捷方式，分别为 How to Add 和 What's new。

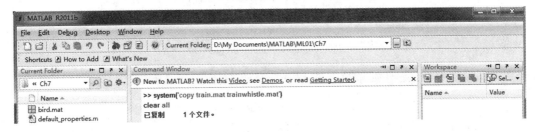

图 1-54　早期版本的 MATLAB 快捷方式工具栏

　　从 MATLAB Release 2012b 版本开始，MATLAB 桌面环境上增加了快速访问工具栏，并允许用户将 MATLAB 快捷方式增加到快速访问工具栏，同时快捷方式标签页开始逐渐淡出 MATLAB 产品发布。如果读者使用的 MATLAB 是 MATLAB Release 2018a 之前的版本，则需要通过选择执行 HOME 标签页内 Layout 菜单下 Show 子菜单中的 Shortcut Tab 命令来显示快捷方式标签页。图 1-55 所示为早期版本的 MATLAB 工具条 Shortcuts 标签页。

图 1-55　早期版本的 MATLAB 工具条 Shortcuts 标签页

　　创建 MATLAB 命令收藏的方法非常简单，也有不同途径来实现。方法之一是通过命令行历史窗体快捷菜单中 Create Favorite 快捷菜单命令来实现。例如，在命令行窗体中键入了如下命令：

```
>> more on
>> format long
```

```
>> clc
>> clear all
>> pi
ans =
     3.141592653589793
```

这时若需要将其中的 more、format、clc 以及 clear 命令创建名为"Set Environment"的命令收藏项，则需要在命令行历史窗体中选择上述几条命令，然后单击鼠标右键，在弹出的快捷菜单中，选择 Create Favorite 快捷菜单命令，如图 1-56 所示。

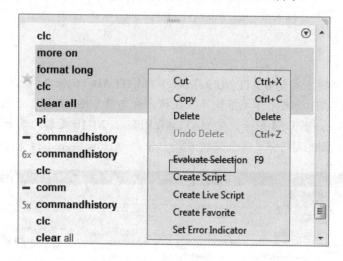

图 1-56   在命令行历史窗体中选择命令并且创建命令收藏

此时将弹出如图 1-57 所示的命令收藏编辑(Favorite Command Editor)对话框。在对话框中需要设置命令收藏的名称、命令收藏所属的类别(Category)以及命令收藏的图标(Icon)。这里的图标属性可以由用户选择任意 icon 文件或者 jpg 文件作为命令收藏项的图标。通常情况下，命令收藏项会显示在 MATLAB 工具条的 Favorites 标签页中。为了确保命令收藏能够正常运行，可以单击对话框中的 Test 按钮试运行察看这些命令的运行效果。这里还可以通过选择 Add to quick access toolbar 复选框将命令收藏项图标添加到快速访问工具栏。设置完毕的命令收藏编辑对话框如图 1-58 所示。另外，笔者建议可为自己的开发项目创建一个单独的类别组。

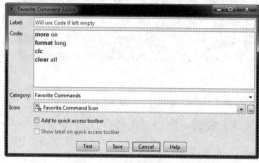

图 1-57   命令收藏的编辑对话框

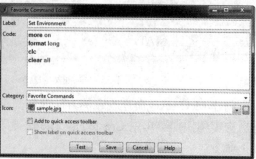

图 1-58   设置命令收藏的属性

最后，单击图 1-58 所示对话框中的 Save 按钮保存命令收藏。此时，新创建的命令收藏项将显示在 MATLAB 工具条的 Favorites 标签页内，如图 1-59 所示。

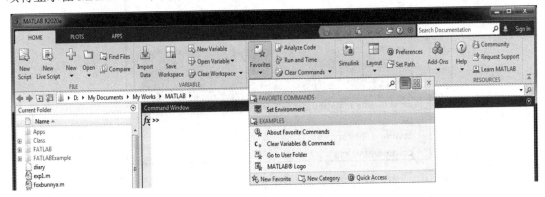

图 1-59　新增加的命令收藏项

创建 MATLAB 命令收藏的第二种方法是通过 MATLAB 工具条 Favorites 标签页中 New Favorite 命令来完成。单击 New Favorite 命令，将弹出如图 1-60 所示的命令收藏编辑器 (Favorite Command Editor)对话框。

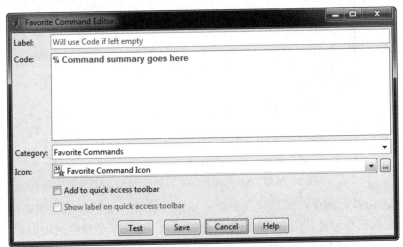

图 1-60　空白的命令收藏编辑器对话框

这时用户可以在对话框中设置命令收藏属性，在 Code 文本框中键入需要执行的 MATLAB 命令，然后按下 Save 键即可完成命令收藏的创建。

第三种创建 MATLAB 命令收藏方法是使用直接拖放的方法，用鼠标从 MATLAB 命令行窗体或者命令行历史窗体中选择相应的命令，然后按下鼠标左键并保持将相应的命令拖放到 MATLAB 工具条的 Favorites 标签或者快速访问工具栏，松开鼠标左键之后就会弹出包含被拖放命令的命令收藏编辑器对话框，在对话框中完成命令收藏的设置即可创建 MATLAB 命令收藏。

最后一种创建命令收藏的方法是在 MATLAB 命令行历史窗体中选择需要添加到收藏项内的命令，然后单击命令前蓝色的五角星图标，就可以实现 MATLAB 命令收藏的创建工作，如图 1-61 所示。

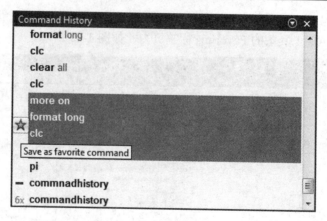

图 1-61 选择命令并且创建 MATLAB 命令收藏

创建完毕的 MATLAB 命令收藏项不仅会显示在 MATLAB 工具栏的 Favorites 标签页内，也会显示在命令行历史中，如图 1-62 所示。

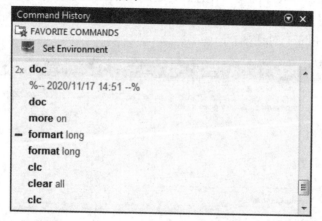

图 1-62 显示于 MATLAB 命令行历史窗体的 MATLAB 命令收藏

在必要时，可以对命令收藏项进行删除、修改等操作，也可以根据需要进行必要的再分类。如果要编辑已经创建好的 MATLAB 命令收藏项，直接在命令收藏项上单击鼠标右键，通过如图 1-63 所示的快捷菜单命令来实现编辑收藏项的目的。

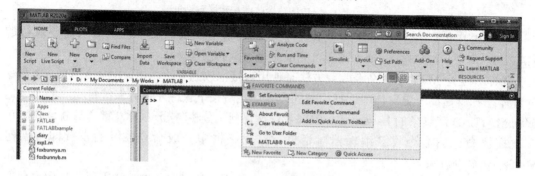

图 1-63 编辑命令收藏的快捷菜单

同样地，当打开 MATLAB 工具条 Favorites 标签页之后，将鼠标光标悬浮于某个收藏项之上，收藏项后面会显示三个图标分别对应编辑收藏项🖊、删除收藏项🗑和将收藏项添加至快速访问工具栏🏳。例如选择编辑收藏项，则会弹出如图 1-58 所示对话框那样的 MATLAB 命令收藏编辑器，完成命令收藏的编辑修改工作。

　　MATLAB 的命令收藏项以及快速访问工具栏的内容可以通过 MATLAB Preferences 对话框来设置其内容，如图 1-64 所示。在 MATLAB Preferences 对话框左侧选项列选择 Toolbars，则对话框的右侧就会出现可以添加到快速访问工具栏的内容。这里内容比较多，就不一一赘述，请读者尝试自行操作来了解其功能。

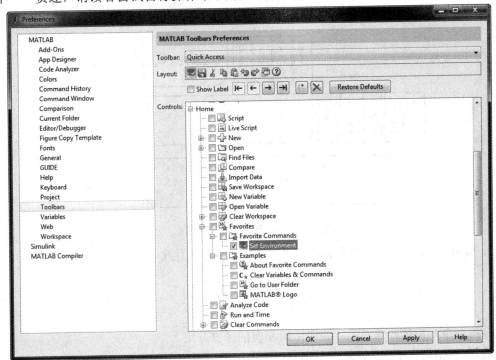

图 1-64　快速访问工具栏和收藏项的属性设置

本 章 小 结

　　本章首先介绍了 MATLAB 产品体系，然后讲解了 MATLAB 的各种桌面环境工具的使用方法。通过本章的学习，读者应该能够对 MATLAB 产品体系以及 MATLAB 桌面环境工具的基本使用方法有所了解，为学习后面的章节打下良好的基础。

　　在所有 MATLAB 桌面环境工具中，用户使用频率最高的就是 MATLAB 命令行窗体，通过该窗体几乎能够实现所有 MATLAB 的功能。而其他的桌面工具中，最重要的工具就是 MATLAB 的帮助系统。学会使用帮助系统是掌握 MATLAB 非常重要的一步。MATLAB 的帮助系统由在线帮助和窗体帮助两部分组成，两种帮助都有自己的特色。一般来说，通过在线帮助获得信息最快捷，而通过窗体帮助得到的信息最全面。希望读者在以后学习使用 MATLAB 的过程中，出现任何问题都能够通过查阅帮助文档、动手尝试运行得到解决，因为只有这样才能够真正掌握 MATLAB，提高 MATLAB 软件的应用水平。

在本书后面的章节还会陆续介绍 MATLAB 其他的桌面环境工具，例如工作空间浏览器 (Workspace Browser)、变量编辑器(Array Editor)、M 语言文件编辑器(Editor)等。

练　习

1. MATLAB 产品体系也可以如图 1-65 所示，请读者尝试描述各个产品模块之间的相互关系以及主要功能。

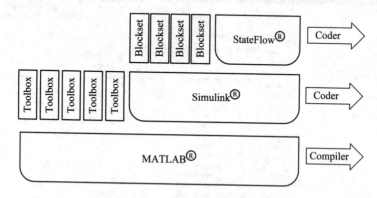

图 1-65　MATLAB 的产品体系

2. MATLAB 命令行窗体重要的功能之一就是进行交互式的计算，已知下列公式：

$$y = \frac{\sqrt{3}}{2} e^{-4t} \sin\left(4\sqrt{3}t + \frac{\pi}{3}\right)$$

尝试使用命令行窗体计算 t = –1、0、1 时相应的计算结果。

提示：MATLAB 用于计算三角运算、指数运算以及代数运算都有特定的函数，这些函数是基础的数学函数，可以通过 help elfun 命令获取这些函数的信息以及具体用法。

计算若干数值之后，将相应的命令从命令行历史提取并创建 MATLAB 的命令收藏 。

3. 请尝试解释当前路径与工作目录，并且将自己的工作目录下所有路径(包括子目录)都加入到搜索路径的尾部，可以尝试使用命令行以及图形界面的形式分别完成操作，另外，读者可以尝试在 MATLAB 路径中使用空格或者中文字符，并且注意察看相应的 MATLAB 会有怎样的表现。

4. 察看函数 FFT 的帮助，分别察看在线帮助以及窗体帮助，熟悉操作帮助的若干函数。

第 2 章 矩阵和数组

众所周知，MATLAB 是一种以矩阵为基本运算单元的科学计算软件。从计算机编程语言的角度来看，为了能够和 C 语言等高级语言保持一定的相似性，MATLAB 的矩阵在 M 语言中使用数组的形式来表示，而且 MATLAB 还提供了关于数组和矩阵不同的运算方法。利用 MATLAB 软件实现基本的矩阵运算和数组运算也是进行 M 语言编程和 MATLAB 应用的基础。

本章要点：

- 矩阵和向量；
- 矩阵运算；
- 数组运算；
- 稀疏矩阵；
- 多维数组。

2.1 向量、矩阵和数组的基本概念

完整的计算机编程语言需要提供对数据的描述方法和操作能力。MATLAB 应用软件中包含了一种结构化高级编程语言――M 语言，同样提供了对各种类型数据的描述方法和操作能力。最常用的数据类型表现手段和形式就是变量和常量。

由于 MATLAB 是一种以数值计算为主要功能的应用软件，因此 M 语言的基本处理单位是数值矩阵或者数值向量。从编程语言――M 语言的角度看，也可以统一将矩阵或者向量称为数组。因此掌握一些基本的矩阵和向量、数组操作知识也是掌握 MATLAB 软件应用的基础。本节将简要回顾一下有关向量、矩阵和数组的概念。

1. 变量和常量

变量和常量是高级编程语言中数据类型的表现手段和形式，所以从 M 语言的角度而言，掌握变量和常量的概念也是掌握 M 语言编程的基础。

所谓变量，就是指在程序运行过程中需要改变数值的量。每个变量都具有特定的名字，变量将在内存中占据一定的空间，以便在程序运行过程中保存其数值。M 语言和 C 语言类似，对变量的命名有相应的要求：变量必须以字母开头，后面可以是字母、数字、下画线或者它们的组合。尽管在编写程序的时候可以使用任意数量的字符表示变量名，但是 MATLAB 仅仅识别前面的 N 个，在不同的操作系统下可以识别的字符个数不尽相同，可以

使用命令 namelengthmax 函数察看相应的规定。

所谓常量，就是在程序运行过程中不需要改变数值的量。例如，在求圆周周长或者圆的面积的时候，需要一个常量 π，它的值近似是 3.141 592 7，常量也具有相应的名字，其定义方法和变量一样。M 语言中的常量不像 C 语言中的常量。一般地，在 M 语言中并不存在常量的定义，任何常量和变量都可以修改其数值，只不过在 MATLAB 中提供了一些常用的常数作为常量，这一点请读者注意。

 提示：

其实 MATLAB 中所包含的那些常数也不是常量，它们往往作为 MATLAB 的内建函数存在。例如圆周率常数 π，在 MATLAB 中对应的内建函数就是 pi。

2. 数组

一般地，数组是有序数据的集合。在大多数编程语言中，数组的每一个成员(元素)都属于同一种数据类型，它们使用同一个数组名称和不同的下标来唯一确定数组中的成员(元素)。其中，下标是指数组元素在数组中的序号。

对于 MATLAB 而言，大多数情况下，数组的每一个元素都具有相同的数据类型，而元胞数组则不然。

和一般的编程语言类似，M 语言的数组有一维、二维和多维数组的区别。而在 MATLAB 中一般不存在数组的数组，除非在 M 语言中使用 Java 数据对象。

 注意：

有关元胞数组的概念将在本书的第 3 章介绍。在 MATLAB 中使用 Java 数据对象的方法请参阅 MATLAB 的帮助文档。

3. 向量

从编程语言的角度来看，向量其实就是一维数组，然而从数学的角度来看，向量就是 $1 \times N$ 或者 $N \times 1$ 的矩阵，即行向量和列向量。也就是说：

$$B=\begin{bmatrix} b_{11} \\ b_{21} \\ b_{31} \\ \vdots \\ b_{n1} \end{bmatrix}, \quad B=\begin{bmatrix} b_{11} & b_{12} & b_{13} & \cdots & b_{1n} \end{bmatrix}$$

都是一维数组，但是从数学的角度来看，分别被称为列向量和行向量。

MATLAB 的基本运算单位是矩阵和向量，M 语言是以向量化运算为基础的编程语言。由于在现代控制系统分析与设计、信号处理应用、通信系统开发、数字图像处理等领域，线性代数应用得越来越广泛，因此，M 语言成为了目前最流行的工程算法开发和验证的原型语言。

在 MATLAB 中，将元素个数为 1 的向量称为标量(Scalar)。

4. 矩阵

在 MATLAB 中，矩阵的概念等同于线性代数中定义的矩阵，即矩阵是用一对圆括号或者方括号括起来、符合一定规则的数学对象。例如：

$$B = \begin{bmatrix} b_{11} & b_{12} & b_{13} \\ b_{21} & b_{22} & b_{23} \\ b_{31} & b_{23} & b_{33} \end{bmatrix}$$

就是一个 3 行 3 列的方阵。

随着线性代数理论的发展，矩阵和向量的运算在工程领域内越来越普遍，因此解决线性代数的数值计算问题成为诸多工程师亟待解决的问题。20 世纪 50 年代，电子计算机以及高级编程语言开始应用于工程以及科研领域，那时的高级编程语言使用数组来表示矩阵，在进行计算时，这类高级编程语言仅能处理单个元素的运算，很难按照线性代数的运算法则将矩阵或者向量作为一个整体来处理，从而增加了程序员的工作量，也降低了程序的执行效率，延长了开发周期。于是在 20 世纪 60—70 年代诞生了专门用于处理矩阵运算的软件包和算法包。MATLAB 软件就是在 EISPACK 和 LINPACK 两个线性代数软件包的基础上发展起来的科学计算软件。

掌握一定的线性代数知识是掌握和精通 MATLAB 软件的基础之一，但是，由于本书篇幅有限，不可能一一回顾线性代数的基本数学知识，若有需要，请读者自行翻阅参考书籍。

2.2 创 建 向 量

从编程语言的角度上而言，向量就是一维数组。在 MATLAB 中创建向量可以使用不同的方法，最直接、最简单的就是逐个输入向量的元素，见下面的例 2-1。

【例 2-1】 利用逐个输入元素的方法在 MATLAB 中创建向量。

在命令行窗体中键入：

```
>> x = [1 3 pi 3+5i]

x =

   1.0000 + 0.0000i   3.0000 + 0.0000i   3.1416 + 0.0000i   3.0000 + 5.0000i


>> whos
  Name      Size            Bytes  Class     Attributes
  x         1x4                64  double    complex
```

在例 2-1 中，逐个输入向量的元素，元素之间用空格间隔，这样就创建了一个向量 x。其中，pi 为 MATLAB 中的内建函数，表示常量 π。本例中使用了命令 whos 来察看当前 MATLAB 会话保存在工作空间内存中的变量，这里的结果表示变量 x 是 1 行 4 列的行向量，占用内存 64 B，是双精度的复数。命令 whos 是常用的 MATLAB 命令，在本书后续的章节中会反复使用该命令。

使用逐个输入元素的方法创建向量的时候，元素彼此之间可以使用空格或者逗号"，"作为间隔符。

第二种创建向量的方法是利用运算符"："，参阅例 2-2。

【例 2-2】 利用冒号运算符创建向量。

在命令行窗体中键入：

```
>> x = 1:10
x =
     1    2    3    4    5    6    7    8    9    10
>> whos
  Name        Size              Bytes  Class     Attributes
  x           1x10                 80  double
```

在例 2-2 中使用冒号运算符创建了具有十个元素的向量。利用冒号运算符创建向量的基本语法如下：

```
X = J:INC:K
```

其中：

- J 为向量的第一个元素，K 为向量的最后一个元素，INC 为向量元素递增的步长；
- J、INC 和 K 之间必须用"："间隔；
- 若在表达式中忽略 INC(如例 2-2 所示)，则默认的递增步长为 1；
- INC 可以为正数，也可以为负数。若 INC 为正数，则必须 J<K，若 INC 为负数，则必须 J>K，否则创建的向量的结果是空向量。

【例 2-3】 使用冒号运算符创建向量。

在命令行窗体中键入：

```
>> x = 1:0.03:1.1
x =
    1.0000    1.0300    1.0600    1.0900
>> whos
  Name        Size              Bytes  Class     Attributes
  x           1x4                  32  double
```

创建向量的第三种方法是使用函数 linspace 和 logspace。

函数 linspace 是用来创建线性间隔向量的函数。函数 linspace 的基本语法如下：

```
x = linspace(x1,x2,n)
```

其中：

- x1 为向量的第一个元素，x2 为向量的最后一个元素，n 为向量具有的元素个数，函数将根据 n 的数值计算元素之间的平均间隔，间隔的计算公式为 $\dfrac{x2-x1}{n-1}$；
- 若在表达式中忽略参数 n，则系统默认地将向量设置为 100 个元素。

函数 linspace 的使用方法参见例 2-4。

【例 2-4】 使用 linspace 函数创建向量。

```
>> x = linspace(1,2,5)
x =
      1.0000    1.2500    1.5000    1.7500    2.0000
>> whos
  Name      Size              Bytes  Class     Attributes
  x         1x5                  40  double
```

本例使用 linspace 函数创建了一个具有 5 个元素的向量，元素彼此之间的间隔为

$$\frac{2-1}{5-1}=0.25$$

函数 logspace 可用来创建对数空间的向量，该函数的基本语法如下：

```
x = logspace(x1,x2,n)
```

其中：

- 该函数创建的向量的第一个元素值为 10^{x1}，最后一个元素的数值为 10^{x2}，n 为向量的元素个数，元素彼此之间的间隔按照对数空间的间隔设置；
- 若在表达式中忽略参数 n，则参数默认地将向量设置为 50 个元素。

函数 logspace 的使用方法参见例 2-5。

【例 2-5】 使用 logspace 函数创建向量。

在 MATLAB 的命令行窗体中，键入下面的命令：

```
>> x = logspace(1,3,5)
x =
   1.0e+03 *
    0.0100    0.0316    0.1000    0.3162    1.0000
>> whos
  Name      Size              Bytes  Class     Attributes
  x         1x5                  40  double
```

例 2-1～例 2-5 创建的向量都是行向量。从编程语言的角度来看，上述例子创建的变量 x 实质上是 1 行 n 列的数组(n 表示元素的个数)。如果需要创建列向量，即 n 行 1 列的数组(n 表示元素的个数)，则需要使用分号作为元素与元素之间的间隔或者直接使用转置运算符 "'"，参见例 2-6。

【例 2-6】 创建列向量。

可采用直接输入元素的方法创建列向量。在 MATLAB 的命令行窗体中，键入下面的命令：

```
>> A = [1;2;3;4;5;6]
A =
     1
     2
     3
     4
```

```
        5
        6
```

也可使用转置的方法创建列向量：

```
>> B = (1:6)'
B =
        1
        2
        3
        4
        5
        6
>> whos
```

Name	Size	Bytes	Class	Attributes
A	6x1	48	double	
B	6x1	48	double	
x	1x5	40	double	

在例 2-6 中使用了两种办法来创建列向量，分别使用";"运算符作为间隔直接输入元素和矩阵的转置，两种办法创建的列向量完全一致。

2.3 创 建 矩 阵

矩阵包含 m 行 n 列并且符合一定规则的数学对象。在编程语言中，矩阵和二维数组一般指的是同一个概念。在 M 语言中，矩阵的元素可以为任意 MATLAB 数据类型的数值或者对象。创建矩阵的方法也有多种，不仅可以直接输入元素或者使用函数创建矩阵，还可以使用 MATLAB 的变量编辑器来创建、编辑矩阵。

2.3.1 直接输入法

直接输入矩阵元素创建矩阵的方法适合创建元素数量较少(也就是行列数较少)的矩阵。

【例 2-7】 用直接输入矩阵元素的方法创建矩阵。

在 MATLAB 的命令行窗体中键入下面的命令：

```
>> A = [1 2 3;4 5 6;7 8 9]
A =
        1       2       3
        4       5       6
        7       8       9
>> whos
```

Name	Size	Bytes	Class	Attributes
A	3x3	72	double	

在例 2-7 中创建了一个 3×3 的矩阵，也就是 3 行 3 列的矩阵。在使用直接输入元素的办法创建矩阵时，需要注意：

- 整个矩阵的元素必须在"[]"中键入；
- 矩阵的元素行与行之间需要使用";"运算符作为间隔；
- 矩阵的元素之间可以使用","运算符或者空格作为间隔。

其实创建上面的矩阵时还可以这么做：

```
>> B = [1:3;4:6;7:9]

B =

    1    2    3
    4    5    6
    7    8    9
```

可以将矩阵的每一行或者每一列看作一个向量，因为矩阵就是由若干行向量或者列向量组合而成的。也就是说，还可以这样来创建矩阵：

```
>> B = [(1:3)', (4:6)',(7:9)']

B =

    1    4    7
    2    5    8
    3    6    9
```

这里是将三个列向量组合起来创建了矩阵，请读者注意在创建矩阵时逗号和分号的不同作用。

2.3.2　工作空间浏览器

例 2-1～例 2-7 中频繁使用了 whos 命令来察看当前 MATLAB 会话保存在工作空间内存中的各种变量。这里所谓的工作空间，就是 MATLAB 用来保存变量、执行 MATLAB 代码或者命令的内存空间。MATLAB 工作空间由 MATLAB 进程来管理和维护。除了 who 或者 whos 命令，还可以使用工作空间浏览器来察看工作空间所包含的内容。在默认的 MATLAB 界面，工作空间浏览器内嵌于 MATLAB 桌面环境左下角的区域，可以将其浮动出来，如图 2-1 所示。图 2-1 中为执行了例 2-7 之后的工作空间浏览器。

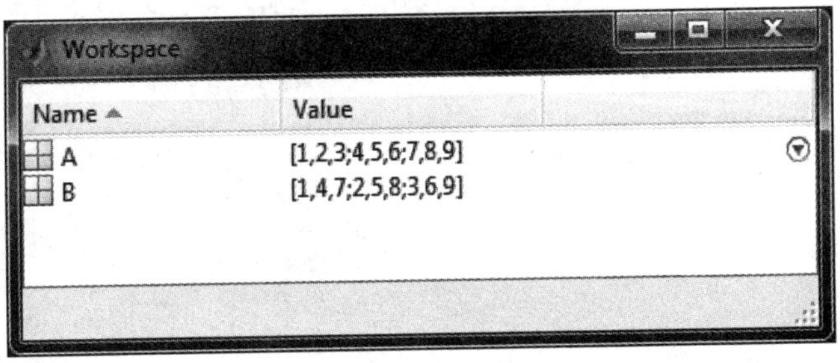

图 2-1　MATLAB 的工作空间浏览器

从工作空间浏览器中可以看到变量 A 和 B 的基本内容，如果变量所包含的元素数量较多，则无法显示相应的内容。例如，在 MATLAB 命令行窗体中键入命令：

```
>> C = 1:1000;
>> whos
```

Name	Size	Bytes	Class	Attributes
A	3x3	72	double	
B	3x3	72	double	
C	1x1000	8000	double	

则此时在工作空间浏览器中能够看到的是变量 C 相应的尺寸以及元素的数据类型，如图 2-2 所示。

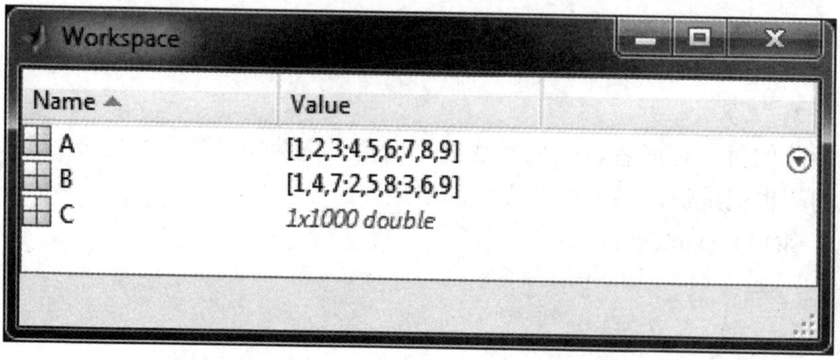

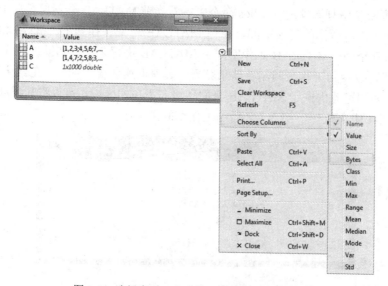

图 2-2　工作空间浏览器中的变量

默认的工作空间浏览器仅仅显示变量的名称和简要信息。用户可以设置显示有关变量的数据类型、最大最小值等各种统计信息，但是具体显示哪些信息需要通过工作空间浏览器的菜单来完成。单击工作空间浏览器窗体右上角的快捷菜单按钮⊙，在弹出的菜单中选择 Choose Columns 子菜单内相应的菜单命令，就可以选择在工作空间浏览器中显示变量的哪些统计信息，如图 2-3 所示。

图 2-3　选择察看工作空间浏览器更丰富的内容

比如，可以将变量的数据类型、最大值、最小值显示在工作空间浏览器内，如图 2-4 所示。

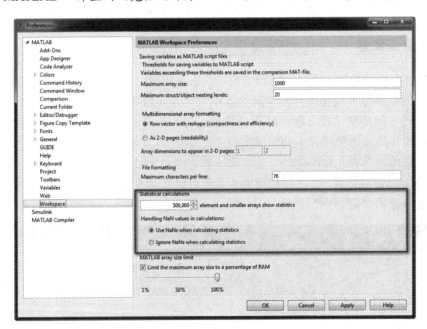

图 2-4 显示变量的数据类型等信息

 提示：

从上面的示例可以看到，工作空间浏览器不会显示所有变量的信息。当处理的变量所包含的元素非常多时，工作空间浏览器则无法显示相应变量的统计信息，此时可以通过 MATLAB 的 Preferences 设置对话框来设置有关工作空间浏览器的相应内容，如图 2-5 所示。默认地，MATLAB 工作空间浏览器统计并显示不超过 500 000 个元素的变量。

图 2-5 设置工作空间浏览器的属性

工作空间浏览器可以显示变量的信息，也可以对工作空间内的变量进行编辑，或者实现删除、重命名、复制变量等操作，还可以通过交互式工具来实现在工作空间中变量的可视化工作。这些操作都可以在选择相应的变量后，通过右键快捷菜单或者 MATLAB 工具栏上的工具来实现，如图 2-6 所示。请读者尝试执行右键快捷菜单的命令，具体的可视化操作将在本书第 6 章中详细介绍。

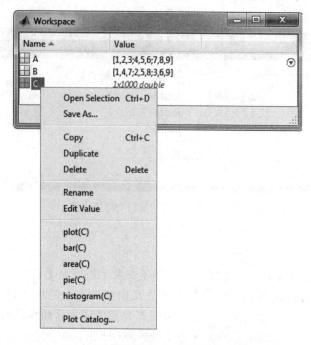

图 2-6　工作空间浏览器中变量的右键快捷菜单

2.3.3　变量编辑器

在如图 2-6 所示的工作空间浏览器中变量的右键快捷菜单中可以看到 Edit Value 命令。执行该命令的效果是直接在工作空间浏览器中对矩阵变量等进行编辑工作。这种编辑对那些元素数量较少的变量比较方便，然而当变量包含的元素数量较多时，就需要使用变量编辑器来完成对矩阵或者向量元素的编辑工作了。

打开变量编辑器有几种不同的方法。第一种方法是通过 MATLAB 工具条中 HOME 标签页内的 Open Variable 菜单，选择相应的变量就可以打开变量编辑器并且加载相应的变量。Open Variable 菜单如图 2-7 所示。

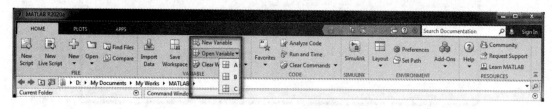

图 2-7　Open Variable 菜单

第二种方法是在工作空间浏览器中直接双击需要被编辑的变量，其效果也是打开变量编辑器，同时在编辑器中加载相应的变量。

第三种方法是通过工作空间浏览器中的快捷菜单命令 Open Selection 来完成同样的工作。

最后一种方法是使用 openvar 命令。例如，在 MATLAB 命令行窗体中键入：

```
>> openvar A
```

就可以打开变量编辑器并且加载变量 A。此时变量编辑器默认会嵌入 MATLAB 桌面环境内，如图 2-8 所示。

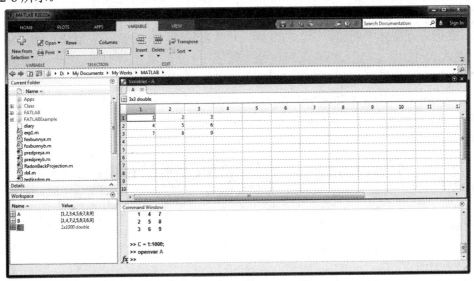

图 2-8 内嵌于 MATLAB 桌面环境的变量编辑器

在打开了变量编辑器之后，MATLAB 桌面环境的工具条中将增加两个标签页，分别是 VARIABLE 和 VIEW，这两个标签页仅用于变量编辑器，可以完成相应变量的编辑工作。标签页内所列的操作都非常直观，易于理解，请读者自行尝试运行了解其功能。如有必要，也可以查阅 MATLAB 的帮助文档。

变量编辑器也可以像其他 MATLAB 桌面工具一样浮动出来。如果变量编辑器打开了多个变量，则在浮动变量编辑器的时候还可以具体选择在浮动的编辑器中打开哪个变量。浮动的变量编辑器的工具条有三个标签页，分别是 PLOTS、VARIABLE 和 VIEW，如图 2-9 所示。其中，PLOTS 标签页的内容主要用于数据的可视化操作，相应的内容与 MATLAB 桌面环境工具条的 PLOTS 标签页的内容完全一致。有关数据可视化的内容将在本书的第 6 章中详细介绍。

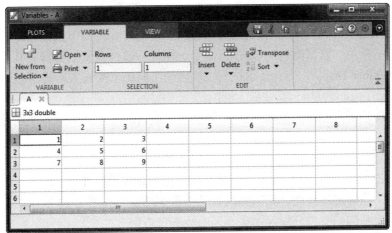

图 2-9 浮动的变量编辑器

前面已经提及，在命令行窗体中直接输入元素较多的向量或者矩阵时比较麻烦，需要利用变量编辑器完成大矩阵的编辑或创建工作。例如，创建一个 15 行 10 列的矩阵，方法如下。

(1) 在命令行窗体中创建一个新的变量，并且为其赋值。例如，在 MATLAB 的命令行窗体中键入 A=1。

(2) 打开变量编辑器，并在变量编辑器中正确加载相应的变量。

(3) 在变量编辑器内直接编辑第 15 行第 10 列的元素。例如，键入数字 5，则此 15 行 10 列矩阵的其他元素将自动赋初值为 0，如图 2-10 所示。

(4) 编辑其余矩阵元素，直至最终完成矩阵的定义。

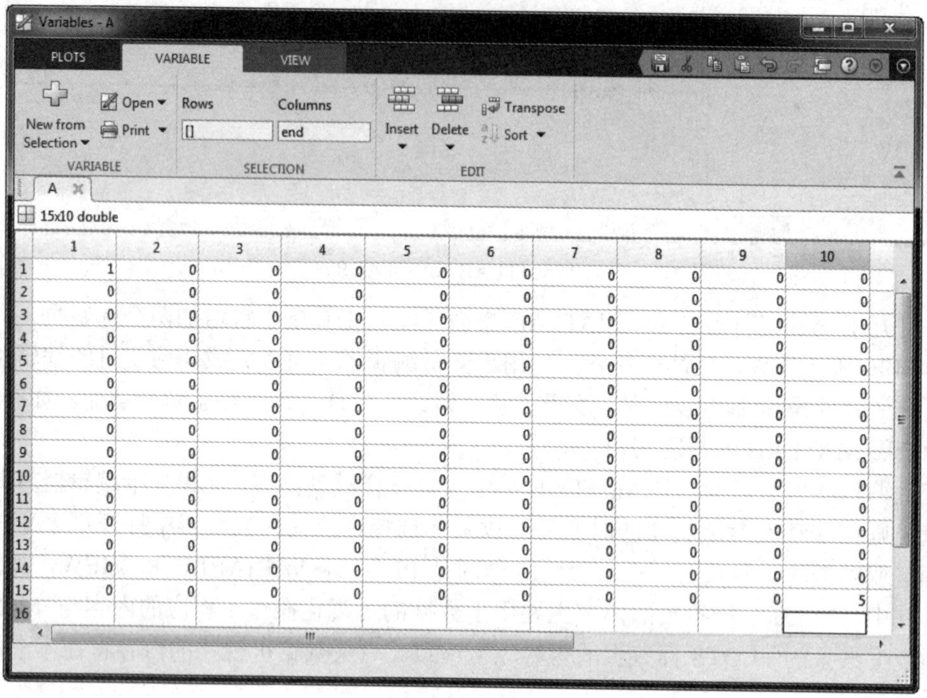

图 2-10　利用变量编辑器创建大矩阵

就像在 MATLAB 命令行窗体中显示数值一样，在变量编辑器中也可以使用不同格式来显示矩阵元素的数值，就好像使用 format 命令一样——通过变量编辑器工具条中的 VIEW 标签页内的 Number Display Format 下拉列表框内的不同选项来设置数据的显示格式，如图 2-11 所示。

如果需要创建更大规模的矩阵，就需要利用 M 语言的脚本文件或者采用导入数据文件的方法，这些内容将在本书的第 4 章和第 5 章分别介绍。

变量编辑器可以同时打开多个变量。其方法是：在工作空间浏览器中用鼠标选择变量时，按住 Ctrl 键或者 Shift 键选择多个变量，同样也可以使用快捷键 Ctrl + A 选择工作空间中的所有变量，然后通过前面介绍的方法打开变量编辑器。如图 2-12 所示的变量编辑器打开了两个变量，不同的变量分别显示在不同的标签页内。

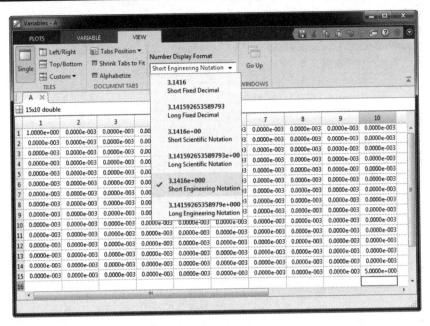

图 2-11 设置数据的显示格式

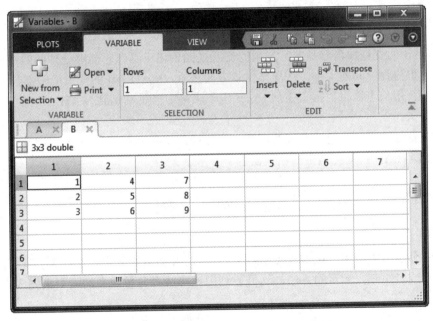

图 2-12 在变量编辑器中同时编辑多个变量

　　当变量编辑器打开了多个变量之后，工具条 VIEW 标签页下的某些命令才能够执行。这些命令大多用于设置变量编辑器的显示外观。例如，通过 Alphabetize 复选框可以将不同的变量显示标签页按照字母顺序排序，在 Tabs Position 菜单下的命令可以决定变量标签的具体位置，默认在变量文档视图的顶部(Top)，如图 2-13 所示。此时，如果用右键单击变量编辑器的变量标签，还可以通过弹出的右键快捷菜单针对具体的变量来完成某些操作。

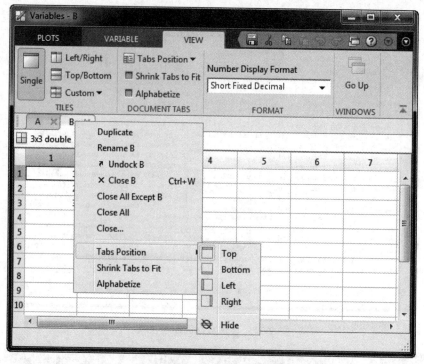

图 2-13 变量编辑器变量标签的右键快捷菜单

MATLAB 的变量编辑器是非常好用的交互式图形化工具，它能够处理的数据大小取决于用户计算机内存空间的大小。从操作体验方面来看，MATLAB 的变量编辑器与 Microsoft Excel 很接近，用户可以将数据直接从 Excel 电子表格中拷贝粘贴到 MATLAB 的变量编辑器中来创建变量。

具体在变量编辑器中能够实现的数据可视化操作将在本书的第 6 章详细介绍，更多细节可参阅 MATLAB 帮助文档中的相关内容。

2.4 索 引

前面两个小节中讲述了在 MATLAB 中创建矩阵和向量的基本方法。本小节将介绍访问和操作向量或者矩阵内元素的方法，这需要利用矩阵或者向量元素的索引来完成。

 注意：

MATLAB 的矩阵或者数组的索引起始数值为 1，这一点和 C 语言不同，C 语言的数组索引下标的起始数值为 0。

2.4.1 向量元素的访问

要访问向量的元素，只要使用相应元素的索引即可，请参阅例 2-8。在例 2-8 中，操作对象是一个向量，该向量为 A = [1 2 3 4 5 6 7 8 9 0]。

【例2-8】 访问向量中的元素。

在 MATLAB 的命令行窗体中，键入下面的命令。

访问向量的第三个元素：

>> A(3)

ans =

　　3

访问向量的第一、三、七个元素：

>> A([1 3 7])

ans =

　　1　　3　　7

访问向量的第一、三、五个元素：

>> A([1:3:5])

ans =

　　1　　3　　5

访问向量的最后四个元素：

>> A([end-3:end])

ans =

　　7　　8　　9　　0

重复访问向量中的元素：

>> A([1:5,5:-1:1])

ans =

　　1　　2　　3　　4　　5　　5　　4　　3　　2　　1

 说明：

- 访问向量元素的结果是创建新的向量；
- 访问向量的元素时直接给出元素所在向量中的索引序号，元素的索引序号不仅可以是单一的整数，还可以是由元素索引序号组成的向量，如例2-8；
- 关键字 end 在访问向量元素时，表示向量中最后一个元素的索引序号；
- 访问向量元素时，索引序号的数值必须介于数值1和 end 之间。

下面通过访问元素的方法对具体的元素赋值。

【例2-9】 对向量的元素进行赋值。

在 MATLAB 命令行窗体中键入下面的命令。

对向量的第三个元素赋值：

>> A(3) = -3

A =

　　1　　2　　-3　　4　　5　　6　　7　　8　　9　　0

对向量中不存在的元素赋值：

>> A(12) = -12

A =

| 1 | 2 | 3 | 4 | 5 | 6 | 7 | 8 | 9 | 0 | 0 | -12 |

 说明：

例 2-9 的第二个命令是对向量的第 12 个元素直接赋值。在赋值之前向量 A 的第 11～12 个元素不存在，但是在赋值之后，MATLAB 会自动创建这些元素，并且为没有明确赋值的元素赋默认值 0，这就是 MATLAB 的数据自动扩充和初始化机制。

2.4.2　矩阵元素的访问

要访问矩阵的元素，也需要使用矩阵元素的索引。访问矩阵元素的方式有两种：第一种方式是使用矩阵元素的行列全下标形式，第二种方法是使用矩阵元素的单下标形式。

【例 2-10】　访问矩阵的元素。

在 MATLAB 工作空间中创建一个 5×5 的矩阵，该矩阵是 5 阶的幻方，然后通过命令行获取矩阵的第二行第四列的元素，于是在 MATLAB 命令行窗体中键入下面的命令。

创建矩阵：

```
>> A = magic(5)
A =
    17    24     1     8    15
    23     5     7    14    16
     4     6    13    20    22
    10    12    19    21     3
    11    18    25     2     9
```

使用全下标的形式访问元素：

```
>> A(2,4)
ans =
    14
```

使用单下标的形式访问元素：

```
>> A(17)
ans =
    14
```

 说明：

• 创建矩阵时使用了 MATLAB 函数 magic 创建幻方。所谓幻方，是一种 n 阶方阵，该方阵每行、列和对角线上的数字和都相等。

• 使用全下标的形式访问矩阵的元素简单直接，同线性代数中矩阵元素的概念一一对应。

• 矩阵元素的单下标是矩阵元素在内存中存储的序列号。一般地，同一个矩阵的元素存储在连续的内存单元中。

- 以 m×n 的矩阵为例，该矩阵的第 i 行第 j 列的元素全下标表示为单下标的公式为 l = (j − 1) × m + i。

 注意：

MATLAB 矩阵元素的排列以列元素优先，这一点同 FORTRAN 语言的二维数组元素的排列方法一致，与 C 语言的二维数组元素的排列不同，C 语言的二维数组元素排列以行元素优先。

MATLAB 提供了两个函数分别完成全下标和单下标之间的相互转化：
- sub2ind 根据全下标计算单下标；
- ind2sub 根据单下标计算全下标。

关于上述两个函数，将在 2.7 节详细讲述。

表 2-1 总结了使用索引访问矩阵元素的方法。

表 2-1　使用索引访问矩阵元素的方法

矩阵元素的访问	说　　明
A(i,j)	访问矩阵 A 的第 i 行第 j 列上的元素，其中 i 和 j 为标量
A(I,J)	访问由向量 I 和 J 指定的矩阵 A 中的元素
A(i,:)	访问矩阵 A 中第 i 行的所有元素
A(:,j)	访问矩阵 A 中第 j 列的所有元素
A(:)	访问矩阵 A 的所有元素，将矩阵看作一个向量
A(l)	使用单下标的方式访问矩阵元素，其中 l 为标量
A(L)	访问由向量 L 指定的矩阵 A 的元素，向量 L 中的元素为矩阵元素的单下标数值

 注意：

在用全下标索引矩阵或者数组的元素时，如果使用冒号运算符，而不是索引数值，则表示选择该行、列或者维(多维数组时)所有的元素。可以将 A(:)看作矩阵式数组的单下标表示方式。

【例 2-11】 用不同的方法访问矩阵的元素。

在 MATLAB 命令行窗体中，键入下面的命令。

创建矩阵：

```
>> A = 1:25;
>> A = reshape(A,5,5)
A =
     1     6    11    16    21
     2     7    12    17    22
     3     8    13    18    23
     4     9    14    19    24
     5    10    15    20    25
```

访问矩阵的第 3 行第 1 列元素：

```
>> A(3,1)
ans =
        3
```

访问矩阵的第 3 行所有元素：

```
>> A(3,:)
ans =
        3      8     13     18     23
```

访问矩阵的第 4 列的所有元素：

```
>> A(:,4)
ans =
       16
       17
       18
       19
       20
```

访问矩阵的最后一行元素：

```
>> A(end,:)
ans =
        5     10     15     20     25
```

获取矩阵的子矩阵：

```
>> I = [1 3 5];J = [2 4];
>> A(I,J)
ans =
        6     16
        8     18
       10     20
```

本例使用了 reshape 函数将向量重构成为一个矩阵，然后分别使用不同的方法获取了矩阵的元素，特别在最后的操作中获取了矩阵 A 的第 1、3、5 行第 2、4 列上的元素，创建了子矩阵。

关于 reshape 函数，将在本章后面的章节中进行详细介绍，读者也可以参阅 MATLAB 的相关帮助文档。

另外还有一种访问矩阵或者向量元素的方法是利用布尔类型的索引。

2.5 基 本 运 算

MATLAB 是以矩阵为基本运算单元的科学计算软件，矩阵或者向量是 MATLAB 中所有运算的基础。本小节将介绍 MATLAB 中关于矩阵基本运算的函数或者基本运算的规则。

另外，在 MATLAB 中还有一类运算函数和命令专门用来处理数组的运算，本小节中也将讨论这类函数。

2.5.1　矩阵生成函数

MATLAB 包含若干函数，可以用来生成某些矩阵，参见表 2-2。

表 2-2　MATLAB 的矩阵生成函数

函　　数	说　　　明
zeros	产生元素全为 0 的矩阵
ones	产生元素全为 1 的矩阵
eye	产生单位矩阵
rand	产生均匀分布的随机数矩阵，数值范围为(0,1)
randi	产生所有元素为整数的随机数矩阵，数值范围可由用户指定
randn	产生均值为 0、方差为 1 的正态分布随机数矩阵
diag	获取矩阵的对角线元素，也可生成对角矩阵
tril	产生下三角矩阵
triu	产生上三角矩阵
pascal	产生帕斯卡矩阵
magic	产生幻方

【例 2-12】　矩阵生成函数的示例。

在 MATLAB 命令行窗体中键入下面的命令。

创建 3 阶帕斯卡矩阵：

```
>> A = pascal(3)
A =
     1     1     1
     1     2     3
     1     3     6
```

由矩阵 A 生成下三角矩阵：

```
>> tril(A)
ans =
     1     0     0
     1     2     0
     1     3     6
```

获取矩阵 A 的对角线元素：

```
>> diag(A)
ans =
```

$$
\begin{array}{c}
1 \\
2 \\
6
\end{array}
$$

利用向量生成对角矩阵:

    >> diag(ans)

    ans =

$$
\begin{array}{ccc}
1 & 0 & 0 \\
0 & 2 & 0 \\
0 & 0 & 6
\end{array}
$$

表 2-2 中所罗列的各种矩阵生成函数不仅可以用来创建二维矩阵,还可以创建多维数组。创建多维数组的方法将在后面的章节中进行介绍。

另外,这些函数中比较重要的是 zeros 函数和 ones 函数,这两个函数经常在编写 M 语言程序的时候用来初始化大矩阵,以提高程序的执行效率。

2.5.2 基本矩阵运算

MATLAB 支持矩阵运算的基本规则,提供了若干用于实现矩阵运算的函数,这些运算规则和函数都分别与线性代数的基本概念和运算规则对应。矩阵的基本运算参见表 2-3。

表2-3 矩阵的基本运算

运算命令	说　　明
A'	矩阵转置
A^n	矩阵求幂,n 可以为任意实数
A*B	矩阵相乘
A/B	矩阵右除
A\B	矩阵左除
A+B	矩阵加法
A−B	矩阵相减
inv	矩阵求逆,注意不是所有的矩阵都有逆矩阵
det	求方阵的行列式
rank	求矩阵的秩
eig	求矩阵的特征向量和特征值
svd	对矩阵进行奇异值分解
norm	求矩阵的范数

提示:

在 MATLAB 中可以通过下面的指令获取矩阵(线性代数)的运算函数列表,请在 MATLAB 命令行窗体中键入:

```
>> help matfun
```
在 MATLAB 命令行窗体中间显示相应的函数列表:

Matrix functions - numerical linear algebra

Matrix analysis.

  norm　　　　- Matrix or vector norm.

  normest　　　- Estimate the matrix 2-norm.

 ...

一般的 MATLAB 函数都可以针对矩阵进行运算, 但是在这里的 help 命令行中显示的函数是专门针对矩阵和线性代数运算的函数。

有关每一个函数的具体用法, 请参阅相应的函数帮助文档。

【例 2-13】　矩阵的基本运算示例——求解方程组。

$$\begin{cases} -x_1 + x_2 + 2x_3 = 2 \\ 3x_1 - x_2 + x_3 = 6 \\ -x_1 + 3x_2 + 4x_3 = 4 \end{cases}$$

这类问题可以直接通过矩阵运算解决。

在 MATLAB 命令行窗体中键入下面的命令。

创建线性方程组的系数矩阵和向量:

```
>> A = [-1 1 2; 3 -1 1;-1 3 4];
>> b = [2;6;4];
```

使用矩阵求逆的方法求解方程:

```
>> x = inv(A)*b

x =

    1.0000
   -1.0000
    2.0000
```

使用矩阵左除运算求解方程:

```
>> x = A\b

x =

    1.0000
   -1.0000
    2.0000
```

从例 2-13 可以看出以矩阵为基本运算单元进行数值运算的优势。对于 MATLAB, 矩阵的基本运算都可以用一种最简单直观的表达式完成, 像这种利用向量或者矩阵的运算, 不仅可以简化代码还能够提高 M 语言应用程序的运行速度。

矩阵的运算同时也包含了矩阵和标量之间的运算, MATLAB 在处理这种运算的时候, 首先对标量进行扩充。例如:

```
>>   w=[1 2;3 4] + 5
```

w =

    6   7

    8   9

该命令行实际的执行过程如下：

$$w=[1\ 2;3\ 4]+5$$

$$=\begin{bmatrix}1 & 2\\3 & 4\end{bmatrix}+5=\begin{bmatrix}1 & 2\\3 & 4\end{bmatrix}+\begin{bmatrix}5 & 5\\5 & 5\end{bmatrix}$$

$$=\begin{bmatrix}6 & 7\\8 & 9\end{bmatrix}$$

2.5.3 基本数组运算

MATLAB 除了支持以矩阵为基本运算单元的线性代数运算之外，还有一类运算是针对数组以及数组元素的运算，本小节将介绍数组运算的命令和方法。

1. 数组转置

数组转置的操作符是在矩阵转置操作符前加符号 "."，见例 2-14。

【例 2-14】 数组转置操作。

在 MATLAB 命令行窗体中，键入下面的命令。

创建矩阵：

```
>> A = ones(2,3);A(:)=1:6
A =
    1    3    5
    2    4    6
```

矩阵转置：

```
>> A'
ans =
    1    2
    3    4
    5    6
```

数组转置：

```
>> A.'
ans =
    1    2
    3    4
    5    6
```

矩阵 A 成为复数矩阵：

```
>> A = A*i
A =
```

　　　0.0000 + 1.0000i　　0.0000 + 3.0000i　　0.0000 + 5.0000i

　　　0.0000 + 2.0000i　　0.0000 + 4.0000i　　0.0000 + 6.0000i

矩阵转置：

　　>> A'

　　ans =

　　　0.0000 - 1.0000i　　0.0000 - 2.0000i

　　　0.0000 - 3.0000i　　0.0000 - 4.0000i

　　　0.0000 - 5.0000i　　0.0000 - 6.0000i

数组转置：

　　>> A.'

　　ans =

　　　0.0000 + 1.0000i　　0.0000 + 2.0000i

　　　0.0000 + 3.0000i　　0.0000 + 4.0000i

　　　0.0000 + 5.0000i　　0.0000 + 6.0000i

　　从例 2-14 的运行效果可以看出，对于实数矩阵，矩阵转置和数组转置的计算结果完全一致，但是对于复数矩阵，数组转置和矩阵转置的计算结果不一致。数组转置运算也被称为非共轭转置，矩阵转置运算则被称为共轭转置。

2. 数组幂

数组幂运算符就是在矩阵幂运算符前加上符号"."，见例 2-15。

【例 2-15】 数组幂运算。

在 MATLAB 命令行窗体中，键入下面的命令。

本例中使用的矩阵：

　　>> A

　　A =

　　　0.0000 + 1.0000i　　0.0000 + 3.0000i　　0.0000 + 5.0000i

　　　0.0000 + 2.0000i　　0.0000 + 4.0000i　　0.0000 + 6.0000i

矩阵幂运算：

　　>> A^3

　　Error using ^   (line 51)

　　Incorrect dimensions for raising a matrix to a power. Check that the matrix is square and the power is a scalar. To perform elementwise matrix powers, use '.^'.

数组幂运算：

　　>> A.^3

　　ans =

　　　1.0e+02 *

　　　0.0000 - 0.0100i　　0.0000 - 0.2700i　　0.0000 - 1.2500i

　　　0.0000 - 0.0800i　　0.0000 - 0.6400i　　0.0000 - 2.1600i

在例 2-15 中，可以看出矩阵的幂运算仅对方阵或者标量有效，所以在求矩阵 A 的立方时，MATLAB 报告了错误，而数组幂运算则可以对任意矩阵有效，数组幂运算是将矩阵的对应元素进行幂运算。

3. 数组乘法

和前面两种运算类似，数组乘法运算符是在矩阵乘法运算符前加上符号 "."，见例 2-16。

【例 2-16】 数组乘法示例。

在 MATLAB 命令行窗体中，键入下面的命令。

本例中使用的矩阵：

```
>> A
A =
   0.0000 + 1.0000i    0.0000 + 3.0000i    0.0000 + 5.0000i
   0.0000 + 2.0000i    0.0000 + 4.0000i    0.0000 + 6.0000i
```

矩阵乘法：

```
>> A*5
ans =
   0.0000 + 5.0000i    0.0000 +15.0000i    0.0000 +25.0000i
   0.0000 +10.0000i    0.0000 +20.0000i    0.0000 +30.0000i
```

数组乘法：

```
>> A.*5
ans =
   0.0000 + 5.0000i    0.0000 +15.0000i    0.0000 +25.0000i
   0.0000 +10.0000i    0.0000 +20.0000i    0.0000 +30.0000i
```

矩阵乘法：

```
>> A*A'
ans =
   35    44
   44    56
```

数组乘法：

```
>> A.*A
ans =
   -1    -9    -25
   -4   -16    -36
```

通过本例可以看出，在 MATLAB 中，矩阵和标量之间的乘法运算通过矩阵乘法和数组乘法得到的结果完全一致，但是矩阵和矩阵之间的乘法运算则不然，矩阵之间的乘法需要符合线性代数定义的基本原则，数组乘法是将每个对应位置的元素进行了乘法运算。

4. 数组除法

最后一种基本数组运算是数组除法，这里需要指出，矩阵除法或者数组除法都有左除法和右除法，请注意其中的区别。

【例2-17】 数组除法示例。

本例中使用的矩阵。

```
>> A
A =
    0.0000 + 1.0000i    0.0000 + 3.0000i    0.0000 + 5.0000i
    0.0000 + 2.0000i    0.0000 + 4.0000i    0.0000 + 6.0000i
```

获取另外一个矩阵：

```
>> B = A * 2
B =
    0.0000 + 2.0000i    0.0000 + 6.0000i    0.0000 +10.0000i
    0.0000 + 4.0000i    0.0000 + 8.0000i    0.0000 +12.0000i
```

数组右除法：

```
>> C = A./B
C =
    0.5000    0.5000    0.5000
    0.5000    0.5000    0.5000
```

数组左除法：

```
>> D = A.\B
D =
     2    2    2
     2    2    2
```

得到的两个矩阵结果可以通过数组乘法计算：

```
>> D.*C
ans =
     1    1    1
     1    1    1
```

矩阵右除法：

```
>> A / B
ans =
    0.5000 + 0.0000i   -0.0000 + 0.0000i
   -0.0000 + 0.0000i    0.5000 - 0.0000i
```

矩阵左除法：

```
>> A \ B
ans =
    2.0000 + 0.0000i    1.0000 - 0.0000i    0.0000 - 0.0000i
    0.0000 + 0.0000i    0.0000 + 0.0000i    0.0000 + 0.0000i
    0.0000 + 0.0000i    1.0000 + 0.0000i    2.0000 + 0.0000i
```

请读者根据例2-17运行的效果来体会数组除法与矩阵除法之间的差异，以及左除法和右除法之间的差异。

2.5.4　基本数学函数

作为科学计算软件的 MATLAB 提供了丰富的数学函数，主要有如下类别：三角函数(表 2-4)、指数运算函数(表 2-5)、复数运算函数(表 2-6)、圆整和求余函数(表 2-7)。需要注意的是，这些函数的参数可以是矩阵，也可以是向量或者多维数组，函数在处理参数时，都是按照数组运算的规则来进行的，也就是说对于 $m \times n$ 的矩阵 $A=[a_{ij}]_{m \times n}$，函数 $f(\bullet)$ 的运算指：$f(A)=[f(a_{ij})]_{m \times n}$。

表 2-4　三 角 函 数

函数	说　明	函数	说　明
sin	正弦函数	sec	正割函数
sinh	双曲正弦函数	sech	双曲正割函数
asin	反正弦函数	asec	反正割函数
asinh	反双曲正弦函数	asech	双曲反正割函数
cos	余弦函数	csc	余割函数
cosh	双曲余弦函数	csch	双曲余割函数
acos	反余弦函数	acsc	反余割函数
acosh	反双曲余弦函数	acsch	反双曲余割函数
tan	正切函数	cot	余切函数
tanh	双曲正切函数	coth	双曲余切函数
atan	反正切函数	acot	反余切函数
atan2	四象限反正切函数	acoth	反双曲余切函数
atanh	反双曲正切函数		

表 2-5　指数运算函数

函数	说　明	函数	说　明
exp	指数函数	realpow	实数幂运算函数
log	自然对数函数	reallog	实数自然对数函数
log10	常用对数函数	realsqrt	实数平方根函数
log2	以 2 为底的对数函数	sqrt	平方个函数
pow2	2 的幂函数	nextpow2	求大于输入参数的第一个 2 的幂

 说明：

以 real 开头的函数仅能处理实数，如输入的参数为复数，则 MATLAB 会报错。

函数 nextpow2 是用来计算仅仅比输入参数大的 2 的幂。例如输入参数为 N，则函数计算结果整数 P 需要满足的条件为 $2^p \geqslant abs(N) \geqslant 2^{p-1}$。

表 2-6　复数运算函数

函数	说　明	函数	说　明
abs	求复数的模,若参数为实数则求绝对值	real	求复数的实部
angle	求复数的相角	unwrap	相位角按照 360 度线调整
complex	构造复数	isreal	判断输入参数是否为实数
conj	求复数的共轭复数	cplxpair	复数阵成共轭对形式排列
imag	求复数的虚部		

表 2-7　圆整和求余函数

函数	说　明	函数	说　明
fix	向 0 取整的函数	mod	求模函数
floor	向 $-\infty$ 取整的函数	rem	求余数
ceil	向 $+\infty$ 取整的函数	sign	符号函数
round	像最近的整数取整的函数		

关于表 2-7 中的函数的用法参阅例 2-18。

【例 2-18】 MATLAB 的圆整和求余函数。

在 MATLAB 命令行窗体中键入下面的命令:

　　　　>> fix(-1.9)

　　　　ans =

　　　　　　-1

　　　　>> floor(-1.9)

　　　　ans =

　　　　　　-2

　　　　>> round(-1.9)

　　　　ans =

　　　　　　-2

　　　　>> ceil(-1.9)

　　　　ans =

　　　　　　-1

　　上面比较了四种圆整函数处理同一个数据的结果,在使用不同的取整函数时要注意各个函数的特点。其实这四种圆整函数之间的区别主要是进行圆整运算时,趋近的方向不尽相同。例如 fix 函数是将数据向 0 的方向趋近,而 floor 函数是向无穷小的方向上趋近。

　　对于表 2-7 所列出的两个求余数的函数,其运行效果也不完全一致,例如在 MATLAB命令行窗体中键入命令:

　　　　>> mod(9,-2)

```
ans =

    -1

>> rem(9,-2)

ans =

    1
```

这里比较了两种取余运算函数的区别，请读者仔细观察两者的不同点，就能够总结出两个函数运行结果的差别和函数运算的不同，或者参阅 MATLAB 中这些函数的帮助文档。

2.5.5 矩阵(数组)操作函数

在前面的小节中主要介绍了进行数学运算的 MATLAB 函数。在 MATLAB 中还存在一类函数用来获取矩阵或者数组的信息，以及对数组进行操作，表 2-8 中列举了较常用的函数。如果需要获取完整的函数列表，可以在 MATLAB 命令行窗体中键入 help elmat 命令。

表 2-8 用于矩阵(数组)操作的常用函数

函数	说　　明
size	获取矩阵的行列数，对于多维数组，获取数组的各个维的尺寸
length	获取向量长度，若输入参数为矩阵或多维数组，则返回各个维尺寸的最大值
ndims	获取矩阵或者多维数组的维数
numel	获取矩阵或者数组的元素个数
disp	显示矩阵或者字符向量内容，字符向量将在第三章中讲述
cat	合并不同的矩阵或者数组
reshape	保持矩阵元素的个数不变，修改矩阵的行数和列数
repmat	复制矩阵元素并扩展矩阵
fliplr	交换矩阵左右对称位置上的元素
flipud	交换矩阵上下对称位置上的元素
flipdim	按照指定的方向翻转交换矩阵元素
find	获取矩阵或者数组中非零元素的索引

【例 2-19】 reshape 函数使用示例。

在例 2-11 中曾经使用过 reshape 函数，这里将详细讨论该函数的使用方法。在 MATLAB 命令行窗体中键入下面的命令：

```
>> A = 1:8

A =

    1    2    3    4    5    6    7    8
```

```
>> B = reshape(A,2,4)
B =
     1     3     5     7
     2     4     6     8
>> C = reshape(B,3,3)
Error using reshape
Number of elements must not change. Use [] as one of the size inputs to automatically calculate the
appropriate size for that dimension.
```

使用 reshape 函数时需要注意，不能改变矩阵包含元素的个数，所以在第二次使用 reshape 函数时，MATLAB 报告了相应的错误。

【例 2-20】 对称交换函数的使用示例。

在 MATLAB 命令行窗体中键入下面的命令：

```
>> A = reshape(1:9,3,3)
A =
     1     4     7
     2     5     8
     3     6     9
>> fliplr(A)
ans =
     7     4     1
     8     5     2
     9     6     3
>> flipud(A)
ans =
     3     6     9
     2     5     8
     1     4     7
>> flipdim(A,1)
ans =
     3     6     9
     2     5     8
     1     4     7
>> flipdim(A,2)
ans =
     7     4     1
     8     5     2
     9     6     3
```

说明：

　　使用 reshape 函数可以比较方便地将向量转化成为矩阵，这也是创建矩阵的一种方法；flipdim 函数的第二个参数必须是大于 0 的整数，其中参数为 1 时，效果和 flipud 函数一致，参数为 2 时，效果和 fliplr 函数一致。

　　在生成比较复杂的矩阵时，可以使用 MATLAB 提供的矩阵扩展方法完成相应矩阵的构造，假设矩阵 A 为 3 阶方阵，B 为 2 阶方阵，由矩阵 A 和 B 组合构成 5 阶方阵 $C=\begin{bmatrix} A & O \\ O & B \end{bmatrix}$，其中 O 为所有元素均为 0 的 0 矩阵，具体方法见例 2-21。

　　【例 2-21】　创建复杂矩阵。

　　在 MATLAB 命令行窗体中键入下面的命令：

```
>> A = reshape(1:9,3,3);
>> B = [1 2 ; 3 4];
>> O = zeros(length(A),length(B))
O =
     0     0
     0     0
     0     0
>> C = [ A O;O' B]
C =
     1     4     7     0     0
     2     5     8     0     0
     3     6     9     0     0
     0     0     0     1     2
     0     0     0     3     4
```

　　在例 2-21 中，使用方括号将不同的矩阵合并起来构成了复杂的大矩阵。这里，方括号实际上是矩阵合并的运算符。在方括号中，空格或逗号用于分隔列，而分号用于分隔行。

　　再看一个使用方括号运算符的例子。

　　【例 2-22】　使用方括号创建复杂矩阵。

　　在 MATLAB 命令行窗体中键入下面的命令：

```
>> A = [1 2 ; 3 4];
>> B = [ A , A*2 ; tril(A) , triu(A) ; A*3 ,  A*4]
B =
     1     2     2     4
     3     4     6     8
     1     0     1     2
     3     4     0     4
```

3	6	4	8
9	12	12	16

这里通过矩阵合并运算符 "[]" 将不同的矩阵组合在一起构成了复杂的大矩阵。通过小矩阵的运算来创建复杂大矩阵也是创建矩阵的一种手段，在实际的工作中，需要读者根据需要，灵活地运用创建矩阵的不同方法。

【例 2-23】 函数 repmat 应用示例。

```
>> repmat(magic(2),2,3)
ans =
```

1	3	1	3	1	3
4	2	4	2	4	2
1	3	1	3	1	3
4	2	4	2	4	2

repmat 函数的基本语法为 repmat(A,M,N)，它的作用是将指定矩阵 A 复制 M × N 次，

然后创建一个复杂的大矩阵，结果为 $\begin{bmatrix} A & A & \cdots & A \\ A & A & \cdots & A \\ \vdots & \vdots & & \vdots \\ A & A & \cdots & A \end{bmatrix}_{M \times N}$ ，因此，在例 2-23 中，将一个简

单的 2 行 2 列的矩阵进行了重复 6 次，创建了 4 行 6 列的大矩阵。

2.6 稀 疏 矩 阵

矩阵元素的表示方法是计算机数据结构理论中经常讨论的话题。在实际工作中，经常遇到这样一类矩阵，这类矩阵中数值为 0 的元素居多，一般被称为稀疏矩阵。如果使用满阵的方式来表示稀疏矩阵，则 0 元素将占用相当的内存空间。由于 MATLAB 默认的数据类型是双精度类型，每一个双精度类型数值元素都要占用 8 字节的内存空间，当 0 元素很多的时候将占用相当可观的内存空间。因此，在 MATLAB 中，专门提供了稀疏矩阵的表示方法。

【例 2-24】 创建稀疏矩阵。

在 MATLAB 命令行窗体中键入下面的命令：

```
>> A = eye(5)
A =
```

1	0	0	0	0
0	1	0	0	0
0	0	1	0	0
0	0	0	1	0
0	0	0	0	1

```
>> B = sparse(A)
```

```
B =
    (1,1)        1
    (2,2)        1
    (3,3)        1
    (4,4)        1
    (5,5)        1
>> whos
  Name          Size                Bytes   Class       Attributes

  A             5x5                  200    double
  B             5x5                  128    double      sparse
```

在例 2-24 中，首先使用 eye 函数创建了 5 阶的单位矩阵，5 阶单位方阵一共有 25 个元素，却有 20 个元素是 0，于是使用 sparse 函数将该函数构造成为稀疏矩阵，这样就得到了矩阵 B。

通过 whos 命令可以清晰地比较两个矩阵占用的内存空间，A 矩阵占用了 200 字节，而 B 矩阵仅占用了 128 字节。

稀疏矩阵和普通的矩阵(满阵)之间可以直接进行运算，例如：

```
>> A+B
ans =
     2     0     0     0     0
     0     2     0     0     0
     0     0     2     0     0
     0     0     0     2     0
     0     0     0     0     2
```

这里运算得到的结果是一个满阵，请读者在进行稀疏矩阵运算的时候注意。

MATLAB 中使用 "三元组" 表示方法来表示稀疏矩阵，该表示方法一般由三个向量组成：

(1) 第一个向量包含矩阵中所有非零元素，其长度为 nzmax，即矩阵中所有非零元素的个数；

(2) 第二个向量是非零元素的行序号，该向量的长度也为 nzmax；

(3) 第三个向量是非零元素的列序号，该向量的长度也为 nzmax。

例如，对于下面的矩阵：

$$S = \begin{bmatrix} 15 & 0 & 0 & 22 & 0 & -15 \\ 0 & 11 & 3 & 0 & 0 & 0 \\ 0 & 0 & 0 & -6 & 0 & 0 \\ 0 & 0 & 0 & 0 & 0 & 0 \\ 91 & 0 & 0 & 0 & 0 & 0 \\ 0 & 0 & 28 & 0 & 0 & 0 \end{bmatrix}$$

如果使用稀疏矩阵的表示方式，则表示矩阵的三个向量分别如下：

```
>> data = [15 91 11 3 28 22 -6 -15];
>> ir = [ 1 5 2 2 6 1 3 1];
>> jc = [1 1 2 3 3 4 4 6];
```

利用上面的三个向量和 sparse 函数创建 6 行 6 列的稀疏矩阵：

```
>> S = sparse(ir,jc,data,6,6)
S =
    (1,1)        15
    (5,1)        91
    (2,2)        11
    (2,3)         3
    (6,3)        28
    (1,4)        22
    (3,4)        -6
    (1,6)       -15
```

将该矩阵还原成满阵：

```
>> A = full(S)
A =
    15     0     0    22     0   -15
     0    11     3     0     0     0
     0     0     0    -6     0     0
     0     0     0     0     0     0
    91     0     0     0     0     0
     0     0    28     0     0     0
```

```
>> whos
  Name      Size        Bytes  Class     Attributes

  A         6x6           288  double
  S         6x6           184  double    sparse
  data      1x8            64  double
  ir        1x8            64  double
  jc        1x8            64  double
```

这里可以看到稀疏矩阵 S 占用了 184 字节的内存空间，而满阵 A 占用了 288 字节的内存空间。

 注意：

在不同的编程语言或者数学计算工具软件中，表示稀疏矩阵的方法可能不尽相同，请读者仔细查阅相应软件的帮助文档。

MATLAB 专门提供了若干函数用于稀疏矩阵的运算，在表 2-9 中对这些函数进行了总结。

提示：

在 MATLAB 命令行窗体中键入命令: help sparfun，可以得到稀疏矩阵运算函数的列表。

表 2-9　稀疏矩阵的常用函数

函数	说　明
speye	创建单位稀疏矩阵
sprand	创建均匀分布的随机数稀疏矩阵
sprandn	创建正态分布的随机数稀疏矩阵
sprandsym	创建正态分布量化随机数系数矩阵
spdiags	创建稀疏矩阵三角阵
sparse	创建稀疏矩阵或者将满阵转变为稀疏矩阵
full	将稀疏矩阵转变为满阵
find	获取非零元素的索引向量
spconvert	将数据直接转换为稀疏矩阵
nnz	获取矩阵的非零元素的个数
nozeros	获取矩阵的非零元素向量
nzmax	获取矩阵的各个向量的最大长度
spones	将稀疏矩阵中的元素用数字 1 替代
issparse	判断输入参数是否为稀疏矩阵
spalloc	为稀疏矩阵创建预先分配内存空间
spfun	为稀疏矩阵执行函数的函数(函数句柄)
spy	直接绘制稀疏矩阵图形

本小节就不再针对这些函数的具体使用方法一一作解释了，请参阅 MATLAB 的帮助文档了解这些函数的具体用法。有关稀疏矩阵的相关知识请参阅数据结构方面的书籍。

2.7　多维数组

和大多数的编程语言类似，M 语言也具有多维数组的概念。所谓多维数组，就是全下标表示元素时，下标超过了两个的数组。对于三维数组，习惯性地从矩阵继承而来将数组的第一维称为"行"，第二维称为"列"，第三维则称为"页"。三维数组的每一页上的数组必须具有同样的行列数，否则 MATLAB 将报告相应的错误。更高维的数组相对来说使用的机会较少，所以，本书中以三维数组来说明多维数组创建和操作。

2.7.1　创建多维数组

多维数组的创建也有多种方法：第一种方法是使用直接赋值的方法来创建；第二种方

法是使用 MATLAB 的函数创建多维数组。具体方法结合例子讲述。

【例 2-25】 使用直接赋值的方法创建多维数组。

在 MATLAB 的命令行窗体中键入下面的命令：

```
>> A = pascal(4)
A =
      1      1      1      1
      1      2      3      4
      1      3      6     10
      1      4     10     20
>> A(:,:,2) = eye(4)
A(:,:,1) =


      1      1      1      1
      1      2      3      4
      1      3      6     10
      1      4     10     20

A(:,:,2) =
      1      0      0      0
      0      1      0      0
      0      0      1      0
      0      0      0      1
>> A(:,:,3) = magic(5)
```

Unable to perform assignment because the size of the left side is 4-by-4 and the size of the right side is 5-by-5.

在例 2-25 中，首先创建了一个矩阵——帕斯卡矩阵，也可以将其看作二维数组，然后，使用全下标的形式创建了三维数组的第二页，第二页上的矩阵是一个单位阵，接着在创建新的一页时，使用了 5 阶方阵作为输入，由于维数不匹配所以系统报错。

【例 2-26】 使用直接赋值的方法创建多维数组。

在 MATLAB 命令行窗体中键入下面的命令：

```
>> B(3,3,3) = 1
B(:,:,1) =
      0      0      0
      0      0      0
      0      0      0
B(:,:,2) =
      0      0      0
      0      0      0
      0      0      0
```

```
B(:,:,3) =
    0    0    0
    0    0    0
    0    0    1
```

在本例中直接通过赋初值的方法创建了三维数组，创建时直接对三维数组第三页上的第三行第三列元素进行赋值，MATLAB 将自动扩充数组，并将没有指定数值的数组元素赋初值 0。

在 2.5.1 小节介绍的部分创建矩阵的函数也可以用来创建多维数组，这里用 rand 函数作为示例。

【例 2-27】 使用函数创建多维数组。

在 MATLAB 命令行窗体中键入下面的命令：

```
>> rand(3,3,3)
ans(:,:,1) =
    0.9501    0.4860    0.4565
    0.2311    0.8913    0.0185
    0.6068    0.7621    0.8214
ans(:,:,2) =
    0.4447    0.9218    0.4057
    0.6154    0.7382    0.9355
    0.7919    0.1763    0.9169
ans(:,:,3) =
    0.4103    0.3529    0.1389
    0.8936    0.8132    0.2028
    0.0579    0.0099    0.1987
```

在本例中，直接使用 rand 函数创建了一个三维数组，ones、zeros 等函数都可以像这样来创建多维数组。

除了这些可以直接创建多维数组的函数以外，还可以使用 cat、repmat 等函数构造多维数组，这里用 cat 函数来创建多维数组。

【例 2-28】 使用函数 cat 构造多维数组。

在 MATLAB 命令行窗体中键入下面的命令：

```
>> A = magic(3);
>> B = eye(3);
>> C = pascal(3);
>> cat(3,A,B,C)
ans(:,:,1) =
    8    1    6
    3    5    7
    4    9    2
```

```
    ans(:,:,2) =
        1       0       0
        0       1       0
        0       0       1
    ans(:,:,3) =
        1       1       1
        1       2       3
        1       3       6
```

在本例中利用 cat 函数将三个 3 阶方阵组合构成一个三维数组。

有关构造数组函数的具体方法请参阅 MATLAB 的帮助文档。

访问多维数组的元素和访问向量或者矩阵元素的方法一致，需要使用相应的索引值作为下标来访问多维数组元素，同样也可以使用单下标的方式来访问其元素。

在 2.4.2 小节曾经提及了两个函数可以用于全下标和单下标之间的转换，这两个函数分别为 sub2ind 和 ind2sub，在例 2-29 中，演示了这两个函数的使用方法。

【例 2-29】 单下标和全下标之间的转换。

创建多维数组：

```
    >> A = rand(3,3,4);
```

全下标向单下标转换：

```
    >> sub2ind(size(A),2,3,2)

    ans =

        17
```

单下标向全下标转换：

```
    >> ind2sub(size(A),17)

    ans =

        17

    >> [i,j,k] = ind2sub(size(A),17)

    i =

        2

    j =

        3

    k =

        2
```

通过例 2-29 可以看到，如果将单下标向全下标转换不给输出参数，则转换得到的结果还是单下标。两个函数具体的定义和其他使用方法请参阅 MATLAB 的帮助文档。

可以利用变量编辑器察看多维数组，但是无法编辑多维数组，例如在变量编辑器中打开例 2-29 创建的三维数组 A：

```
    >>openvar A
```

此时的变量编辑器如图 2-14 所示。

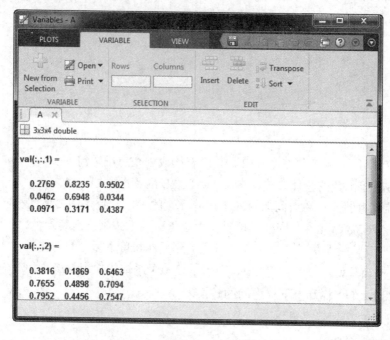

图 2-14   在变量编辑器中察看多维数组

2.7.2　多维数组的操作函数

在 MATLAB 中有一组函数专门用于处理多维数组，见表 2-10。这些函数的具体用法请参阅帮助文档，本节中给出部分函数的简单使用示例。

表 2-10　多维数组操作函数

函　数	说　明
ndgrid	根据输入的向量产生用于函数和插值运算的多维数组
permute	改变多维数组的维数顺序
ipermute	permute 函数的逆运算
shiftdim	平移多维数组的维数
circshift	循环平移多维数组的行或列元素
squeeze	进行数组降维操作，将多维数组中维数为 1 的页消除

【例 2-30】　permute 函数和 ipermute 函数使用示例。

在 MATLAB 命令行窗体中键入下面的命令：

```
>> a = rand(2 ,3, 4);
>> size(a)
ans =
    2    3    4
>> b = permute(a,[ 2 1 3]);
```

```
>> size(b)
ans =
      3      2      4
>> c = ipermute(b,[2 1 3]);
>> size(c)
ans =
      2      3      4
```

在本例中，首先创建了一个 2 行 3 列 4 页的三维数组，然后使用 permute 函数将三维数组转变成为了一个 3 行 2 列 4 页的三维数组，ipermute 函数是 permute 函数的逆运算，最后一步运算得到的三维数组 c 与之前的三维数组 a 内容完全一致。

 注意：

permute 函数和 ipermute 函数的第二个参数是一个向量，向量内的元素是多维数组各个维的序号。

【例 2-31】 shiftdim 函数使用示例。

在 MATLAB 命令行窗体中键入下面的命令：

```
>> a = rand(1,2,3,4,5);
>> size(a)
ans =
      1      2      3      4      5
>> size(shiftdim(a))
ans =
      2      3      4      5
>> size(shiftdim(a,2))
ans =
      3      4      5      1      2
>> size(shiftdim(a,-2))
ans =
      1      1      1      2      3      4      5
```

shiftdim 函数是平移多维数组各个维数据的函数，注意该函数的第二个参数，当该参数取值为正的时候，将数组向左平移，否则向右平移。

【例 2-32】 squeeze 函数使用示例。

在 MATLAB 命令行窗体中，键入下面的命令：

```
>> a = rand(1,2,1,3,1,4,1,5);
>> size(a)
ans =
      1      2      1      3      1      4      1      5
>> size(squeeze(a))
```

```
      ans =
          2      3      4      5
```

squeeze 函数的作用是将多维数组中尺寸为 1 的那一维删除,最终得到缩减的多维数组,同时保持数组内具有多个维度的那一页上的元素数量不变。

本 章 小 结

矩阵的运算是 MATLAB 运算的基础,所以掌握如何在 MATLAB 环境下使用矩阵是掌握 MATLAB 的基础。本章讨论了向量、矩阵和多维数组的概念,重点讲述了在 MATLAB 环境下创建向量、矩阵和多维数组的方法,以及操作矩阵和数组(包括多维数组)的函数。本章还讲述了稀疏矩阵的概念,在 MATLAB 中如何创建稀疏矩阵和操作稀疏矩阵。本章讨论了大量针对数组和矩阵的运算函数和操作函数,给出了一些典型函数的使用示例。图形工具方面重点介绍了工作空间浏览器和变量编辑器的使用方法。读者需要在掌握这些典型函数与常用工具的基础上,不断实践练习,掌握各种处理矩阵和数组运算的函数,因为这些都是熟练使用 MATLAB 的基础。

练　习

1. 在第 1 章的练习 2 中出现了公式:

$$y = \frac{\sqrt{3}}{2} e^{-4t} \sin\left(4\sqrt{3}t + \frac{\pi}{3}\right)$$

若需要计算 t∈[−1, 1]的数值应该如何操作?这里可以取间隔为 0.01。

2. 利用下面的例子来熟悉在 MATLAB 环境中创建矩阵和向量,并且完成相应的数据索引操作。

需要创建如下的向量和矩阵:

第一个是列向量,该向量表示一天中不同的时间,其元素为 time = [0,100,200, 300,400,500,600,700,800,900,1000,1100,1200,1300,1400,1500,1600,1700,1800,1900,2000,2100, 2200,2300];

第二个是一个矩阵,它包含了三列数据,分别表示气温、压力和湿度:

```
    19.0000      30.1100      42.0000
    18.0000      30.1000      42.0000
    16.0000      30.0800      42.0000
    17.0000      30.0600      43.0000
    18.0000      30.0600      44.0000
    18.0000      30.0600      44.0000
    19.0000      30.0500      43.0000
```

19.0000	30.0500	44.0000
21.0000	30.0400	45.0000
22.0000	30.0400	45.0000
23.0000	30.0400	45.0000
27.0000	30.0400	45.0000
30.0000	30.0400	45.0000
33.0000	30.0300	46.0000
35.0000	30.0100	46.0000
36.0000	29.9800	47.0000
34.0000	29.9800	47.0000
32.0000	29.9800	47.0000
30.0000	29.9800	48.0000
29.0000	29.9800	48.0000
29.0000	29.9700	49.0000
27.0000	29.9700	50.0000
23.0000	29.9700	50.0000
22.0000	29.9700	50.0000

需要完成如下工作：

(1) 将温度数据从矩阵中索引出，并创建单独的向量 t_data；

(2) 找出一天中，最大的温度值，并且将温度从低到高进行排序；

(3) 对时间向量做同样的排序，注意，排序之后需要与温度的序列一致；

(4) 找出一天中温度最高的时刻。

 注意：

时间与温度索引相匹配是指，例如 time=[0,100,200,300], temp=[19,18,16,17]，经过排序之后，应该为 time=[200,300,100,0], temp=[16,17,18,19]。

排序操作的函数是 sort，取最大值的函数是 max。

这些函数的具体使用方法请参阅 MATLAB 的帮助文档。

第 3 章　数据类型基础

第 2 章讨论了有关矩阵和数组的创建与操作，其中所有的数据都使用了 MATLAB 默认的数据类型 —— 双精度类型。和大多数高级编程语言类似，MATLAB 也提供了各种不同的数据类型，用来操作不同的数据。本章将详细讨论在 MATLAB 中常用的几种数据类型以及在 MATLAB 中常用的一些数值常量，同时还要讨论操作这些数据类型的函数用法。

本章要点：

- 基本数值类型；
- 逻辑类型；
- 字符；
- 元胞数组；
- 结构。

3.1　MATLAB 提供的数据类型

MATLAB 的最初版本仅支持简单的浮点类型和字符类型数据，并且仅支持一维和二维数组，即矩阵和向量。而目前的 MATLAB 不仅支持十几种基本数据类型，在不同的专业工具箱中有特殊的数据类型，还可以利用 MATLAB 的面向对象编程技术来创建用户自定义的数据类型。

MATLAB 支持的基本数据类型如图 3-1 所示。

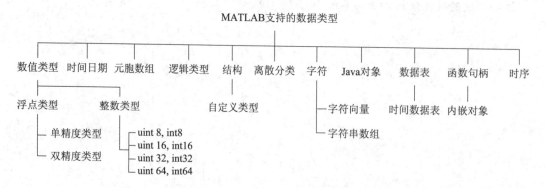

图 3-1　MATLAB 支持的数据类型

要获取当前 MATLAB 所支持的数据类型以及相应的函数列表，可以在 MATLAB 命令行窗体中键入 help datatypes 命令。

图 3-1 中所示的各种数据类型都可以用于创建向量、矩阵或者多维数组。用户自定义类数据类型是图 3-1 所示的常用数据类型的组合。不同的 MATLAB 工具箱具有自定义的数据类型，如控制系统工具箱包含的 LTI 系统对象、数字信号处理工具箱包含的滤波器设计 fdesign 对象、符号数学工具箱中定义的符号类型对象等。这些工具箱包含的特殊数据对象也都是由基本数据类型组合构成的特殊对象。

需要指出一点，MATLAB 最基础的数据类型是双精度数据类型和字符类型。MATLAB 的 M 语言和其他高级编程语言不同的是，在编程过程中，MATLAB 没有具体的变量或对象声明以及定义过程，任何数据类型的变量或对象都可以利用面向对象编程技术中构造函数的方法或者数据赋值方法直接创建，也可以通过数据类型转换的方法在不同数据类型之间相互转换。从编程语言的角度看，M 语言和 Java 语言、C#语言类似，所有数据类型就是相应的类，具有一定的面向对象的特点。MATLAB 不同数据类型的变量或对象占用的内存空间差异较大，不同数据类型的变量或对象也具有不同的操作函数。本章将详细介绍最常用也是最基础的 MATLAB 数据类型，包括数值类型、逻辑类型、字符、元胞数组和结构的使用方法。

提示：

图 3-1 所列出的各种数据类型中，数据表(table)和离散分类(categorical)数据类型是自 MATLAB Release 2013b 版本增加的新数据类型，时间日期(datetime)数据类型是自 MATLAB Release 2014b 版本增加的新数据类型，时间数据表(timetable)和字符串数组(string)数据类型是自 MATLAB Release 2016b 版本增加的新数据类型。其余的数据类型在 MATLAB Release 14 版(即 MATLAB 7.0 版)就已经存在了。

有关 MATLAB 的面向对象的编程技术和用户自定义的类、函数句柄和内嵌对象、Java 对象数据类型等内容请参阅 MATLAB 的帮助文档，而关于不同 MATLAB 专业工具箱所包含的特殊数据类型，也请参阅 MATLAB 的帮助文档或者相关的专业书籍。

3.2　数　值　类　型

MATLAB 数值类型变量或者对象主要用于描述各种数据，如双精度数据或者整数类型的数据。在 MATLAB 中还存在一类数据叫作常量数据，这里的常量数据是指那些在使用 MATLAB 过程中由 MATLAB 提供的公共数据。数值类型的数据对象可以通过数据类型转换的方法转换成为不同的数据类型。MATLAB 还允许常量对象被赋予新的数值。在 MATLAB 中还有一种叫作空数组或者空矩阵的数据类型对象。在创建数组或者矩阵时，可以使用空数组或者空矩阵辅助创建数组或者矩阵。本小节将详细讨论这些内容。

3.2.1　基本数值类型入门

表 3-1 中总结了 MATLAB 基本数值类型。

表 3-1　　MATLAB 基本数值类型

数据类型	说　明	字节数	取值范围
double	双精度数据类型	8	
sparse	稀疏矩阵数据类型	N.A.	
single	单精度数据类型	4	
uint8	无符号 8 位整数	1	$0\sim 2^8-1$
uint16	无符号 16 位整数	2	$0\sim 2^{16}-1$
uint32	无符号 32 位整数	4	$0\sim 2^{32}-1$
uint64	无符号 64 位整数	8	$0\sim 2^{64}-1$
int8	有符号 8 位整数	1	$-2^7\sim 2^7-1$
int16	有符号 16 位整数	2	$-2^{15}\sim 2^{15}-1$
int32	有符号 32 位整数	4	$-2^{31}\sim 2^{31}-1$
int64	有符号 64 位整数	8	$-2^{63}\sim 2^{63}-1$

 说明：

表格中所指的字节数是指使用该数据类型创建数组或者矩阵时，每一个元素占用的内存字节数。由于稀疏矩阵使用了特殊的数据存储方法，所以稀疏矩阵对象占用的内存字节数比较特殊。

复数数据类型也相对特殊，复数可以用表格中的各种数据类型创建，但是由于复数由实部数据和虚部数据组成，所以占用的字节数为构成复数的数据类型的两倍。例如，双精度类型复数 $z = 1.0 + 1.0i$，在 MATLAB 中占用了 16 字节的内存。

MATLAB 提供了一些特殊的函数，用于处理这些数值类型的数据。其中，最常用的一个函数为 class 函数。该函数可以用来获取变量或者对象的数据类型，也可以用来创建用户自定义的数据类型。本章主要利用其获取变量或者对象数据类型的功能。

下面结合具体的例子来说明不同的数值类型的使用方法。

【例 3-1】　使用不同的数值类型。

在 MATLAB 命令行窗体中键入下面的命令：

```
>> A = [ 1 2 3];
>> class(A)
ans =
double
>> whos
  Name      Size          Bytes    Class      Attributes

  A         1x3             24      double
  ans       1x6             12      char
>> B = int16(A);
>> class(B)
```

```
ans =
int16
>> whos
```

Name	Size	Bytes	Class	Attributes
A	1x3	24	double	
B	1x3	6	int16	
ans	1x5	10	char	

在例 3-1 中，首先使用常规的方法创建了双精度类型的向量 A，使用 class 函数获取该变量数据类型，然后使用 int16 函数将向量 A 转化为 16 位有符号整数向量 B。向量 A 和向量 B 包含了同样的数据，但是由于两个向量的数据类型不同，所以它们占据的内存字节数不同，其中双精度类型的向量 A 占用了 16 字节，而 16 位有符号整数类型的向量 B 仅占用了 6 字节。命令 whos 察看工作空间内容时可以看到 class 函数的结果输出 ans 变量为字符向量类型(char)。

注意：

MATLAB 和 C 语言在处理数据类型和变量时不同。在 C 语言中，任何变量在使用之前都必须声明，然后赋值。在声明变量时，就指定了变量的数据类型。但是在 MATLAB 中，任何数据变量都不需要预先声明，MATLAB 默认地将数据类型设置为双精度类型，若需要使用其他类型的数据，则必须通过数据类型转换来完成。MATLAB 的数据类型的名称与数据类型转换函数名称完全一致。

【例 3-2】 使用不同的数值类型。

在 MATLAB 命令行窗体中键入下面的命令：

```
>> A = [1 2 3];
>> B = [4 5 6];
>> C = A + B;
>> whos
```

Name	Size	Bytes	Class	Attributes
A	1x3	24	double	
B	1x3	24	double	
C	1x3	24	double	

```
>> D = int16(A)+int16(B)
D =
  1×3 int16 row vector
   5   7   9
>> whos
```

Name	Size	Bytes	Class	Attributes
A	1x3	24	double	

B	1x3	24	double
C	1x3	24	double
D	1x3	6	int16

```
>> E = C + D
Error using   +
Integers can only be combined with integers of the same class, or scalar doubles.
```

 注意:

如果读者使用的 MATLAB 版本是早期版本，如 MATLAB 6.5，即 MATLAB Release 13，则不支持非双精度数据的四则运算。非双精度数据的四则运算是从 MATLAB 7.0 版本(也就是 MATLAB Release 14 版本)增加的功能。

由上面的操作可以看到，两个整数类型的矩阵变量进行加法运算后得到的结果同样是整数类型的变量，而当双精度矩阵与整数矩阵进行加法运算时，MATLAB 报告错误。目前 MATLAB 还暂时不支持混合数据类型矩阵的直接运算，除非如错误信息所言，需要用标量的双精度数据与整数类型的矩阵进行运算。例如，例 3-2 中，在 MATLAB 命令行窗体中键入命令：

```
>> E = D + 0.5
E =
  1×3 int16 row vector
    6    8    10
>> F = D + 0.4
F =
  1×3 int16 row vector
   5    7    9
>> whos
```

Name	Size	Bytes	Class	Attributes
A	1x3	24	double	
B	1x3	24	double	
C	1x3	24	double	
D	1x3	6	int16	
E	1x3	6	int16	
F	1x3	6	int16	

可以看到，计算结果 E 和 F 的数据类型依然是 16 位有符号整数，在 MATLAB 进行计算时自动进行了四舍五入，请读者注意这里与其他编程语言的不同之处。

3.2.2 整数类型数据运算

整数类型的变量除了可以进行一般的四则运算之外，还可以利用一些函数进行整数类型数据的位运算。表 3-2 中总结了这些函数。

表 3-2　整数类型数据的位运算函数

函数	说　　明
bitand	数据位"与"运算
bitor	数据位"或"操作
bitxor	数据位"异或"操作
bitcmp	按照指定的数据位数求数据的补码
bitset	将指定的数据位设置为 1
bitget	获取指定的数据位数值
bitshift	数据移位操作

 注意:

　　整数类型数据运算函数的输入参数一般为无符号的整数,如果输入参数是双精度数值,则 MATLAB 会自动将相应的输入参数先转换为无符号的 64 位整数数据类型。

 阅读材料

数据位运算的相关知识

　　了解计算机中数据的二进制表达是进行二进制位运算的基础。计算机中的任何数据都是采用二进制数来保存的。计算机最初能够处理的也只有二进制的数据。

　　1. 字节和位

　　字节这个概念对于计算机用户来讲并不陌生,计算机中的存储器就是由许许多多被称为"字节"(Byte)的存储单元组成的。

　　一般地,内存的最小度量单位是位(bit),有些人直接音译为比特。1 字节由 8 个二进制位组成,其中,最右边的一位叫最低位,最左边的一位叫最高位。本章前面小节介绍的 16 位整数需要占用 2 B 的内存,以此类推,32 位整数就需要占用 4 B 的内存。

　　2. 原码、反码和补码

　　在计算机中表示数据可以有不同的办法,一般有原码、反码和补码三种形式。

　　为了便于表述,下面所有的数字都将按照该数字在 8 位计算机内存的表示方式来说明。

　　1) 原码

　　将最高位作为符号位(以数字 0 表示正,以数字 1 表示负),其他数字位代表数值本身的绝对值,这种表示数字的方式叫作原码。

　　例如:

　　数字 7 在 8 位计算机中的原码为　0000 0111;

　　数字-7 在 8 位计算机中的原码为　1000 0111。

　　如果这两个数字在我们日常使用的 32 位计算机中用原码表示,则无非再多几个数字 0。例如,在 32 位计算机中用原码表示数字 7,则表示为 0000 0000 0000 0000 0000 0000 0000 0111。

2) 反码

使用反码表示数字的一般规则是：如果是正数，则用这个数字的原码来表示；如果是负数，则保持符号位为 1，然后将这个数字的原码按照每位取反。

例如：

数字 7 在 8 位计算机中的反码为 000 0111，000 0111 就是 7 数的原码；

数字–7 在 8 位计算机中的反码是 1111 1000。

3) 补码

补码表示数字的一般规则是：

如果是正数，补码就是其原码。例如，数字 7 在 8 位计算机中的补码还是 0000 0111。

如果是负数，补码是将数字的反码加上 1。例如，–7 在 8 位计算机中的补码是 1111 1001。

关于数字在计算机中二进制表示的详细解释，请参阅相应的计算机原理方面的书籍。

MATLAB 整数类型数据位运算和 C 语言整数位运算类似，所不同的是 MATLAB 中没有 C 语言中的 "<<" 或者 ">>" 运算符，只有位运算函数可用。这里结合具体的示例讲解表 3-2 所列函数的用法。

【例 3-3】 数据位 "与" "或" "异或" 操作。

在 MATLAB 命令行窗体中键入下面的命令：

```
>> A = 86; B = 77;
>> C = bitand(A,B)
C =
     68
>> D = bitor(A,B)
D =
     95
>> E = bitxor(A,B)
E =
     27
>> whos
```

Name	Size	Bytes	Class	Attributes
A	1x1	8	double	
B	1x1	8	double	
C	1x1	8	double	
D	1x1	8	double	
E	1x1	8	double	

如前所述，MATLAB 默认的数据类型是双精度数据类型，因此，例 3-3 中函数的输入参数以及函数的计算结果都是双精度数据类型。在 MATLAB 命令行窗体中键入命令：

```
>> A = 86.1; B = 77.1;
>> C = bitand(A,B)
Error using bitand
```

Double inputs must have integer values in the range of ASSUMEDTYPE.

可以看到，如果使用非整数的浮点数值作为 bitand 等函数的输入参数，则 MATLAB 会报告错误，其实质是要求 bitand 等函数的输入参数必须为整数数值。

在 MATLAB 命令行窗体中键入命令：

```
>> a = int16(A);b=int16(B);
>> c = bitand(a,b)
c =
    int16
    68
>> d = bitand(a,-b)
d =
    int16
    18
>> whos
```

Name	Size	Bytes	Class	Attributes
A	1x1	8	double	
B	1x1	8	double	
C	1x1	8	double	
D	1x1	8	double	
E	1x1	8	double	
a	1x1	2	int16	
b	1x1	2	int16	
c	1x1	2	int16	
d	1x1	2	int16	

最后几个命令中，首先将双精度数据类型变量 A 和 B 转化为有符号的 16 位整数，然后进行了 bitand 计算，分别得到了变量 a 和 b 按位取与操作的变量 c，变量 a 和变量–b 按位取与操作的变量 d。注意，只有有符号的整数才有正负数的概念。

两个 bitand 函数的运行过程大体如下：

86 的补码	0101 0110
77 的补码	0100 1101
与运算的结果	0100 0100
相当于整数	68
86 的补码	0101 0110
–77 的补码	1011 0010
与运算的结果	0001 0010
相当于整数	18

提示：

请读者参阅之前关于整数数值的原码、反码和补码转化的简要介绍，或者阅读计算机原理的相关教材了解更多有关整数位运算的知识。

请读者尝试一下，如果将变量 a 和变量 b 都设置为无符号的整数数值，上述操作的结果会怎样？

【例 3-4】 整数数据位的运算。

在 MATLAB 命令行窗体中键入下面的命令：

```
>> A = 86;
>> dec2bin(A)
ans =
    '1010110'
>> B = bitset(A,6);
>> dec2bin(B)
ans =
    '1110110'
>> C = bitset(A,7,0);
>> dec2bin(C)
ans =
    '10110'
>> D = bitshift(A,4);
>> dec2bin(D)
ans =
    '10101100000'
>> E = bitshift(A,-4);
>> dec2bin(E)
ans =
    '101'
>> a = uint16(A);
>> e = bitshift(a,-4);
>> dec2bin(e)
ans =
    '101'
>> whos
```

Name	Size	Bytes	Class	Attributes
A	1x1	8	double	
B	1x1	8	double	
C	1x1	8	double	

D	1x1	8	double
E	1x1	8	double
a	1x1	2	uint16
ans	1x3	6	char
e	1x1	2	uint16

 说明：

dec2bin 函数的作用是将十进制整数转变成二进制整数，并且以字符向量的形式输出结果，该函数将在本章 3.4.4 节再次使用并且解释其具体用法。

例 3-4 使用了 bitset 函数和 bitshift 函数，其中 bitshift 函数类似于 C 语言的 ">>" 运算符和 "<<" 运算符，如果函数输入的第二个参数为正数则进行左位移操作，否则进行右位移操作。bitset 函数根据输入的第二个参数设置相应的数据位的数值，若不指定第三个参数，则将相应的数据位设置为 "1"，否则根据输入的第三个参数(0 或者 1)设置相应的数据位。通过例 3-3 和例 3-4 可以看到，在使用整数位运算的函数时，若输入参数是双精度数据类型的变量，则计算结果变量也是双精度数据类型。

3.2.3　MATLAB 的常量

表 3-3 中总结了较常用的 MATLAB 预定义的常量。

表 3-3　MATLAB 的常量

常量	说　　明
ans	最近运算的结果
eps	浮点数的相对精度
realmax	MATLAB 能够表示的实数绝对值的最大值
realmin	MATLAB 能够表示的实数绝对值的最小值
intmax	MATLAB 能够表示的最大整数，默认为最大的 32 位有符号整数
intmin	MATLAB 能够表示的最小整数，默认为最小的 32 位有符号整数
pi	常数π
i,j	复数的虚部数据的最小单位
Inf/inf	无穷大
NaN/nan	非数(Not a Number)

 说明：

eps、realmax 和 realmin 三个常量的具体数值与运行 MATLAB 的计算机相关，不同的计算机系统可能具有不同的数值。例如，在笔者的计算机上，这三个数值分别为 eps = 2.220 446 049 250 313 × 10^{-16}，realmax = 1.797 693 134 862 316 × 10^{308}，realmin = 2.225 073 858 507 201 × 10^{-308}。

Inf 也可以写作 inf，它为 IEEE 定义的算术数据无穷大数值，在 MATLAB 中进行诸如 1.0/0.0 或者 log(0)的操作都会得到这个数值。如果将 inf 应用于函数，则计算结果可能为 inf 或者 NaN。

NaN 也可以写作 nan，它为 IEEE 规定的某种运算得到的结果。例如，0/0 的运算得到的结果就是 NaN。NaN 参与运算的结果也为 NaN(关系运算除外)。

【例 3-5】 NaN 和 Inf 运算示例。

在 MATLAB 命令行窗体中键入下面的命令：

```
>> a = inf(2)
a =
    Inf    Inf
    Inf    Inf
>> class(a)
ans =
    'double'
>> b = int16(a)
b =
  2×2 int16 matrix
   32767    32767
   32767    32767
>> c = sin(a)
c =
    NaN    NaN
    NaN    NaN
>> d = 0 * a
d =
    NaN    NaN
    NaN    NaN
>> e = int16(d)
e =
  2×2 int16 matrix
   0    0
   0    0
>> whos
  Name      Size              Bytes   Class     Attributes
  a         2x2                  32   double
  ans       1x6                  12   char
  b         2x2                   8   int16
```

c	2x2	32	double
d	2x2	32	double
e	2x2	8	int16

 说明:

MATLAB 中所有数据默认的数据类型均为双精度类型，包括 NaN 和 Inf 在内的上述若干常数。

对 NaN 和 Inf 进行数据转化时要注意，Inf 将获取结果数据类型的最大值，而 NaN 往往返回结果数据类型的数值 0，浮点数类型则仍然为 Inf 或 NaN。

在运算中使用 NaN 可以避免因为执行了 0/0 这类能够产生错误的应用程序中断，可以辅助调试应用程序。

【例 3-6】 最小复数单位的使用。

在 MATLAB 命令行窗体中键入下面的命令:

```
>> a = i
a =
    0.0000 + 1.0000i
>> i = 1
i =
     1
>> b = i+j
b =
    1.0000 + 1.0000i
>> clear
>> c = i+j
c =
    0.0000 + 2.0000i
>> e = pi + i
e =
    3.1416 + 1.0000i
>> which pi
built-in (C:\Program Files\Polyspace\R2020a\toolbox\matlab\elmat\pi)
>> which i
built-in (C:\Program Files\Polyspace\R2020a\toolbox\matlab\elmat\i)
>> pi = 100
pi =
   100
>> which pi
pi is a variable.
```

通过例 3-4 可以看出，在 MATLAB 中可以任意修改这些常量的数值，这一点与其他高级编程语言有很大不同。一旦被赋予了新的数值，则常量代表的就不是原有的数值，而是新的数值，除非执行 clear 命令清除工作空间。就像创建变量 c 的时候，由于之前执行了 clear 命令，将工作空间中的变量清除干净了，因此执行 c = i+j 的时候，MATLAB 认为这是在进行两个最小复数运算单位的加法计算，得到了 c = 2i。通过 which 指令可以看到，这里所谓的 MATLAB 常量都是一些内建函数，这些函数运算的结果是相应的常量。

3.2.4　空数组

所谓空数组，就是指那些某一个维或者某些维的长度为 0 的数组。它是为了完成某些MATLAB 数组操作和运算而专门设计的一种数组。

下面通过具体的例子来说明空数组的创建和使用。

【例 3-7】　创建空数组。

和创建普通的数组(矩阵)一样，创建空数组也有不同的方法。

在 MATLAB 命令行窗体中键入下面的命令：

```
>> A = []
A =
     []
>> B = ones(2,3,0)
B =
  2×3×0 empty double array
>> C = randn(2,3,4,0)
C =
  2×3×4×0 empty double array
>> whos
  Name      Size              Bytes  Class      Attributes
  A         0x0                   0  double
  B         2x3x0                 0  double
  C         2x3x4x0               0  double
>> isempty(A)
ans =
  logical
   1
```

空数组并不意味着什么都没有，使用 whos 命令可以看到空数组类型的变量在 MATLAB的工作空间中确实存在。在例 3-7 的最后，使用 isempty 函数来判断输入参数是否为空数组，该函数返回值是逻辑类型的数组。关于逻辑类型的数组将在 3.3 节中详细介绍。

在变量编辑器中也可以对空数组进行编辑，填充矩阵的元素，让空数组不为"空"。图3-2 为空数组在变量编辑器中显示的状况。

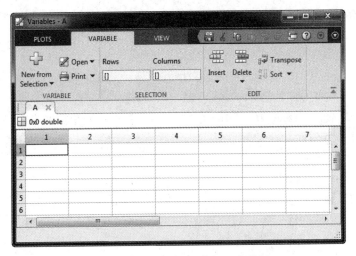

图 3-2　在变量编辑器中打开空数组

使用空数组可以完成一些比较特殊的操作，例如使用空数组可以将部分行或者列从当前的数组中删除，也可以删除多维数组的某一页，见下面的例子。

【例 3-8】　使用空数组的例子。

在 MATLAB 命令行窗体中键入下面的命令：

```
>> A (2,2,3) = 1
A(:,:,1) =
       0      0
       0      0
A(:,:,2) =
       0      0
       0      0
A(:,:,3) =
       0      0
       0      1
>> A(:,:,end) = []
A(:,:,1) =
       0      0
       0      0
A(:,:,2) =
       0      0
       0      0
>> A(:,:,end) = []
A =
       0      0
       0      0
```

```
>> B = reshape(1:24,4,6)
B =
    1    5    9   13   17   21
    2    6   10   14   18   22
    3    7   11   15   19   23
    4    8   12   16   20   24
>> B(:,[2 3 4]) = []
B =
    1   17   21
    2   18   22
    3   19   23
    4   20   24
```

从例 3-8 中可以看出，利用空数组可以非常方便地将数组或者矩阵的部分元素删除。例如，例子中将矩阵 B 的第 2、3、4 列向量删除后得到了新的数组(矩阵)，而对于多维数组 A 的操作则删除了数组的第三页，使其成为了具有二页的三维数组，然后又删除了数组的第二页，使其成为了一个 2 行 2 列的矩阵(二维数组)。

3.2.5　数据类型转换

MATLAB 支持在不同的数值数据类型之间自由转换，在进行数据类型转换的时候，需要注意不同的数据类型表示的数据范围不同，特别是在整数数据类型之间进行转换的时候，需要牢记不同的整数数据类型所表示的数据范围。

其实在 MATLAB 中进行数据类型的转换非常容易，在前面的例子中都使用了数据类型转换的方法来创建相应的整数数据类型变量，MATLAB 还提供了两个函数用于进行数据类型的转换，这两个函数分别为 cast 和 typecast。这两个函数有什么不同呢？请看例 3-9。

【例 3-9】　数据类型的转换。

在 MATLAB 命令行窗体中键入下面的命令：

```
>> x = uint16([1,255,256,1000+1000i]);
>> y1 = double(x)
y1 =
   1.0e+03 *
   0.0010 + 0.0000i   0.2550 + 0.0000i   0.2560 + 0.0000i   1.0000 + 1.0000i
>> y2 = cast(x,'double')
y2 =
   1.0e+03 *
   0.0010 + 0.0000i   0.2550 + 0.0000i   0.2560 + 0.0000i   1.0000 + 1.0000i
>> whos
  Name      Size            Bytes  Class     Attributes
  x         1x4                16  uint16    complex
```

| y1 | 1x4 | 64 | double | complex |
| y2 | 1x4 | 64 | double | complex |

```
>> y3 = uint8(x)
y3 =
    1×4 uint8 row vector
      1 +    0i   255 +    0i   255 +    0i   255 +   255i
>> y4 = cast(x,'uint8')
y4 =
    1×4 uint8 row vector
      1 +    0i   255 +    0i   255 +    0i   255 +   255i
>> whos
```

Name	Size	Bytes	Class	Attributes
x	1x4	16	uint16	complex
y1	1x4	64	double	complex
y2	1x4	64	double	complex
y3	1x4	8	uint8	complex
y4	1x4	8	uint8	complex

```
>> y5 = typecast(x,'uint8')
Error using typecast
The first input argument must be a full, non-complex numeric value.
>> x = uint16([1,255,256,1000]);
>> y5 = typecast(x,'uint8')
y5 =
    1×8 uint8 row vector
      1    0  255    0    0    1  232    3
>> whos
```

Name	Size	Bytes	Class	Attributes
x	1x4	8	uint16	
y1	1x4	64	double	complex
y2	1x4	64	double	complex
y3	1x4	8	uint8	complex
y4	1x4	8	uint8	complex
y5	1x8	8	uint8	

　　一般来说，使用 cast 函数和直接使用数据类型函数进行数据类型转换的效果一致。例3-9 中，创建 y1、y2、y3 和 y4 变量时，由于 uint8 的最大数据表示为 255，所以 1000+1000i 转变成 255+255i，但是在使用 typecast 函数时，出现了问题，首先 typecast 函数并不支持复数，于是重新创建变量 x，再次使用 typecast 函数得到了变量 y5。

　　cast 函数和 typecast 函数运行结果的不同之处是：typecast 函数将所有转换数据的结果

利用两个元素来进行表示，其中前一个元素是数据范围内的余量，而后一个元素则是最大数据范围的倍数。例如，1000 就转换为了[232 3]两个数值，即 1000 = 256 × 3 + 232，以此类推可以得到其余元素的转换结果，如 256 = 256 × 1 + 0。

还需要注意的是，无论是 cast 函数还是 typecast 函数都只对 MATLAB 内建的数值数据类型有效，特别是 typecast 函数只对有限的数值数据类型有效。有关 cast 函数和 typecast 函数的具体解释请参阅 MATLAB 的帮助文档。

 注意：

MATLAB 的各种数值类型变量之间都可以相互转化，但是也存在例外，如果变量为稀疏矩阵，则稀疏矩阵的元素只能为双精度数据类型或者后面介绍的逻辑类型，也不能将稀疏矩阵转化成为其他数据类型，只有将稀疏矩阵转化为满阵之后，才能对满阵进行数据类型转换。

3.3 逻 辑 类 型

在大多数高级编程语言中，都有逻辑数据类型或者布尔数据类型。这种数据类型的变量用于完成关系运算或者逻辑运算。虽然在标准的 C 语言中没有逻辑数据类型，但是仍然定义非零值为逻辑真，零值为逻辑假。在 MATLAB 中也有相应的操作和数据类型，分别叫作逻辑运算和逻辑数据类型，同样地，在 MATLAB 中也有所谓的关系运算。

3.3.1 逻辑数据类型

所谓逻辑数据类型，就是仅具有两个数值的数据类型，其中，一个数值为 TRUE，另外一个数值为 FALSE。但是，在 MATLAB 中，参与逻辑运算或者关系运算的变量和数值并不一定必须为逻辑类型的数据，任何数值都可以参与逻辑运算。这时，MATLAB 将所有非零值看作逻辑真，将零值看作逻辑假。一般地，1 表示逻辑真，0 表示逻辑假。

逻辑类型的数据只能通过数值类型转换或者使用特殊的函数来创建，逻辑类型的变量可以是标量、数组或者矩阵。

创建逻辑类型矩阵或者数组的函数主要有三个，见表 3-4。

表 3-4　创建逻辑类型数据的函数

函数	说　明
logical	将任意类型的数组转变成为逻辑类型数组，其中非零元素为真，零元素为假
true	产生逻辑真值数组
false	产生逻辑假值数组

这些函数的使用方法参见例 3-10。

【例 3-10】　创建逻辑类型数组。

在 MATLAB 命令行窗体中键入下面的命令：

```
>> A = eye(3);
>> B = logical(A)
B =
  3×3 logical array
   1   0   0
   0   1   0
   0   0   1
>> C = true(size(A))
C =
  3×3 logical array
   1   1   1
   1   1   1
   1   1   1
>> D = false([size(A),2])
  3×3×2 logical array
D(:,:,1) =
   0   0   0
   0   0   0
   0   0   0
D(:,:,2) =
   0   0   0
   0   0   0
   0   0   0
>> whos
```

Name	Size	Bytes	Class	Attributes
A	3x3	72	double	
B	3x3	9	logical	
C	3x3	9	logical	
D	3x3x2	18	logical	

　　使用 logical 函数、true 函数和 false 函数的过程都比较简单。通过最后的比较可以看出，逻辑类型的数组每一个元素仅占用 1 字节的内存空间，所以尽管矩阵 A 和矩阵 B 看上去一致，但是由于其分别属于不同的数据类型，所以内存的占用有很大不同。

注意：

　　本书将 MATLAB 的 logical array(逻辑数组)称为逻辑类型数组。在有些书籍上，将 MATALB 的这种数据类型叫作布尔类型数组。

　　逻辑类型数组元素仅能有两个取值，1 或者 0，分别表示逻辑真和逻辑假。

　　在 MATLAB 中还有若干函数以 is 开头，这类函数是用来完成某种判断功能的函数，例如函数 isnan 判断输入参数是否为 NaN，isnumeric 函数判断输入参数是否是某种数值类型，见例 3-11。

【例 3-11】 isnumeric 函数的使用示例。

在 MATLAB 命令行窗体中键入下面的命令：

```
>> a = true(3)
a =
    3×3 logical array
    1   1   1
    1   1   1
    1   1   1
>> isnumeric(a)
ans =
    logical
    0
>> b = ones(3)
b =
    1   1   1
    1   1   1
    1   1   1
>> isnumeric(b)
ans =
    logical
    1
```

 注意：

在使用 true 或者 false 函数创建逻辑类型数组时，若不指明参数，则创建一个逻辑类型的标量，若给定参数则创建数组或者矩阵。

此外，能够产生逻辑数据类型结果的运算还有关系运算，关系运算在 3.3.3 小节详细讨论。

3.3.2　逻辑运算

能够处理逻辑类型数据的运算叫作逻辑运算，MATLAB 能够处理的逻辑类型运算和 C 语言比较类似，见表 3-5。这里先通过例 3-12 来演示一下逻辑运算的基本规则。

【例 3-12】 逻辑运算示例。

在 MATLAB 命令行窗体中键入下面的命令：

```
>> a = eye(3);
>> b = a;b(3,1) =1;
>> a&&b
```

Operands to the || and && operators must be convertible to logical scalar values.

\>\> c = a & b

c =

　3×3 logical array

　　1　　0　　0

　　0　　1　　0

　　0　　0　　1

\>\> d = a | b

d =

　3×3 logical array

　　1　　0　　0

　　0　　1　　0

　　1　　0　　1

\>\> whos

Name	Size	Bytes	Class	Attributes
a	3x3	72	double	
b	3x3	72	double	
c	3x3	9	logical	
d	3x3	9	logical	

　　例 3-12 中，参与逻辑运算的两个变量都是双精度类型的矩阵。这两个矩阵进行&&运算时，MATLAB 报告了相应的错误，因为参与&&或者||运算的输入参数必须为标量，并且逻辑运算的结果一定是逻辑类型的数据。

表 3-5　MATLAB 的逻辑运算

运算符	说　　明
&&	具有短路作用的逻辑与操作，仅能处理标量
||	具有短路作用的逻辑或操作，仅能处理标量
&	数组元素与操作
|	数组元素或操作
～	数组元素逻辑非操作
xor	数组元素逻辑异或
any	当向量中的元素有非零元素时，返回真
all	当向量中的元素都是非零元素时，返回真

 说明：

　　参与逻辑运算的输入参数不一定必须是逻辑类型的变量或常数，也可以使用其他数据类型的变量或者常数，但是运算的结果一定是逻辑类型的数据。这里，所谓具有短路作用是指，在进行&&或||运算时，若参与运算的变量有多个，例如 a && b && c && d，若 a、b、c、d 四个变量中 a 为假，则后面的三个都不再被处理，运算结束，并返回运算结果为逻辑假。

【例 3-13】 函数 all 和 any 使用示例。

在 MATLAB 命令行窗体中键入下面的命令：

```
>> a = [1 0 1;1 0 0;1 1 0;1 1 1]
a =
     1     0     1
     1     0     0
     1     1     0
     1     1     1
>> all(a)
ans =
  1×3 logical array
   1   0   0
>> any(a)
ans =
  1×3 logical array
   1   1   1
>> a = [a, [0;0;0;0]]
a =
     1     0     1     0
     1     0     0     0
     1     1     0     0
     1     1     1     0
>> any(a)
ans =
  1×4 logical array
   1   1   1   0
```

在例 3-13 中，函数 all 和函数 any 可以针对矩阵中每一列进行处理。函数 all 的作用是若矩阵的列元素**均为**非零值，则返回逻辑真，函数 any 的作用是若每列元素**有**非零值，则返回逻辑真。

3.3.3 关系运算

关系运算是用来判断输入参数两者关系的运算，MATLAB 中的关系运算和 C 语言的关系运算基本一致，主要有六种，见表 3-6。

参与关系运算的输入参数可以使用各种数据类型的变量或者常数，运算的结果是逻辑类型的数据。标量也可以和矩阵或者数组进行比较，比较的时候将自动扩展标量，返回的结果是与数组同维的逻辑类型数组。如果进行比较的是两个数组，则两个数组必须同维，且每一维的尺寸也必须一致。

表 3-6　MATLAB 中的关系运算符

运算符	说　　明	运算符	说　　明
= =	等于	>	大于
~=	不等于	<=	小于等于
<	小于	>=	大于等于

关系运算的效果请看例 3-14。

【例 3-14】　关系运算示例。

在 MATLAB 命令行窗体中键入下面的命令：

```
>> A = reshape(1:9,3,3);
>> B = magic(3);
>> A > B
ans =
    3×3 logical array
    0    1    1
    0    0    1
    0    0    1
>> A == B
ans =
    3×3 logical array
    0    0    0
    0    1    0
    0    0    0
>> whos
    Name        Size            Bytes  Class        Attributes
    A           3x3                72  double
    B           3x3                72  double
    ans         3x3                 9  logical
```

在进行关系运算的时候，两个矩阵中对应的元素进行相互比较，如果参与比较的两个矩阵的元素个数不同，则会产生错误。换而言之，关系运算实质上是一种数组运算，关系运算产生的结果是逻辑类型的数组。

结合前面小节讲述的逻辑运算和本小节的关系运算可以完成更复杂的运算和处理，见例 3-15。

【例 3-15】　复杂的关系运算。

在 MATLAB 命令行窗体中，键入下面的命令：

```
>> A = reshape(-4:4,3,3)
A =
    -4    -1     2
```

```
     -3      0      3
     -2      1      4
>> B = ～(A>=0)
B =
   3×3 logical array
     1    1    0
     1    0    0
     1    0    0
>> C = (A>0)&(A<3)
C =
   3×3 logical array
     0    0    1
     0    0    0
     0    1    0
```

在例 3-15 中，使用逻辑运算和关系运算从矩阵 **A** 中分别标识出不大于 0 的数据和大于 0 且小于 3 的数据索引位置。这里，将逻辑类型的数据应用于索引就构成了逻辑索引。利用逻辑索引，可以方便地从矩阵或者数组中找到某些符合条件的元素，见例 3-16。

【例 3-16】 逻辑索引示例。

在 MATLAB 命令行窗体中键入下面的命令：

```
>> A = [-2 10 NaN 30 0 -11 -Inf 31];
>> pos = A<0
pos =
   1×8 logical array
     1    0    0    0    0    1    1    0
>> B = A(pos)
B =
     -2    -11   -Inf
>> pos = (A>=0)&(isfinite(A))
pos =
   1×8 logical array
     0    1    0    1    1    0    0    1
>> C = A(pos)
C =
     10    30     0    31
```

在例 3-16 中，首先从向量 **A** 中获取了全部小于 0 的元素构成向量 **B**，然后从向量 **A** 中获取了不小于 0 且不是无穷大(Inf)的向量元素。可以看出，逻辑索引数组可以非常方便地完成获取数组中满足条件的元素，这种操作在处理大数组时非常有效。

提示：

逻辑类型的数组在工作空间浏览器或者变量编辑器中具有特定的图标☑，并且会显示其数据类型，如图 3-3 所示。

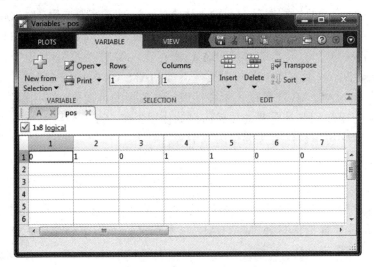

图 3-3　在变量编辑器中打开逻辑数组

3.3.4　运算符的优先级

到本小节为止，MATLAB 的基本运算符都已经介绍完毕了。M 语言的运算符和普通的高级编程语言类似，可以通过编程来实现更加复杂的运算表达。M 语言的运算符也具有相应的计算优先级。这里将 M 语言的运算以及相应的计算优先级进行了总结：

(1) 括号()；

(2) 数组转置(.')，数组幂(.^)，复转置(')，矩阵幂(^)；

(3) 一员加(+)，一员减(−)，逻辑非(～)；

(4) 数组乘法(.*)，数组除法(./)，数组左除(.\)，矩阵乘法(*)，矩阵右除(/)，矩阵左除(\)；

(5) 加法(+)，减法(−)；

(6) 冒号运算符(:)；

(7) 小于(<)，小于等于(<=)，大于(>)，大于等于(>=)，等于(= =)，不等于(～=)；

(8) 元素与(&)；

(9) 元素或(|)；

(10) 短路逻辑与(&&)；

(11) 短路逻辑或(||)。

上面的运算符优先级是由高到低排列的，例如括号运算符的优先级最高，数组转置等次之。如果同一级别的运算符出现在表达式中，则按照运算符在表达式中出现的次序，由左向右排列。在使用 M 语言编写程序时，需要灵活使用这些运算符来实现不同的算法细节。

3.4　字符向量与字符串数组

　　MATLAB 对字符类型的数据具有两种表达方式，一种是字符向量(char vector)或者叫作字符数组(char array)，另外一种是字符串数组(string array)。字符向量是 MATLAB 最基础的数据类型，也是从第一个版本的 MATLAB 就存在的数据类型。但是字符串数组是自MATLAB Release 2016b 版本增加的数据类型，自 MATLAB Release 2018b 版本开始，字符串数组可以在所有 MATLAB 产品模块中被使用。在数据的可视化、应用程序的交互方面，字符向量或者字符串起到非常重要的传递信息的作用。在 MATLAB 中，创建字符向量需要使用单引号，创建字符串数组则需要使用双引号。

注意：

　　半角双引号 """" 作为创建字符串数组的操作符是自 MATLAB Release 2017a 版本引入的特性。请读者核对自己使用的 MATLAB 版本信息，本小节介绍的内容在不同版本的MATLAB 中效果可能不一致。

3.4.1　字符向量

　　首先了解一下创建字符向量的方法，见例 3-17。

　　【例 3-17】　字符向量的创建。

　　在 MATLAB 命令行窗体中键入下面的命令：

```
>> a = 127
a =
    127
>> class(a)
ans =
    'double'
>> size(a)
ans =
    1    1
>> b = '127'
b =
    '127'
>> class(b)
ans =
    'char'
>> size(b)
```

```
ans =
     1      3
>> whos
   Name       Size              Bytes   Class       Attributes
   a          1x1                   8   double
   ans        1x2                  16   double
   b          1x3                   6   char
```

创建字符向量时，只要将相应的内容用单引号包含起来就可以了，默认地，字符向量均为行向量，本例中创建的字符向量 b 具有三个字符，占用了 6 字节的内存空间。若需要在字符向量内容中包含单引号，则需要在键入字符向量内容时连续键入两个单引号，例如在 MATLAB 命令行窗体内键入命令：

```
>> c = 'Isn''t it?'
c =
Isn't it?
```

在创建字符向量时，可以使用 char 函数创建一些无法通过键盘直接输入的字符。该函数的作用是将输入的整数参数转变成为字符，一般地转换成为相应的 Unicode 字符。同样字符向量也可以转变成为数值类型的数据。

提示：

设计 Unicode 的主要目的是简化对非罗马语系字符的处理。依照 Unicode 设计的宗旨，Unicode 将对世界上所有语言的字符进行编码。同传统的 ASCII/ANSI 字符相比，Unicode 字符集的容量大了很多。ASCII/ANSI 字符集是 Unicode 的子集，Unicode 字符集的前 256 个字符就是 ASCII 字符。

目前已经有阿拉伯文、中文、俄文、希腊文等多种语言定义了 Unicode 编码，甚至还包含有数学符号、Emoji 表情符号等特殊字符。

开发应用程序时应该考虑使用 Unicode 的主要原因是：

- 方便在不同语言之间交换数据；
- 自己编写的二进制文件支持更多的语言版本；
- 提高应用程序的运行效率。

目前，在 Windows 等操作系统中，所有的核心函数都要求使用 Unicode 字符。

欲了解 Unicode 详细情况，请访问 www.unicode.org 网站。

字符向量可以像一般数组那样进行索引、数据类型转化等操作，也可以利用一些函数完成字符向量的拼接、替换等操作，这里结合具体的示例予以讲解。

【例 3-18】　字符向量元素索引。

在 MATLAB 命令行窗体中键入下面的命令：

```
>> a = 'This is No.3-17 Example!'
a =
    'This is No.3-17 Example!'
```

```
>> b = a(1:4)
b =
    'This'
>> c = a(12:15)
c =
    '3-17'
>> d = a(17:end)
d =
    'Example!'
>> whos
  Name      Size           Bytes  Class    Attributes
  a         1x24              48  char
  b         1x4                8  char
  c         1x4                8  char
  d         1x8               16  char
```

字符向量本质上就是MATLAB的向量，或者将字符向量当作标准C语言内的字符数组。本例使用了索引获取字符向量 a 的子向量或者叫做字符串的子串，直观上在字符向量中使用索引和在数组或向量中使用索引不存在任何区别。

字符向量还可以利用"[]"运算符进行拼接，不过，拼接字符向量时需要注意如下几点：

(1) 若使用","作为不同字符向量之间的间隔，则相当于扩展字符向量成为更长的字符向量；

(2) 若使用";"作为不同字符向量之间的间隔，则相当于扩展字符向量成为二维或者多维的数组，这时，不同行上的字符向量必须具有同样的长度。

【例3-19】 字符向量的拼接。

在 MATLAB 命令行窗体中键入下面的命令：

```
>> a = 'Hello';
>> b = 'MOTO!';
>> length(a) == length(b)
ans =
  logical
    1
>> c = [a,' ',b]
c =
    'Hello MOTO!'
>> d = [a ; b]
d =
  2×5 char array
    'Hello'
```

'MOTO!'

在例 3-19 中，首先创建了两个长度一致的字符向量，然后利用"[]"运算符将两个字符向量分别组合成为了向量 c 和矩阵 d。不过在创建矩阵 d 时，各个字符行向量必须具有相同的长度。

拼接字符向量还可以使用部分函数完成，这些函数在 3.4.3 小节讲述。

如前面所述，在 MATLAB 中支持 Unicode 字符集，所以每一个字符占用了 2 字节的内存空间。在字符和数值之间可以进行相应的转换，见例 3-20。

【例 3-20】 字符向量和数值的转换。

在 MATLAB 命令行窗体中键入下面的命令：

```
>> a = 'Hello MOTO!';
>> b = double(a)
b =
    72   101   108   108   111   32   77   79   84   79   33
>> c = '您好！';
>> d = double(c)
d =
       24744        22909        65281
>> char(d)
ans =
    '您好！'
```

本例中，使用 double 函数将字符向量转化成为了双精度类型的向量，向量 b 的每个数值是字符向量 a 中每个字符对应的 Unicode 编码值，也是 ASCII 编码值，而向量 d 的每个数值是字符向量 c 中每个中文字符对应的 Unicode 编码值。其实还可以使用整数类型的函数来进行字符向量向数值向量的转化，例如 uint32 或者 uint16，请读者自行尝试一下。最后的 char 函数作用是将数值作为 Unicode 编码转化为相应的字符。

注意：

在某些版本的 MATLAB 中运行本例时，会返回汉字字符 GB2312 字符集编码值，笔者认为这是相应版本的 MATLAB 软件在中文操作系统中兼容性不好造成的错误。正确的转化数值结果应该是返回相应字符的 Unicode 编码。

如果希望获取字符在本地字符集中对应的字符编码，则需要使用 unicode2native 函数，例如接着例 3-20 在 MATLAB 命令行窗体中键入命令：

```
>> e = unicode2native(c)
e =
  1×6 uint8 row vector
   196   250   186   195   163   161
```

这里得到的向量 e 中，每两个数值对应了字符向量 c 中的一个字符，分别为字符编码的高位和低位。例如 196 和 250，对应的十六进制数据分别为 C4 和 FA，则十六进制的 0xC4FA

数值就是十进制的 50426，就是汉字"您"在 GB2312 字符集当中的编码；186 和 195 对应的十六进制数据分别为 BA 和 C3，则十六进制的 0xBAC3 数值就是十进制的 47811，为汉字"好"在 GB2312 字符集当中的编码；163 和 161 对应的十六进制数据分别为 A3 和 A1，则十六进制的 0xA3A1 数值就是十进制的 41889，为标点符号惊叹号"！"在 GB2312 字符集当中的编码。

  MATLAB 的工作空间浏览器可以显示字符向量的内容，例如在运行了例 3-17～例 3-20 之后的工作空间浏览器如图 3-4 所示。

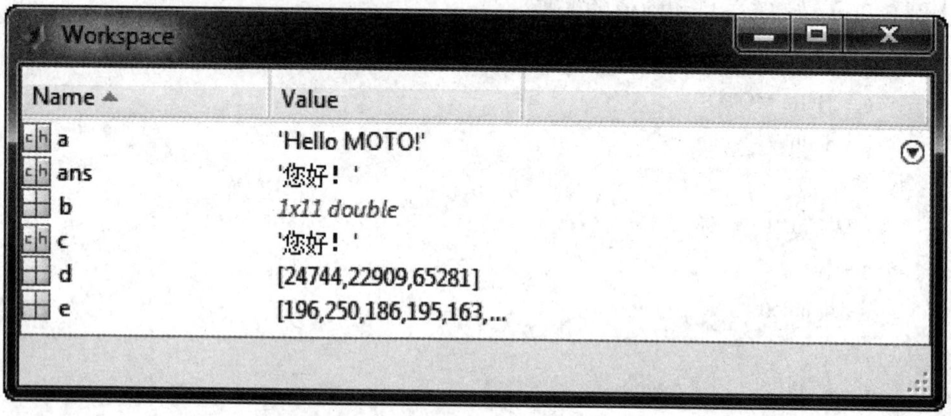

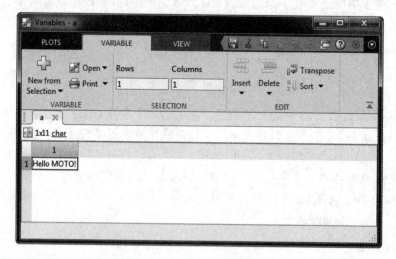

图 3-4 在工作空间浏览器中察看字符数组

  注意字符类型的变量具有特别的图标符号ch，例如变量 a、ans 和 c 之前都具有该符号，表示该变量为字符类型的数据。由于这几个变量的内容相对较短，所以在工作空间浏览器中默认可以看到字符向量所包含的字符内容。这些变量还可以在变量编辑器中打开并且编辑，例如利用变量编辑器打开变量 a，如图 3-5 所示。

图 3-5 变量编辑器中察看字符向量

在变量编辑器之中还可以实现字符向量的编辑工作，例如编辑变量 a，如图 3-6 所示。

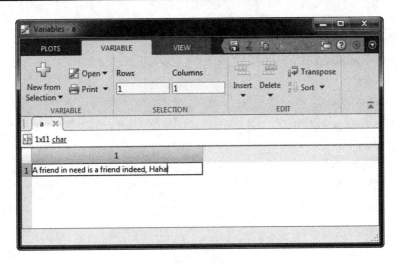

图 3-6　利用变量编辑器编辑字符向量

3.4.2　字符串数组

首先通过例子来了解一下字符串数组的创建及其与字符向量之间的差异。

【例 3-21】　创建字符串数组。

在 MATLAB 命令行窗体中键入下面的命令：

```
>> ch = 'Hello MOTO!'
ch =
    'Hello MOTO!'
>> str = "Hello MOTO!"
str =
    "Hello MOTO!"
>> whos
  Name       Size            Bytes  Class      Attributes
  ch         1x11               22  char
  str        1x1               166  string
>> length(ch)
ans =
    11
>> length(str)
ans =
    1
>> double(ch)
ans =
    72   101   108   108   111    32    77    79    84    79    33
>> double(str)
```

```
ans =
    NaN
>> str1 = char(double(ch))
str1 =
    'Hello MOTO!'
>> str2=string(double(ch))
str2 =
  1×11 string array
    "72"    "101"    "108"    "108"    "111"    "32"    "77"    "79"    "84"    "79"    "33"
>> s1 = string(2)
s1 =
    "2"
>> s2 = strings(2)
s2 =
  2×2 string array
    ""    ""
    ""    ""
>> whos
```

Name	Size	Bytes	Class	Attributes
ans	1x1	8	double	
ch	1x11	22	char	
s1	1x1	150	string	
s2	2x2	312	string	
str	1x1	166	string	
str1	1x11	22	char	
str2	1x11	690	string	

　　从之前内容可以了解到，字符向量或者字符矩阵(数组)的每个元素是字符，每个字符固定占据 2 字节的内存空间。然而在本小节介绍的字符串数组中，每个元素是字符向量或者叫作字符串，字符串的长度可以不固定，所以字符串数组占据的内存空间数量会根据每个字符串的内容以及字符串数组所包含的元素数量多少而发生变化。在例 3-21 中，string 类型变量 str 占用了 166 字节的内存空间，具有同样内容的 char 类型向量 ch 只占用了 22 字节的内存空间。后面进行了相应的数据类型转换，可以看到 char 函数可以将数值向量转化为字符向量，而 string 函数则将数值向量的内容转化成为字符串数组，数值向量里面的每个元素内容对应转化成为了字符串，然后再组合起来成为字符串数组，所以 str2 是一个具有 11 个字符串的字符串数组，占用了 690 字节的内存空间。最后比较了 string 函数和 strings 函数的差异，string 函数可以用于将输入参数内容转化成为字符串，而 strings 函数则用于创建字符串数组，在本例中创建了 2 行 2 列的字符串数组，每个元素都是空字符串，用户可以接着为每个字符串数组的元素赋值，例如接着在 MATLAB 命令行窗体中键入命令：

```
>> s2(1) = "Hello";s2(2) = "MOTO!";s2(3) = "Hello again";s2(4) = "MATLAB World!"
```

```
s2 =
    2×2 string array
      "Hello"      "Hello again"
      "MOTO!"      "MATLAB World!"
```

可以看到，字符串数组的每个元素就是一个单独的字符串，其内容、长度可以分别独立不相关，这一点和字符矩阵有明显的差异。

MATLAB 为字符串数组创建了一些特殊的赋值，包括无内容字符串(Empty String)和空内容字符串(Missing Value)，其中空内容的字符串相当于字符串类型的"NaN"。字符向量也可以为空，此时空字符向量的特性与之前介绍的空数组特性类似，见例 3-22。

【例 3-22】　空字符串和无内容字符串。

在 MATLAB 命令行窗体中键入下面的命令：

```
>> c1 = '' %这里是连续两个单引号
c1 =
    0×0 empty char array
>> s1 = "" %这里是连续两个双引号
s1 =
      ""
>> isempty(c1)
ans =
    logical
       1
>> isempty(s1)
ans =
    logical
       0
>> s2 = strings(1,3)
s2 =
    1×3 string array
      ""       ""       ""
>> s3 = strings(0,3)
s3 =
    0×3 empty string array
>> isempty(s3)
ans =
    logical
       1
>> s4 = string(missing)
s4 =
```

```
        <missing>
>> isempty(s4)
ans =
    logical
     0
>> ismissing(s4)
ans =
    logical
     1
>> str = [s1, "is", s4,"?"]
str =
    1×4 string array
      ""      "is"      <missing>      "?"
>> ismissing(str)
ans =
    1×4 logical array
     0    0    1    0
>> ch = char(s1)
ch =
    0×0 empty char array
>> ch = char(s4)
Error using char
Conversion of element 1 from <missing> to character vector is not supported.
>> whos
    Name      Size          Bytes   Class      Attributes
    ans       1x4               4   logical
    c1        0x0               0   char
    ch        0x0               0   char
    s1        1x1             150   string
    s2        1x3             258   string
    s3        0x3              96   string
    s4        1x1             104   string
    str       1x4             266   string
```

　　例 3-22 中的第一个命令是连续两个单引号，这一操作创建了空字符向量 c1，它也是 MATLAB 的空数组，用连续两个双引号，创建的是无内容的字符串 s1，但是 s1 并不是 MATLAB 的空数组。后面利用 strings 函数创建了 string 类型的空数组 s3。在创建字符串数组 s4 的时候使用了参数 missing，创建的字符串数组是空内容字符串，这类字符串相当于数值的 NaN。后面组合了字符串数组 str，其中之一的元素就是空内容字符串。无内容的字符串标量 s1 使用 char 函数可以转化成为空字符向量，转化的结果是空字符向量(空数组)，但是包含多个元素的字符串数组不能用 char 函数进行数据类型的转化。

 注意：

无内容的字符串数组和空内容的字符串数组可能会给读者带来一定的困扰。无内容字符串数组(Empty String Array)不是空数组(Empty Array)，它不仅仅占据一定的内存空间，也具有长度，例如例 3-22 中的变量 s1。空内容的字符串数组相当于数值的 NaN，必须用 missing 参数来创建以及用 ismissing 函数来判断，不能使用 "=="运算符，但是在 MATLAB 中却可以使用 "=="运算符来判断字符串数组是否为无内容字符串数组。

MATLAB 的工作空间浏览器可以显示字符串数组的内容，例如，运行了例 3-22 之后的工作空间浏览器如图 3-7 所示。

图 3-7　在工作空间浏览器中察看字符数组

字符串类型的变量具有特别的图标符号 ，例如变量 s1～s4 和 str 之前都具有该符号，表示该变量为字符串类型的数据。工作空间浏览器中只能简要显示字符串标量的内容，例如 s1 和 s4，分别为无内容的字符串和空内容的字符串。这些变量还可以在变量编辑器中打开并且编辑，例如利用变量编辑器打开变量 s4，如图 3-8 所示。

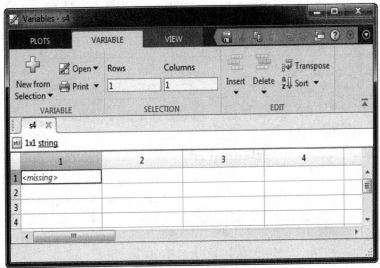

图 3-8　在变量编辑器中察看字符串数组

在变量编辑器之中还可以实现字符串数组的编辑工作，例如编辑变量 s4，如图 3-9 所示。

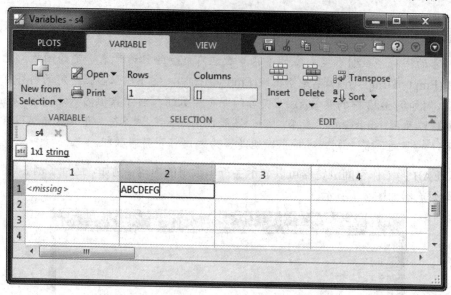

图 3-9　在变量编辑器中编辑字符串数组

3.4.3　处理字符向量和字符串的函数

在 MATLAB 中包含一系列函数用于处理字符向量或者字符串数组。现行版本的 MATLAB 中既可以使用字符向量，又可以使用字符串数组，这两种数据类型的变量都可以用来处理文本。字符串数组是在 Release 2016b 版本才引入的数据类型，所以大多数处理字符串数组的函数也都可以直接用于处理字符向量，但是反之不尽然。可以在 MATLAB 命令行窗体中键入指令 help strfun 察看完整的函数列表，表 3-7 列出了部分常用函数。

表 3-7　常用的字符向量或字符串操作函数

函数	说　　明
char	创建字符向量，将其他数组转变成为字符向量
string	将字符向量转化成为字符串数组
strings	创建字符串数组
ischar	判断变量是否是字符类型
isstring	判断变量是否为字符串类型
ismissing	判断字符串是否为空内容字符串
blanks	创建空白的字符向量(由空格符组成)
deblank	将字符串尾部的空格符全部删除
strcat	组合字符串，构成更长的字符串
strcmp	比较字符串，判断字符串是否一致
strncmp	比较字符串前 N 个字符，判断是否一致
strcmpi	比较字符串，比较时忽略字符的大小写
strncmpi	比较字符串前 N 个字符，比较时忽略字符的大小写

函数	说　　明
strfind	在第一个字符串中查询第二个字符串出现的索引
strjust	对齐排列字符串
strlength	返回字符串的长度
strrep	替换字符串中的子串
strtok	返回字符串中的第一个单词或者指定分隔符前的第一段子串
strtrim	删除字符串头尾的空格符
strsplit	将字符串分割成若干子串，默认根据空格符作为分割符
strjoin	将不同的字符串组合起来
upper	将字符串的字符都转变成为大写字符
lower	将字符串的字符都转变成为小写字符

下面结合具体的示例讲解部分函数的具体用法。

【例 3-23】 组合字符串示例。

在 MATLAB 命令行窗体中键入下面的命令：

```
>> a = 'Hello';
>> b = 'MOTO!';
>> c1 = strcat(a,b)
c1 =
    'HelloMOTO!'
>> c2 = [a , b]
c2 =
    'HelloMOTO!'
>> c3 = a + b
c3 =
    149    180    192    187    144
>> c4 = char(a,b)
c4 =
  2×5 char array
    'Hello'
    'MOTO!'
>> s1 = string(a);s2 = string(b);
>> s3 = s1 + b
s3 =
    "HelloMOTO!"
>> s4 = [a , s2]
s4 =
  1×2 string array
```

```
              "Hello"         "MOTO!"
    >> s5 = [s1;s2]
    s5 =
      2×1 string array
        "Hello"
        "MOTO!"
```

例 3-23 中，首先创建了字符向量然后利用 strcat 函数以及"[]"操作符等演示了如何组合字符向量，char 函数不仅可以用于创建字符向量，还能够将不同的字符向量组合起来构成字符矩阵。注意"+"运算符在处理字符向量和字符串数组时取得的不同效果。在现行版本的 MATLAB 中，字符串数组具有较高的优先级，如果混合字符向量和字符串数组进行运算，则最终的处理结果往往是字符串数组类型的数据。另外，读者可以尝试一下，在使用"[]"运算符组合字符向量时，如果使用";"分隔符会出现怎样的效果。

 提示：

字符向量组合操作函数中，还具有名为 strvcat 的函数，该函数是濒临淘汰的函数，MATLAB 推荐大家多使用 char 函数完成字符向量的组合。

【例 3-24】 字符串比较函数应用示例。

在 MATLAB 命令行窗体中键入如下的命令：

```
    >> s1 = "This is the First String!";
    >> s2 = "This is the Second String!";
    >> s3 = 'This is the Third One!';
    >> c = char([s1,s2,s3])
      1×26×3 char array
    c(:,:,1) =
        'This is the First String! '
    c(:,:,2) =
        'This is the Second String!'
    c(:,:,3) =
        'This is the Third One!     '
    >> s = string([s1,s2,s3])
    s =
      1×3 string array
        "This is the First String!"    "This is the Second String!"    "This is the Third One!"
    >> strcmp(s,c)
    ans =
      1×3 logical array
       0   0   0
    >> strcmp(s(2),c(:,:,2))
```

```
  ans =
    logical
      1
>> isequal(s(2),c(:,:,2))
  ans =
    logical
      1
>> c = char([s1;s2;s3])
  c =
    3×26 char array
      'This is the First String! '
      'This is the Second String!'
      'This is the Third One!     '
>> strcmp(s,c)
  ans =
    1×3 logical array
      1    1    1
>> isequal(s,c)
  ans =
    logical
      0
```

例 3-24 接着演示了如何使用 char 函数组合字符串和字符向量成为字符矩阵和使用 string 函数组合字符串和字符向量成为字符串数组的方法。需要强调的是，在组合成字符矩阵的时候，由于 MATLAB 要求参与组合的字符矩阵行列具有相同的长度，对于较短的字符向量会使用空格符来扩充使其与其余的字符向量等长。然后使用 strcmp 函数进行了字符串的比较。使用 isequal 函数也可以比较两个或两个以上字符串的内容是否一致。

伴随着字符串类型的引入，MATLAB 在 Release 2016 版中增加了相应的函数用于处理字符串数组，部分函数在表 3-8 中列出。这些函数不仅可以处理字符串数组，也可以处理字符向量。但是如果读者编写的代码需要运行于相对较旧版本的 MATLAB 环境，则不能使用表 3-8 中所列的函数。

表 3-8　MATLAB Release 2016b 加入的字符串操作函数

函　数	说　　明
contains	判断字符串内是否包含有指定的子串内容
count	统计字符串内是否存在指定子串内容以及其重复次数
erase	将指定的子串内容从字符串内删除
eraseBetween	将指定的子串内容从字符串指定的范围之间删除
extractAfter	从指定位置或者子串之后提取子串
extractBefore	从指定位置或者子串之前提取子串
extractBetween	从指定位置范围之间提取子串

函　数	说　　明
insertAfter	在指定位置之后插入子串
insertBefore	在指定位置之前插入子串
replace	将字符串内指定的内容用新的子串内容替代
replaceBetween	将字符串指定范围内的相关内容用新的子串内容替代
reverse	将字符串的内容倒叙
split	默认根据空格符作为分隔符来分割字符串
splitlines	根据分行符将字符串分割
join	将字符串数组的行向量组合在一起
pad	在字符串数组的元素指定位置增加字符，默认在尾部增加空格
startsWith	判断字符串是否以相应的字符开头
endsWith	判断字符串是否以相应的字符结尾
strip	从字符串的头尾处删除字符，默认删除空格符

通过前面的介绍可以了解到对字符向量只需要通过索引就可以获取向量的部分内容，或者称之为字符串的子串，但是对于字符串数组则无法使用索引的方法来获取子串，这时就需要使用表 3-8 中所列的某些函数，见例 3-25。

【例 3-25】　生成字符串的子串示例。

在 MATLAB 命令行窗体中键入下面的命令：

```
>> str = ["Bond, James Bond!";...
"An Martini, Shaken, not Stirred!";...
"Mm-hmm, What else?"];
>> contains(str,',')
ans =
    3×1 logical array
    1
    1
    1
>> s1 = extractAfter(str,',')
s1 =
    3×1 string array
      " James Bond!"
      " Shaken, not Stirred!"
      " What else?"
>> s2 = extractBefore(str,',')
s2 =
    3×1 string array
      "Bond"
```

```
        "An Martini"

        "Mm-hmm"

>> s3 = extractAfter(str,10)

s3 =

    3×1 string array

        "s Bond!"

        ", Shaken, not Stirred!"

        "at else?"

>> s4 = extractBefore(str,10)

s4 =

    3×1 string array

        "Bond, Jam"

        "An Martin"

        "Mm-hmm, W"

>> s5 = replace(str,""",'-')

s5 =

    3×1 string array

        "-B-o-n-d-,- -J-a-m-e-s- -B-o-n-d-!-"

        "-A-n- -M-a-r-t-i-n-i-,- -S-h-a-k-e-n-,- -n-o-t- -S-t-i-r-r-e-d-!-"

        "-M-m---h-m-m-,- -W-h-a-t- -e-l-s-e-?-"
```

例 3-25 中，首先使用 contains 函数查询字符串数组中是否包含有相应的内容 ","，该函数返回值是逻辑类型数组。然后使用 extractAfter 和 extractBefore 函数分别获取了 "," 之后和 "," 之后的子串。这两个函数也可以获取字符串指定位置之后和之前的子串。最后使用 replace 函数替换了字符串数组中的无内容字符串。通过本例的命令执行效果可看到，字符串类型的数据默认包含有无内容字符串，所以例子中的替换操作在每个字符前后都增加了字符 "-"，但是空格符例外。

 注意：

字符串数组类型是自 MATLAB Release 2016b 版本引入的数据类型，而字符数组是自 MATLAB 第一个版本开始就存在的基础数据类型。绝大部分 MATLAB 自带函数从 Release 2018b 版本开始对两种数据类型都可兼容。读者自己或者第三方开发的工具箱或算法函数则不一定能够做到对新的数据类型完全兼容。因此需要开发人员对现有代码进行一定的修改。而在新版本的 MATLAB 中开发算法函数的时候，也需要注意所谓的向前兼容的问题，做到真正的跨平台跨版本运行。

3.4.4　格式化字符串

通过之前的章节介绍可知，MATLAB 允许在数值类型和字符类型之间进行数据转换。不过这种转换是数值上的转化，所有数据输出均按照 format 命令定义的格式来实现。数据需要具有多种格式的输出形式，例如浮点数输出时需要显示足够的小数点后有效位，而对于整数数据还可以采用诸如十进制、二进制或者十六进制的表现方式。而在 MATLAB 中，需要利用格式化字符以及对应的函数来将数据转化成为字符串，其中也包含了数制转换等操作。表 3-9 列举了 MATLAB 的格式化字符。

表 3-9　MATLAB 的格式化字符

字　　符	说　　明
%c	显示内容为单个字符
%s	显示内容为字符串或者字符向量
%f	采用浮点格式表示数值
%e	采用科学技术法表示，使用小写的字符 e
%E	采用科学技术法表示，使用大写的字符 E
%g	不定，在%e 或者%f 之间选择一种形式
%G	不定，在%E 或者%f 之间选择一种形式
%d 或 %i	表示为十进制有符号的整数
%o	表示为八进制无符号的整数
%u	表示为十进制无符号的整数
%x	表示为十六进制无符号整数，使用小写的字符
%X	表示为十六进制无符号整数，使用大写的字符

表 3-10 列举了较常用的数字与字符之间的转换函数。

表 3-10　数字和字符之间的转换函数

函　　数	说　　明
num2str	将数字转变成为字符向量
str2double	将字符向量转变为双精度类型的数据
int2str	将整数转变成为字符向量
mat2str	将矩阵转变成为可被 eval 函数使用的字符向量
str2num	将字符向量转变为数字
sprintf	使用格式化字符串，实现格式化输出
sscanf	读取格式化字符串，实现格式化输入
compose	将数据格式化后转换为字符串并且处理其中的特殊字符

在表 3-10 所列出的数字与字符之间相互转换的函数中，最常用的函数是 num2str 和 str2num 两个函数，前者可以将任意数字转化成为指定格式的字符向量，而后者可以将字符向量或者字符串转化成为相应的数值，这里先通过简单的示例来了解其使用方法。

【例 3-26】　num2str 函数和 str2num 函数的用法示例。

在 MATLAB 命令行窗体中键入下面的命令：

```
>>format long
>> a = randn(2)
a =
    -0.576858745335125    1.613104155601954
```

```
        0.825189053682867    1.215922182337763
>> num2str(a,6)
ans =
    2×22 char array
      '-0.576859         1.6131'
      ' 0.825189        1.21592'
>> num2str(a,7)
ans =
    2×24 char array
      '-0.5768587       1.613104'
      ' 0.8251891       1.215922'
>> num2str(a,'%.7f')
ans =
    2×20 char array
      '-0.5768587 1.6131042'
      ' 0.8251891 1.2159222'
>> c = '13800138000';
>> s = "18601000100";
>> str2num(c)
ans =
         1.380013800000000e+10
>> str2num(s)
ans =
         1.860100010000000e+10
>> str = [s,c]
str =
    1×2 string array
      "18601000100"    "13800138000"
>> str2num(str)
Error using str2num (line 35)
Input must be a character vector or string scalar.
>> str2double(str)
ans =
    1.0e+10 *
    1.860100010000000    1.380013800000000
>> format short
>> A = str2num("1 + 2i")
A =
    1.0000 + 2.0000i
```

```
>> B = str2num("1 +2i")
B =
```

      1.0000 + 0.0000i   0.0000 + 2.0000i

    在例 3-26 中，首先使用 num2str 函数将数字转化为字符串，转化的时候可以指定数据的有效位或者使用格式化字符指定数据的输出格式。例如本例中第一次和第二次调用 num2str 函数，参数 6 和 7 分别制定了最终输出的数据有效位数，第三次调用 num2str 函数的时候使用"%.7f"表示输出的数据需要具有小数点后 7 位有效数字，同时每个双精度的行向量转化成为了字符矩阵的字符行向量。接着使用了 str2num 函数将字符串转化为相应的数值。该函数可以处理字符向量或者字符串标量，但是不能处理字符串数组。如果输入参数是字符串数组则需要使用 str2double 函数来完成字符串数组向数值矩阵的转化。使用 str2num 函数时还需要注意字符串里面的空格。例如在本例中转换生成变量 A 和 B 时得到了不同的结果，主要原因是转化变量 A 的字符串加号前后都有空格，转换变量 B 的字符串字符"1"和字符"+2i"之间存在空格，而加号"+"和字符"2i"之间没有空格，所以 str2num 函数给出了不一样的结果，这种现象也可以通过使用 str2double 函数来避免。请读者自行尝试使用 str2double 函数重复上面的例子，将字符串或者字符向量转化为双精度的数值，并且体会一下两个函数的差异。

    MATLAB 默认的数值显示形式采用十进制浮点格式双精度数据类型，相应的数据也可以采用例如二进制或者十六进制来显示，这个时候需要用数制转化函数来实现双精度类型数据或者整数类型数据向不同进制数据字符串的转化，这些函数在表 3-11 中列出。

表 3-11   不同整数数制之间的转换函数

函　数	说　　明
hex2num	将 IEEE 754 标准格式十六进制字符串转变成为浮点数据
num2hex	将浮点数据转化为 IEEE754 标准格式的十六进制字符串
hex2dec	将十六进制整数字符向量转变成为十进制整数
dec2hex	将十进制整数转变成为十六进制整数字符向量
bin2dec	将二进制整数字符向量转变成为十进制整数
dec2bin	将十进制整数转变成为二进制整数字符向量
base2dec	将指定数制类型的数字字符向量转变成为十进制整数
dec2base	将十进制整数转变成为指定数制类型的数字字符向量

    在表 3-11 所列的函数中，hex2num 函数和 num2hex 函数是基于 IEEE 754 标准的双精度浮点格式数值与其十六进制表达之间相互转换的函数。关于 IEEE 754 标准与浮点数标准格式定义请读者参阅相关的标准或者参考书籍。此外，还需要注意表 3-11 中各种数制转换函数的输入参数和输出参数的类型，请读者仔细阅读 MATLAB 的帮助文档来了解函数的具体使用方法，这里举例简要说明。

    【例 3-27】 数制转换函数示例。

    在 MATLAB 命令行窗体中键入下面的命令：

```
>> a = 255
a =
```

```
        255
>> h = dec2hex(a)
h =
        'FF'
>> b = dec2bin(a)
b =
        '11111111'
>> s = "0x0A0A";
>> str2num(s)
ans =
    uint16
        2570
>> hex2dec(s)
ans =
            2570
>>whos
    Name        Size                Bytes   Class       Attributes
    a           1x1                     8   double
    ans         1x1                     8   double
    b           1x8                    16   char
    h           1x2                     4   char
    s           1x1                   150   string
>> dec2base(a,5)
ans =
        '2010'
```

例 3-27 演示了部分数制转换函数的使用方法。首先需要注意将 255 数值转换为十六进制、二进制的时候，相应函数输出参数数据类型都是字符向量。本例使用 str2num 和 hex2dec 两个函数将十六进制数值字符串转换为实际数值，str2num 函数输入参数的字符串内容输出了无符号 16 位整数数据，而 hex2dec 函数的输出参数数据类型是双精度数据类型。最后使用了 dec2base 函数将十进制数据 a 转变成为了五进制数据的字符向量，该函数的第二个参数就是所期望的结果数制。读者可以尝试使用 base2dec 函数将类似特殊数制的数值内容字符向量转换为十进制的双精度数据类型数值。

3.4.5　格式化输入/输出

和很多高级编程语言类似，MATLAB 能够进行格式化的输入/输出，也就是将数据转化为一定格式的字符串，或者将字符串中的内容依照指定的格式转换为数据，这是高级编程语言所必备的一种能力，也是程序运行过程中所必备的交互能力。格式化的输入/输出需要利用在表 3-9 中总结的格式化字符以及对应的函数，例如前面小节介绍的 num2str 函数就实现了数值按照一定格式向字符向量转化，而 str2num 函数实现了从字符向量向数值的转化。在 MATLAB 中，还提供了另外两个函数用来进行格式化的输入和输出，这两个函数分别为 sscanf 和 sprintf。其中，sscanf 函数用来从字符向量或者字符串中获取数据，它的基本语法结构如下：

> A = sscanf(s,formatstr)

> A = sscanf(s,formatstr,sizeA)

在 sscanf 函数的参数中，s 为包含数据的字符向量或者字符串，formatstr 是格式化字符向量，而 size 是结果矩阵的尺寸，这里举例来说明该函数的基本使用方法。

【例 3-28】 使用 sscanf 函数实现格式化输入。

在 MATLAB 命令行窗体中键入下面的命令：

```
>> chr = '2.718281828459045    3.141592653589793 1.618033988749895 2.685452001065306';
>> A = sscanf(chr,'%f')
A =
     2.7183
     3.1416
     1.6180
     2.6855
>> B = str2num(chr)
B =
     2.7183      3.1416      1.6180      2.6855
>> A = sscanf(chr,'%f',[2 2])
A =
     2.7183      1.6180
     3.1416      2.6855
>> A = sscanf(chr,'%e %g %d %f')
A =
     2.7183
     3.1416
     1.0000
     0.6180
     2.6855
>> str = "0 2 4 8 16 32 64 128 256";
>> C = sscanf(str,'%d',[2 5])
C =
     0      4     16     64    256
     2      8     32    128      0
```

在例 3-28 中，首先分别使用 sscanf 函数和 str2num 函数将字符向量 chr 转化为双精度的变量，sscanf 函数默认输出了列向量而 str2num 函数默认输出了行向量。sscanf 函数可以指定输出的矩阵具体尺寸。在使用 sscanf 函数进行格式化的输入时，注意输入数据格式与格式化字符向量之间的匹配，否则得到的结果可能不正确，例如本例子中使用格式化字符包含 "%d" 来转化字符向量，最后得到了 5 个元素的列向量。最后的指令用 sscanf 函数将字符串标量转化为矩阵，可以看到 str 字符串中包含了 9 个整数，但是函数通过 sizeA 参数强制创建一个 2 行 5 列共有十个元素的矩阵，因此矩阵的第 10 个元素也就是最有一个元素用数字 0 来替代。

 提示：

例 3-28 中的字符向量 chr 所包含的四个常数分别是自然对数底数 e、圆周率 π、黄金分割常数 φ 和 Khinchin 常数。

格式化的输出函数是 sprintf 函数，该函数的基本语法如下：

    str = sprintf(formatstr , A , …)

其中，formatstr 是格式化字符向量，A 为输出的数据，而 str 则是函数将数据格式化得到的输出结果，这个函数与 C 语言的 printf 函数很类似，如果对 C 语言很熟悉则理解该函数也不会存在任何问题。

【例 3-29】 使用 sprintf 函数实现格式化输出。

在 MATLAB 命令行窗体中键入下面的命令：

```
>> chr = '2.718281828459045   3.141592653589793 1.618033988749895 2.685452001065306';
>> A = str2num(chr);
>> B = [1/eps, -eps, realmax, realmin];
>> s1 = sprintf('%+13.7f',A)
s1 =
    '   +2.7182818    +3.1415927    +1.6180340    +2.6854520'
>> s1 = sprintf('%+13.7f, %+13.6f, %+13.5f, %+13.4f', A)
s1 =
    '   +2.7182818,     +3.141593,      +1.61803,       +2.6855'
>> s2 = sprintf('%-.5e   ',B)
s2 =
    '+4.50360e+15   -2.22045e-16   +1.79769e+308   +2.22507e-308   '
>> s3 = sprintf('%s %.5f',[65,66,67,pi])
s3 =
    'ABC 3.14159'
>> s4 = sprintf('%s %.5f',[pi,65,66,67])
s4 =
    '3.141593e+00 65.00000BC '
>> nstr = [66    111    110    100    44    32    74    97    109    101    115 …
    32    66    111    110    100    33];
>> s5 = sprintf('%d',nstr)
s5 =
```

'6611111010044327497109101115326611111010033'

>> s6 = sprintf('%s',nstr)

s6 =

'Bond, James Bond!'

在例 3-29 中使用了 sprintf 函数实现了数据的格式化输出成为字符向量，这里需要读者注意如下几点：

■　格式化字符向量若包含了 "+"，则表示在输出的字符向量中包含数据的符号，例如在输出 s1 和 s2 字符向量时，那些正值的数值都包含了正号；

■　利用 "%f" 或者 "%e" 等格式化字符输出浮点数值时，可以指定数据的有效位总数和小数位数；

■　对于整数数值进行格式化输出时，如果使用 "%s" 作为格式化字符，则会将对应的整数数值作为 Unicode 值转化成为对应的字符，例如字符向量 s3、s4 和 s6 的输出结果；

■　对双精度数值进行格式化输出时，如果使用 "%s" 作为格式化字符，则 MATLAB 会用 "%e" 来替代 "%s"，就像字符向量 s4 的第一段内容那样。

 注意：

如果在使用 sprintf 函数创建格式化输出字符向量或者字符串时，若格式化字符是以字符串(用双引号)形式出现，则函数的输出为字符串，若格式化字符是以字符向量(用单引号)形式出现，就像例 3-29 那样使用的格式化字符是以字符向量形式出现时，则函数的输出为字符向量。

除了这些格式化字符外，MATLAB 还支持那些在 C 语言中就包含的特殊字符，例如回车符、制表符等，MATLAB 中包含的特殊字符如表 3-12 所示。

表 3-12　MATLAB 中所包含的特殊字符

特殊符号	实际输出
''	连续两个单引号将输出一个单引号
%%	连续两个百分号将输出一个百分号
\\	连续两个反斜杠将输出一个反斜杠
\a	输出警告符合
\b	输出退格符
\f	输出进页符
\n	输出换行符
\r	输出回车符
\t	输出制表符
\v	输出垂向制表符
\xN	将 N 作为十六进制数值输出其 Unicode 编码值对应的字符
\N	将 N 作为八进制数值输出其 Unicode 编码值对应的字符

在表 3-10 中所列的 compose 函数是 MATLAB Release 2016b 版本加入的函数，可以完

成数据的格式化输出，并生成字符串，或者如果字符串中包含了表格 3-12 所列出的特殊字符，则 compose 函数会将其转化成为实际的字符，这里通过例子来说明一下该函数的使用方法。

【例 3-30】 使用 compose 函数实现格式化输出。

在 MATLAB 命令行窗体中键入下面的命令：

```
>> chr = '2.718281828459045    3.141592653589793 1.618033988749895 2.685452001065306';
>> s1 = compose("%+13.7f,", chr)
s1 =
   1×4 string array
     "    +2.7182818,"    "    +3.1415927,"    "    +1.6180340,"    "    +2.6854520,"
>> s2 = compose("%s %.5f",[65,66,67,pi])
s2 =
     "ABC 3.14159"
>> nstr = [66    111    110    100    44    32    74    97    109    101    115 ...
32    66    111    110    100    33];
>> s3= compose("%s",nstr)
s3 =
     "Bond, James Bond!"
>> s4= compose("%s\b",nstr)
s4 =
     "Bond, James Bond"
>> s5= compose("%s\t",nstr)
s5 =
     "Bond, James Bond!    "
>> s6= compose('%s\t',nstr)
S6 =
   1×1 cell array
     {'Bond, James Bond!→'}
```

通过例 3-30 的运行效果可以看到 compose 函数可以将数值矩阵内的每个元素分别转化成为字符串，最终构成字符串数组，所以 s1 是一个具有四个字符串的字符串数组。而后 compose 函数与 num2str 或者 sprintf 函数执行起来的效果大体上差不多，例如例子中创建 s2 和 s3 的结果，只不过 compose 函数默认处理的是字符串数组而输出的结果也是字符串数组。后面的 s4、s5 字符串里面包含了特殊字符，读者可以尝试一下使用 sprintf 函数替代 compose 函数的效果。最后的 compose 命令执行创建 s6 时使用了格式字符向量，而不是格式字符串，因此 s6 的结果是元胞数组，其元素为由字符向量组成的元胞。关于元胞数组将在本书 3.5 小节详细介绍。

编程语言必须具有与用户进行输入交互的能力，在 MATLAB 中可以使用 input 函数来完成类似的功能，它的基本用法如下：

```
A = input(prompt);
```

A = input(prompt,'s')

其中，prompt 为提示用的字符向量或者字符串，若具有第二个参数 's' 或者 "s"，则输入数据为字符向量，否则为双精度数据，参见例 3-31。

【例 3-31】 使用 input 函数的例子。

在 MATLAB 命令行窗体中键入下面的命令：

```
>> A = input("Please input some number or expression:")
Please input some number or expression:123
A =
    123
>> whos
    Name        Size                Bytes  Class      Attributes
    A           1x1                     8  double
>> A = input("Please input some number or expression:")
Please input some number or expression:(1+2i)*sqrt(3)
A =
    1.7321 + 3.4641i
>> A = input("Please input some number or expression:","s")
Please input some number or expression:(1+2i)*sqrt(3)
A =
    '(1+2i)*sqrt(3)'
>> whos
    Name        Size                Bytes  Class      Attributes
    A           1x14                   28  char
```

注意比较前后通过输入数字或者表达式得到变量 A 的数据类型，在使用 input 函数时，若第二个参数指定为 's' 的时候，则输入数据默认为字符向量的格式。

提示：

在使用 input 函数时可以使用命令行历史，通过光标上下键从历史命令中找到自己需要的命令，不过不会出现命令行历史窗体。另外，只有在完成 input 输入之后，相应的变量或者工作空间浏览器才会被刷新，所以当 input 函数在脚本文件中使用时，只有脚本文件完成执行之后，才能从工作空间浏览器中看到相应的变量发生了变化。关于脚本文件将在本书第 4 章中详细介绍。

3.5　元 胞 数 组

元胞数组是 MATLAB 独有的一种数据类型，可以将元胞数组看作一种无所不包的通用矩阵，或者叫作广义矩阵。组成元胞数组的元素可以是任何一种数据类型的常数或者常量，每一个元素也可以具有不同的尺寸，每一个元素的内容也可以完全不同，因此每一个元素所占用的内容空间也可能差别巨大。元胞数组的元素叫作元胞(cell)，元胞数组的内存空间由 MATLAB 动态分配。

3.5.1 元胞数组的创建

组成元胞数组的内容可以是任意类型的数据，所以创建元胞数组之前需要创建组成元胞数组的数据。本小节将结合具体的实例讲述创建元胞数组的方法和步骤。

【例 3-32】 创建元胞数组。

在 MATLAB 命令行窗体中键入下面的命令：

```
>> A = {zeros(2,2,2) , 'Hello' ; 17.35,1:100}

A =

  2×2 cell array

    {2×2×2 double}    {'Hello'      }
    {[    17.3500]}    {1×100 double}

>> B = [{zeros(2,2,2)},{'Hello'};{17.35},{1:100}]

B =

  2×2 cell array

    {2×2×2 double}    {'Hello'      }
    {[    17.3500]}    {1×100 double}

>> C = {1}

C =

  1×1 cell array

    {[1]}

>> C(2,2) = {3}

C =

  2×2 cell array

    {[        1]}    {0×0 double}
    {0×0 double}    {[        3]}

>> isequal(A,B)

ans =

  logical

   1

>> whos
  Name      Size              Bytes   Class     Attributes

  A         2x2                1298   cell
  B         2x2                1298   cell
  C         2x2                 240   cell
```

　　ans　　　　　1x1　　　　　　　　　　　　1　logical

　　创建元胞数组需要使用运算符花括号——"{}"，例如在例 3-32 中创建数组 A 的时候，使用花括号将不同类型和尺寸的数据组合在一起就构成了一个元胞数组，在这个数组中有标量、多维数组、向量和字符向量。注意创建数组 B 时使用了另外一种方法，该方法是将数组的每一个元素先使用花括号括起来，然后再用数组创建的符号方括号——"[]"将这些元素组合起来。这时创建的数组 B 和前面创建的数组 A 完全一致，通过 isequal 函数的运行就可以看出。还有一种创建元胞数组的方法，如创建数组 C 时所用的方法，相当于利用 MATLAB 能够自动扩展数组的尺寸的能力，那些没有被明确赋值的元素则作为空元胞存在。

 注意：

　　元胞数组占用的内存空间和元胞数组的内容相关，不同的元胞数组占用的内存空间不尽相同。另外，在显示元胞数组内容时，对于内容较多的元胞，显示的内容为元胞的数据类型和尺寸，例如显示数组 A 时的三维数组和长度为 100 的向量。

　　一般来说，构成元胞数组的数据类型可以是：
- 字符向量或者字符串；
- 数值类型的数据；
- 稀疏矩阵；
- 元胞数组；
- 结构对象；
- 其他 MATLAB 数据类型。

每一个元胞数据也可以为
- 标量；
- 向量；
- 矩阵；
- N 维数组。

MATLAB 还提供了函数 cell 可以用于创建元胞数组，见下面的例子。

【例 3-33】 创建元胞数组。

在 MATLAB 命令行窗体中键入下面的命令：
```
>> A = cell(1)
A =
  1×1 cell array
    {0×0 double}
>> B = cell(3,2)
B =
  3×2 cell array
    {0×0 double}    {0×0 double}
    {0×0 double}    {0×0 double}
    {0×0 double}    {0×0 double}
```

```
>> C = cell(2,2,2)
   2×2×2 cell array
C(:,:,1) =
     {0×0 double}      {0×0 double}
     {0×0 double}      {0×0 double}
C(:,:,2) =
     {0×0 double}      {0×0 double}
     {0×0 double}      {0×0 double}
>> whos
   Name      Size            Bytes    Class     Attributes
   A         1x1                 8    cell
   B         3x2                48    cell
   C         2x2x2              64    cell
```

　　cell 函数的作用是用来创建空元胞数组，该函数可以创建一维、二维或者多维元胞数组，但是创建的数组默认都为空元胞。这里需要注意区别空数组和空元胞之间内存占用的区别，从例 3-33 可以看出，元胞数组的每个空元胞占用 8 字节的内存空间。

 注意：

　　使用 cell 函数创建空元胞数组的主要目的是为数组预先分配连续的存储空间，让相应的数据保持在连续的存储内，这样可以提高程序执行的效率。有关空元胞数组的元胞赋值将在 3.5.2 小节中讲述。

3.5.2　元胞数组基本操作

　　元胞数组的基本操作主要包括对元胞数组的元素——元胞和元胞所包含的数据进行访问、修改等操作，还有元胞数组的扩展、收缩或者重组。与操作一般的数值类型数组类似，大多数操作数值数组的函数也可以应用于处理元胞数组。本小节将结合具体的实例讲述元胞数组的基本操作。

　　【例 3-34】　元胞数组的访问。

　　在 MATLAB 命令行窗体中键入下面的命令：

```
>> A = {zeros(2,2,2) , 'Hello' ; 17.35,int16(1:10)}
A =
   2×2 cell array
     {2×2×2 double}      {'Hello'  }
     {[     17.3500]}      {1×10 int16}
>> B = A(1,2)
B =
   1×1 cell array
     {'Hello'}
```

```
>> whos
  Name      Size              Bytes  Class     Attributes
  A         2x2                 518  cell
  B         1x1                 114  cell
```

在例 3-34 中，使用圆括号"( )"通过索引的方式直接访问了元胞数组的元胞，获取的数据也是一个元胞数组。再来看下面的例子。

【例 3-35】 元胞元素的访问。

在 MATLAB 命令行窗体中键入下面的命令：

```
>> A = {zeros(2,2,2) , 'Hello' ; 17.35,int16(1:10)};
>> C = A{1,2}
C =
    'Hello'
>> whos
  Name      Size              Bytes  Class     Attributes
  A         2x2                 518  cell
  C         1x5                  10  char
```

在例 3-35 中，使用花括号"{ }"直接获取了元胞数组的元胞内容，和前一个例子比较一下，变量 B 的类型为元胞，但是变量 C 的类型是字符向量，这就是访问元胞数组的两种操作符——"{ }"和"( )"之间的不同之处。

【例 3-36】 元胞元素的访问。

若需要访问元胞元素内部的成员，则需要将"{ }"运算符和"( )"结合起来使用。

在 MATLAB 命令行窗体中键入下面的命令：

```
>> A = {zeros(2,2,2) , 'Hello' ; 17.35,int16(1:10)};
>> D = A{1,2}(4)
D =
    'l'
>> E = A{2,2}(5:end)
E =
  1×6 int16 row vector
    5    6    7    8    9   10
>> F = A{2,2}([1 3 5])
F =
  1×3 int16 row vector
    1    3    5
>> whos
  Name      Size              Bytes  Class     Attributes
  A         2x2                 518  cell
  C         1x5                  10  char
```

D	1x1	2	char
E	1x6	12	int16
F	1x3	6	int16

将不同的括号——花括号、圆括号和方括号结合起来可以灵活访问元胞元素的内部成员及其具体数据，例如在例 3-36 创建变量 F 的时候使用了三种括号访问了向量的元素。

元胞数组的扩充、收缩和重组的方法和数值数组大体相同，见下面的例子。

【例 3-37】　元胞数组的扩充。

在 MATLAB 命令行窗体中键入下面的命令：

```
>> A = {zeros(2,2,2) , 'Hello' ; 17.35,int16(1:10)};
>> B = cell(2);
>> B(:,1) = {char('Hello','Welcome');10:-1:5}
B =
  2×2 cell array
    {2×7 char   }    {0×0 double}
    {1×6 double}    {0×0 double}
>> C = [A , B]
C =
  2×4 cell array
    {2×2×2 double}    {'Hello'    }    {2×7 char   }    {0×0 double}
    {[   17.3500]}    {1×10 int16}    {1×6 double}    {0×0 double}
>> D = [A , B ; C]
D =
  4×4 cell array
    {2×2×2 double}    {'Hello'    }    {2×7 char   }    {0×0 double}
    {[   17.3500]}    {1×10 int16}    {1×6 double}    {0×0 double}
    {2×2×2 double}    {'Hello'    }    {2×7 char   }    {0×0 double}
    {[   17.3500]}    {1×10 int16}    {1×6 double}    {0×0 double}
>> whos
  Name      Size          Bytes  Class      Attributes
  A         2x2             518  cell
  B         2x2             300  cell
  C         2x4             818  cell
  D         4x4            1636  cell
```

重组或者收缩元胞数组的方法和数值数组相应的操作基本一致，见例 3-38。

【例 3-38】　元胞数组的收缩和重组。

接上例，在 MATLAB 命令行窗体中键入下面的命令：

```
>> D(2,:) = []
D =
```

3×4 cell array

{2×2×2 double}	{'Hello'　}	{2×7 char　}	{0×0 double}
{2×2×2 double}	{'Hello'　}	{2×7 char　}	{0×0 double}
{[　　17.3500]}	{1×10 int16}	{1×6 double}	{0×0 double}

\>> E = reshape(D,2,2,3)

2×2×3 cell array

E(:,:,1) =

| {2×2×2 double} | {[17.3500]} |
| {2×2×2 double} | {'Hello'　} |

E(:,:,2) =

| {'Hello'　} | {2×7 char} |
| {1×10 int16} | {2×7 char} |

E(:,:,3) =

| {1×6 double} | {0×0 double} |
| {0×0 double} | {0×0 double} |

\>> whos

Name	Size	Bytes	Class	Attributes
A	2x2	518	cell	
B	2x2	300	cell	
C	2x4	818	cell	
D	3x4	1240	cell	
E	2x2x3	1240	cell	

从例 3-38 中可以看出，MATLAB 的元胞数组除了包含的数据类型可以非常丰富多样，其他的操作都和一般的数值数组的操作一样。

元胞数组在工作空间浏览器中仅仅显示其变量名称以及元胞数组的大小，每个元胞数组之前具有特殊的图标{}，具体内容不显示出来，如图 3-10 所示。

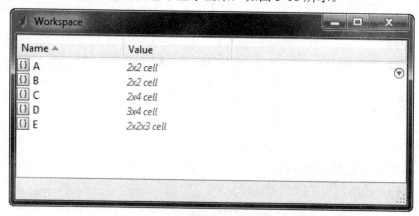

图 3-10　工作空间浏览器中的元胞数组

在变量编辑器当中可以察看并且编辑元胞数组的内容，例如用变量编辑器打开例 3-34

中的变量 A，如图 3-11 所示。

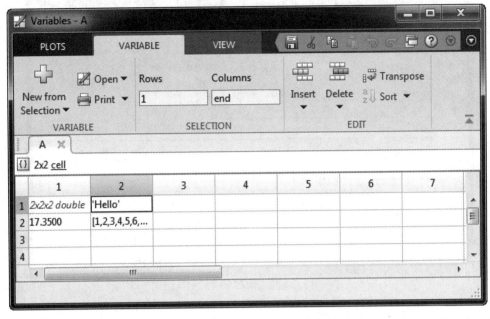

图 3-11　变量编辑器察看元胞数组

如果需要编辑元胞数组的内容，则用鼠标双击元胞数组中的相应元素，例如双击第一行第二列的字符向量，则变量编辑器在新的变量页中将自动打开该元胞，这样就可以编辑其内容了，如图 3-12 所示。

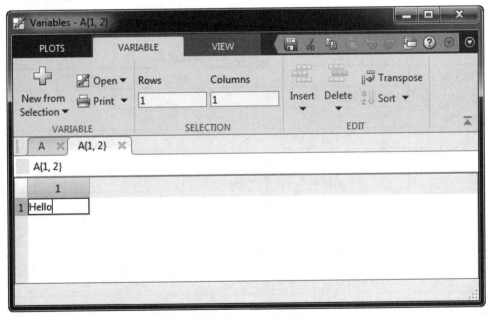

图 3-12　变量编辑器编辑元胞数组的内容

例如，此时给这一元胞的内容增加一些字符，编辑完毕之后相应的结果如图 3-13 所示。

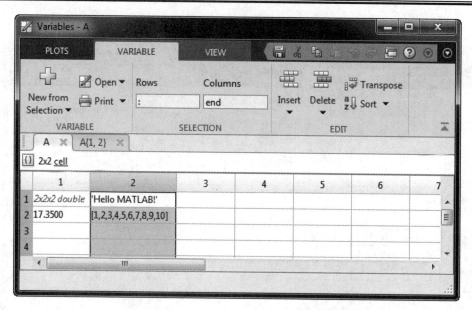

图 3-13　变量编辑器察看元胞数组

3.5.3　元胞数组操作函数

MATLAB 提供了一部分函数专门用来进行元胞数组的操作，表 3-13 总结了这些函数。这些函数主要用于元胞类型的数据与其他类型的数据之间进行相互转换，其中最为特殊的函数是 cellfun，它的作用是为元胞数组中每一个元素都调用并执行同样的函数操作，这个函数一般情况下返回参数应该为标量，下面结合一些具体的示例来讲解 cellfun 函数的使用方法。

表 3-13　元胞数组常用操作函数

函　数	说　明
cell	创建空的元胞数组
cellfun	为元胞数组的每个元胞执行指定的函数
celldisp	显示所有元胞的内容
cellplot	利用图形方式显示元胞数组
cell2mat	将元胞数组转变成为普通的矩阵
mat2cell	将数值矩阵转变成为元胞数组
num2cell	将数值数组转变成为元胞数组
deal	将输入参数赋值给输出
cell2struct	将元胞数组转变成为结构
struct2cell	将结构转变成为元胞数组
iscell	判断输入是否为元胞数组

【例 3-39】　cellfun 函数示例。

在 MATLAB 命令行窗体中键入下面的命令：

```
>> A = {rand(2,2,2),"Hello",pi;17,1+i,magic(5)}
```

A =

  2×3 cell array

    {2×2×2 double}　　{["Hello"　　　　]}　　{[　3.1416]}

    {[　　　　17]}　　{[1.0000 + 1.0000i]}　　{5×5 double}

\>> B = cellfun('isreal',A)

B =

  2×3 logical array

   1　1　1

   1　0　1

\>> C = cellfun('length',A)

C =

   2　1　1

   1　1　5

\>> D = cellfun('isclass',A,'double')

D =

  2×3 logical array

   1　0　1

   1　1　1

\>> whos

Name	Size	Bytes	Class	Attributes
A	2x3	1070	cell	
B	2x3	6	logical	
C	2x3	48	double	
D	2x3	6	logical	

从例 3-39 中可以看出，cellfun 函数的主要功能是对元胞数组的每个元素(元胞)分别执行指定的函数，在使用 cellfun 的时候，函数名称可以是字符向量也可以是字符串，不过，能够在 cellfun 函数中使用的函数存在一定限制，如表 3-14 所示。

表 3-14　在 cellfun 函数中可用的函数

函　数	说　明
isempty	若元胞元素为空，则返回逻辑真
islogical	若元胞元素为逻辑类型，则返回逻辑真
isreal	若元胞元素为实数，则放回逻辑真
length	元胞元素的长度
ndims	元胞元素的维数
prodofsize	元胞元素包含的元素个数
size	cellfun('size',C,k)用来获取元胞数组元素第 k 维的尺寸
isclass	cellfun('isclass',C,classname)用来判断元胞数组的数据类型

提示：

在 cellfun 函数中还可以使用函数句柄来指向被调用的函数，不过函数句柄超出了本书的讲述范围，有兴趣的读者可以阅读 MATLAB 的帮助文档。

【例 3-40】 显示元胞数组内容。

在 MATLAB 命令行窗体中键入下面的命令：

```
>> A = {rand(2,2,2),'Hello',pi;17,1+i,magic(5)}
A =
  2×3 cell array
    {2×2×2 double}    {'Hello'          }    {[   3.1416]}
    {[          17]}    {[1.0000 + 1.0000i] }    {5×5 double}
>> celldisp(A)

A{1,1} =
(:,:,1) =
     0.4898    0.6463
     0.4456    0.7094
(:,:,2) =
     0.7547    0.6797
     0.2760    0.6551

A{2,1} =
    17

A{1,2} =
Hello

A{2,2} =
   1.0000 + 1.0000i

A{1,3} =
    3.1416

A{2,3} =
    17    24     1     8    15
    23     5     7    14    16
     4     6    13    20    22
    10    12    19    21     3
    11    18    25     2     9

>> cellplot(A)
```

此时 MATLAB 会显示图形窗体，如图 3-14 所示。

cellplot 函数用图形的方式显示元胞数组的元素(元胞)，可以从图形中直观地观察元胞数组元素(元胞)的数据类型和简要的信息。而 celldisp 函数则是将元胞数组中所包含的内容显示在 MATLAB 命令行窗体中。

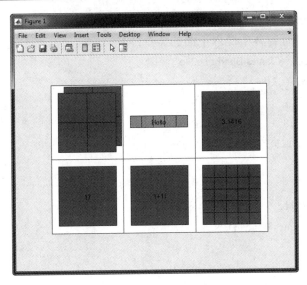

图 3-14　cellplot 运行结果

3.6　结　　构

MATLAB 的结构数据类型与标准 C 语言所定义的结构数据类型很类似，是可以包含有一组记录(records)的数据类型，而记录则存储在相应的字段(fields)中。和元胞数组类似，结构的字段可以是任意一种 MATLAB 数据类型的变量或者对象。结构类型的变量也可以是一维的、二维的或者多维的数组。不过，在访问结构类型数据的元素时，需要使用下标配合字段的形式来访问。

在 MATLAB 中，结构和元胞数组有诸多类似之处，在表 3-15 中进行了比较。

表 3-15　元胞数组和结构的异同

	元胞数组对象	结构数组对象
基本元素	元胞(cell)	结构(struct)
基本索引	全下标方式、单下标方式	全下标方式、单下标方式
可包含数据类型	任何数据类型	任何数据类型
数据的存储	元胞(cell)	字段(field)
访问元素的方法	花括号和索引	圆括号、索引和字段名

MATLAB 提供了函数以及操作方法，允许数据对象在结构和元胞数组之间相互转换。

3.6.1　结构数组的创建

创建结构数组对象可以使用两种方法：一种是直接赋值的方法，另外一种方法利用 struct 函数创建。所谓直接赋值法，就是直接用结构的名称配合操作符"."和相应字段的名称，对其直接赋值完成创建，见下面的例子。

【例 3-41】 直接赋值法创建结构。

在 MATLAB 命令行窗体中键入下面的命令：

```
>> Movie.Name = "James Bond : Dr.No";
>> Movie.Grade = 7.0;
>> whos
   Name        Size              Bytes   Class      Attributes
   Movie       1x1                 526   struct
>> Movie
Movie =
   struct with fields:
       Name: "James Bond : Dr.No"
       Grade: 7
>> Movie(2).Name = "From Russia with Love";
>> Movie(2).Grade = 7.2;
>> whos
   Name        Size              Bytes   Class      Attributes
   Movie       1x2                 924   struct
>> Movie
Movie =
   1×2 struct array with fields:
       Name
       Grade
```

在例 3-41 中，创建结构数据类型的数组 Movie 具有两个元素，对于结构类型的数组可以叫作记录(Record)，结构数组的记录具有两个字段(Field)，分别为电影名称(Name)和电影评分(Grade)，第一个字段的数据类型是字符串标量，第二个字段的数据类型是双精度数据。当结构数组只有一个记录的时候，直接键入结构数组的名称可以简要显示记录的字段以及相应的数据，如果多于一个记录，则仅显示数组的字段名称和数组大小。

【例 3-42】 直接赋值法创建结构数组。

接前面的例子，在 MATLAB 命令行窗体中键入下面的命令：

```
>> Movie(4).Name = "James Bond : Thunderball";
>> Movie(4).Grade = 6.9
Movie =
   1×4 struct array with fields:
     Name
     Grade
>> Movie(3)
ans =
   struct with fields:
```

```
        Name: []
       Grade: []
>> Movie.Name
ans =
       "James Bond : Dr.No"
ans =
       "From Russia with Love"
ans =
       []
ans =
       "James Bond : Thunderball"
>> Movie.LeadActor
Reference to non-existent field 'LeadActor'.
```

在例 3-42 中，直接对结构数组 Movie 的第四个记录的两个字段(Name 和 Grade)进行了赋值，则 MATLAB 将自动扩展结构数组的尺寸，对于没有赋值的记录，相应的字段赋值为空数组。引用结构数组字段数据的时候直接使用"."操作符，如果引用了不存在的字段，则系统会报告相应的错误。

【例 3-43】 利用函数 struct 创建结构。

在 MATLAB 命令行窗体中键入下面的命令：

```
>> Movie = struct('Name',{'James Bond : Dr.No', 'James Bond : From Russia with Love'},...
'Grade',{7.0, 7.2})
Movie =
   1×2 struct array with fields:
     Name
     Grade
>> Movie(4) = struct('Name', 'James Bond : Thunderball', 'Grade', 6.9)

Movie =
   1×4 struct array with fields:
     Name
     Grade
```

在例 3-43 中使用 struct 函数创建了与之前例子几乎完全一样的结构数组，但是不同之处是这里的字段名称使用字符向量，Name 字段数据的类型也是字符向量类型。struct 函数的基本语法为

```
        struct_name = struct(field1,val1,field2,val2,…)
```

或者

```
        struct_name = struct(field1,{val1},filed2,{val2},…)
```

这两种创建结构的方法在例 3-43 中均有体现。

　　结构数组在工作空间浏览器中具有图标 ，仅显示其变量名称以及结构数组的大小，具体内容不显示出来，如图 3-15 所示。

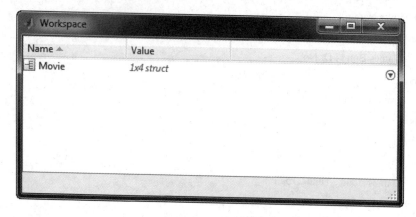

图 3-15　工作空间浏览器的结构变量

　　那么如果要编辑结构数组的内容，则可以用变量编辑器打开结构数组，如图 3-16 所示。

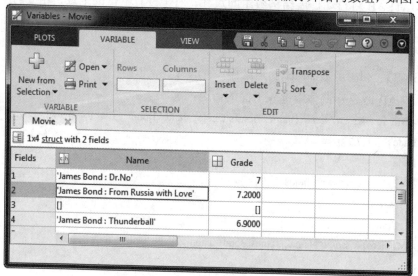

图 3-16　变量编辑器中的结构数组

　　在变量编辑器中可以任意修改结构变量的字段名称和内容，只需要用鼠标双击任意需要修改的内容，就可以进入编辑模式来实现相应内容的修改。

注意：

　　在较早版本的 MATLAB，例如 MATLAB Release 2013a 中，变量编辑器可以打开结构类型数组，但是变量编辑器不显示结构数组的字段数据内容，仅显示结构数组的基本类型信息。双击任意内容可以在新的变量编辑器页面中察看具体的每一项字段内容，但是不能编辑。

3.6.2　结构数组的基本操作

对于结构数组的基本操作其实就是对结构数组元素(记录)所包含的数据进行操作,主要有结构记录数据的访问、字段的增加和删除等。本小节结合具体的例子讲述有关结构操作的基本方法。

访问结构数组元素包含数据的方法其实非常简单,直接使用结构数组的名称和字段的名称以及操作符 "." 完成相应的操作,其数据的基本访问方法已经在例 3-42 和例 3-43 中被使用。在访问结构数组的元素时还可以使用所谓的 "动态" 字段的形式。其基本语法结构是:

　　　　struct_name.(expression)

其中,expression 是代表字段的表达式。该表达式的运算结果是表示字段名称的字符向量或者字符串。利用动态字段形式来访问结构数组的数据便于利用函数完成对结构数组数据的重复操作。

【例 3-44】　结构字段数据的访问。

在 MATLAB 命令行窗体中键入下面的命令:

```
>> moviename = {"Dr.No", "From Russia with Love","Golden Finger","Thunderball"};
>> moviegrade = {7.0, 7.2, 7.2 6.9};
>> Movie = struct('Name', moviename, 'Grade', moviegrade);
>> fieldname = input("Please input fieldname:",'s')
Please input fieldname:Name
fieldname =
    'Name'
>> Movie.(fieldname)
ans =
    "Dr.No"
ans =
    "From Russia with Love"
ans =
    "Golden Finger"
ans =
    "Thunderball"
```

例 3-44 使用了动态字段的方法访问 Movie 结构对象 Name 字段记录的数据。利用这种形式可以通过编写函数对结构记录的数据进行统一的运算操作。有关 M 语言函数的内容请参阅本书的第 4 章 "MATLAB 编程基础"。

结构是管理数据的一种方式,在使用结构的时候,可以直接通过字段名称访问数据,参见例 3-45。

【例 3-45】　对结构字段数据进行运算。

接前面的例子,在 MATLAB 命令行窗体中键入下面的命令:

```
>> strlength(Movie(1).Name)
```

```
    ans =

        5
>> strlength(Movie.Name)
Error using strlength
Too many input arguments.
>> strlength([Movie.Name])
ans =

        5      21      13      11
```

　　例 3-45 中尝试使用 strlength 函数求得 Movie 结构数组的 Name 字段所包含的字符串长度，最后的操作相当于对结构数组的某一个字段所有的数据进行同一种操作，这个时候需要使用"[]"符号将字段包含起来，否则会出现错误提示。

　　如前文所述，MATLAB 结构数组的字段可以包含任何一种数据，自然也可以包含结构。当结构的字段记录了结构时，则称其为内嵌(nest)的结构。创建内嵌的结构也可以使用直接赋值的方法，同样还可以使用 struct 函数完成。

【例 3-46】　内嵌的结构。

```
>> moviename = {"Dr.No", "From Russia with Love","Golden Finger","Thunderball"};
>> moviegrade = {7.0, 7.2, 7.2 6.9};
>> Movie = struct('Name', moviename, 'Grade', moviegrade);
>> Class.Number = 1;
>> Class.Movie = Movie;
>> whos
    Name            Size            Bytes    Class        Attributes
    Class           1x1              2000    struct
    Movie           1x4              1656    struct
    fieldname       1x4                 8    char
    moviegrade      1x4               448    cell
    moviename       1x4              1080    cell
>> Class
Class =
    struct with fields:

        Number: 1
        Movie: [1×4 struct]
>> Class = struct('Number', 1, 'Movie', struct('Name','James Bond series'))
Class =
    struct with fields:

        Number: 1
        Movie: [1×1 struct]
```

　　在例 3-46 中使用了两种不同的方法创建内嵌的结构。访问内嵌结构数据的方法和访问普通结构字段的方法类似，只要将内嵌的结构看作结构的记录之一就可以了，具体的方法这里就不再赘述了，请读者自己实践掌握。

3.6.3 结构操作函数

和其他的各种数据类似，MATLAB 也提供了部分函数专门用于结构数据的操作。表 3-16 将这些函数进行了总结。

表 3-16　操作结构数组的常用函数

函　　数	说　　明
struct	创建结构或将其他数据类型转变成结构
fieldnames	获取结构的字段名称
getfield	获取结构字段的数据
setfield	设置结构字段的数据
rmfield	删除结构的指定字段
isfield	判断给定的字符向量是否为结构的字段名称
isstruct	判断给定的数据对象是否为结构类型
oderfields	将结构字段排序

除了上述这些函数，在元胞数组一节讲述的部分函数也可以应用在结构数据对象，本小节将结合例子讲解部分函数的用法。

【例 3-47】 结构操作函数使用示例。

在 MATLAB 命令行窗体中键入下面的命令：

```
>> moviename = {"Dr.No", "From Russia with Love","Golden Finger","Thunderball"};
>> moviegrade = {7.0, 7.2, 7.2 6.9};
>> Movie = struct('Name', moviename, 'Grade', moviegrade);
>> Movie(1).LeadActor = 'Sean Connery';
>> Movie(4).LeadActress = 'Claudine Auger';
>> fieldnames(Movie)
ans =
  4×1 cell array
    {'Name'         }
    {'Grade'        }
    {'LeadActor'    }
    {'LeadActress'  }
>> Movie = orderfields(Movie)
Movie =
  1×4 struct array with fields:
    Grade
    LeadActor
    LeadActress
```

```
    Name
>> Movie = setfield(Movie,{3},'LeadActress','Margaret Nolan');
>> Movie.LeadActress
ans =

    []

ans =

    []

ans =

    'Margaret Nolan'

ans =

    'Claudine Auger'
```

在例 3-47 中，使用 setfield、fieldnames 和 orderfield 函数对结构数据变量进行了操作。可以看到，setfield 函数是为结构字段进行赋值的函数，对应地，可以使用 getfield 函数获取结构字段的内容。组合使用 setfield 函数和 struct 函数可以很方便地创建结构数据变量。fieldnames 函数用来获取结构数据变量中的字段名称，该函数的返回值是由字段名称组成的元胞数组，其中每一个元胞就是字段名称的字符向量。orderfileds 函数可用来对字段进行排序，例如在例 3-47 中，orderfileds 函数就将字段 LeadActress 进行了排序，该函数不会修改结构中包含的内容。

【例 3-48】 结构操作函数使用示例。

在 MATLAB 命令行窗体中键入下面的命令：

```
>> moviename = {"Dr.No", "From Russia with Love","Golden Finger","Thunderball"};
>> moviegrade = {7.0, 7.2, 7.2 6.9};
>> Movie = struct('Name', moviename, 'Grade', moviegrade);
>> Movie(1).LeadActor = 'Sean Connery';
>> Movie(4).LeadActress = 'Claudine Auger';
>> C = struct2cell(Movie)
    4×1×4 cell array
C(:,:,1) =
    {["Dr.No"        ]}
    {[             7]}
    {'Sean Connery'}
    {0×0 double       }
C(:,:,2) =
    {["From Russia with Love"]}
    {[                7.2000]}
    {0×0 double            }
    {0×0 double            }
C(:,:,3) =
```

```
    {["Golden Finger"]}
    {[          7.2000]}
    {0×0 double      }
    {0×0 double      }
C(:,:,4) =
    {["Thunderball" ]}
    {[          6.9000]}
    {0×0 double      }
    {'Claudine Auger'}
>> C = squeeze(C);
>> fieldname = {'Name','Grade','LeadActor','LeadActress'};
>> stru2 = cell2struct(C',fieldname,2)
stru2 =
    4×1 struct array with fields:
    Name
    Grade
    LeadActor
    LeadActress
>> whos
    Name           Size          Bytes   Class      Attributes
    C              4x4           1836    cell
    Movie          1x4           2092    struct
    fieldname      1x4            474    cell
    moviegrade     1x4            448    cell
    moviename      1x4           1080    cell
    stru2          4x1           2092    struct
```

例 3-48 主要演示了 struct2cell 和 cell2struct 函数的使用方法。从上面的示例可以看出，MATLAB 结构数组在表现形式、用途以及保存的数据类型等方面与 MATLAB 元胞数组非常类似，因此 MATLAB 提供了将两种数据类型进行相互转换的函数。函数 squeeze 的作用是将多维数组中维数为 1 的那一维删除。在将元胞数组转换为结构的时候需要指定结构的字段名称，字段的名称需要用元胞数组来表示，表示字段名称的元胞，其数据类型必须为字符向量。

【例 3-49】　结构操作函数使用示例。

```
>> clear all
>> x = 3;
>> [y1,y2,y3] = deal(x)
y1 =
    3
```

```
    y2 =
         3
    y3 =
         3
>> c = {randn(3),'2',1};
>> [y1,y2,y3] = deal(c{:})
y1 =
        1.6302        0.7269       -0.7873
        0.4889       -0.3034        0.8884
        1.0347        0.2939       -1.1471
    y2 =
        '2'
    y3 =
         1
>> X.num = rand(3);X.str = '2'; X.ID = 1;
>> X(2).num = rand(3);X(2).str = '3'; X(2).ID = 2;
>> [y1,y2] = deal(X(:).num)
y1 =
        0.2769        0.8235        0.9502
        0.0462        0.6948        0.0344
        0.0971        0.3171        0.4387
y2 =
        0.3816        0.1869        0.6463
        0.7655        0.4898        0.7094
        0.7952        0.4456        0.7547
```

例 3-49 主要演示了函数 deal 的使用方法。deal 函数主要的作用是进行数据的复制，其实 deal 函数的作用与操作符"."非常类似，从简便操作的角度看，操作符"."更加直观简便。该函数不仅能够操作一般的数值类型数据，还可以处理结构或者元胞，例如在例 3-49 中，deal 函数分别处理了一般数据类型的标量、元胞类型和结构类型的变量。在 deal 函数处理标量的时候，函数将标量的数值依次赋值给函数的输出参数，所以第一次使用 deal 函数的时候，y1、y2 和 y3 都被赋值为数值 3。不过在处理元胞或者结构变量的时候，该函数将元胞数组中的元胞或者结构中的某个字段的数据依次赋值给相应的输出参数，所以利用该函数可以非常方便地将结构或者元胞中的实际数据解析(分离)出来。

关于本小节提及的函数的详细解释,请读者自行查阅 MATLAB 的帮助文档或者在线帮助。

本 章 小 结

本章集中介绍了 MATLAB 常用的数据类型，其中包括了基本的数值类型、逻辑类型、字符向量、字符串、元胞数组和结构对象等。同时介绍了处理这些不同类型数据变量的常用函数。本章以及第 2 章的内容都是后面章节中进一步学习使用 MATLAB 的基础。MATLAB 作为一种开发环境，一种科学计算软件，或者一种编程语言，其数据管理和维护的能力非常强大。因此，在进行后面章节的学习之前，读者一定要充分掌握这些数据类型的基本用法。掌握这些基本的数据类型也是掌握 M 语言编程的基础，只有充分掌握这些数据类型，才能更快速入门学习 M 语言编程，灵活合理地使用不同的数据类型、相关的函数，才能够有效地提高 MATLAB 应用程序的执行效率。因此请读者一定熟练掌握本章的内容，这样，在后面的学习过程中就会有一种轻车熟路的感觉了。

练　习

1. 在进行数值类型数据转换时，可以使用 cast 或者 typecast 函数，例如 a = −1，若使用这两个函数将变量 a 转换为无符号的 8 位整数，计算的结果是什么？

2. 比较 MATLAB 支持的数据类型和标准 C/C++语言或者某种高级编程语言，例如 Python、Ruby、C#或者 Java 语言的数据类型。

3. 字符向量在 MATLAB 中是另外一种基本数据类型，其操作方法与标准 C 语言的字符串(字符数组)有很多相似之处，例如对字符向量的格式化输入/输出函数(scanf 函数和 printf 函数)，请读者结合本章例子，尝试在 MATLAB 命令行中交互地输入数据并且进行格式化的输出。

4. 元胞数组和结构数组之间有什么样的区别？创建元胞数组和结构数组的方法有什么异同之处？

5. 结合本章的实例熟悉操作各种数据类型的函数，特别需要注意各种数据类型变量的创建以及元素的访问方法。

第 4 章　MATLAB 编程基础

　　前面的章节已经介绍了 MATLAB 所支持的各种数据类型以及这些数据类型对象的基本操作方法，这些是利用 M 语言编程开发算法的基本要素。本章将详细讲解利用 M 语言进行编程的基本方法。

本章要点：

- 脚本文件；
- 函数文件；
- 流程控制；
- 子函数；
- M 文件的调试。

4.1　M 语言编辑器

　　MATLAB 具有完整的应用程序编写和开发能力，这种能力通过一种被称为 M 语言的高级语言来实现。M 编程语言是一种解释型语言，利用该语言编写的代码仅能被 MATLAB 接受，被 MATLAB 解释执行。一个 M 语言文件是由若干 MATLAB 的命令组合在一起构成的纯文本文件，这种文件具有.m 扩展名。在 M 语言文件中包含的命令都是合法、正确的 MATLAB 命令，可以执行创建数据对象、数据的运算与处理、调用函数等不同的操作。

　　使用 M 语言文件的最直接好处是可以将一系列 MATLAB 命令组合起来构成命令文件，然后通过一个简单的命令就可以调用这些命令。用户可以自定义 M 文件完成某些 MATLAB 的操作，也可以实现某个具体的数据处理算法。MATLAB 产品族中所包含的各种专业工具箱就是由相应专业领域内的顶尖高手利用 M 语言开发的算法函数文件集合。读者也可以结合自己工作的需要，为自己的 MATLAB 开发满足自身要求和使用习惯的算法工具箱。

　　MATLAB 的函数主要有两类：一类被称为内建(Build-in)的函数，这类函数是由 MATLAB 的内核提供的，能够完成基本的运算，如三角函数、矩阵运算的函数等；另一类函数就是利用高级语言开发的函数文件，这里的函数文件包括用 C/FORTRAN 等高级编程语言开发的 MEX 函数文件，也包含用 M 语言开发的函数文件。

 提示：

　　有关 MEX 文件的内容已经超出了本书的内容，请读者参阅 MATLAB 帮助文档中的相关内容或者介绍 MATLAB 外部接口的相关书籍。

　　MATLAB 的 M 语言文件是纯文本格式的文件，利用任何一种纯文本编辑器都可以编写相应的文件，如 Windows 平台下的记事本、UltraEdit、Notepad++等软件。为了方便用户编辑 M 文件进行算法的开发和调试，MATLAB 也提供了一个编辑器，叫作 meditor，它也是系统默认的 M 语言文件编辑器。

　　运行 meditor 的方法非常简单，在 MATLAB 命令行窗体中键入下面的命令就可以打开 meditor：

　　　　>> edit

　　这时 MATLAB 将启动 meditor，然后创建一个未命名的空白文件，如图 4-1 所示。这时用户就可以直接在编辑器中键入 MATLAB 命令，开发 M 语言文件了。

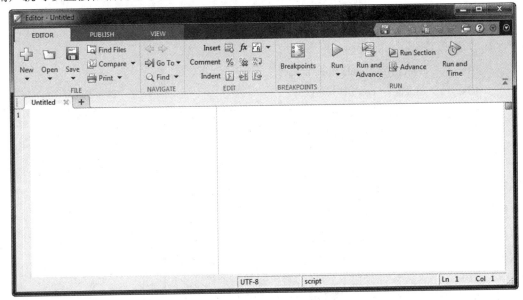

图 4-1　meditor 的运行界面

　　M 语言编辑器具有与 MATLAB 桌面类似的工具条，分别具有 EDITOR、PUBLISH、VIEW 三个标签页，分别用于代码编辑、发布以及编辑器视图调整等不同的操作。

　　启动 M 语言编辑器还可以直接单击 MATLAB 工具条 HOME 标签页下的 New Script 命令完成同样的工作。meditor 的具体使用方法将结合后续的示例详细介绍。

　　和所有的 MATLAB 桌面工具一样，M 语言编辑器同样可以嵌入到 MATLAB 桌面内。

　　M 语言文件可以分为两类，其中一类是脚本文件(Script)，另外一类叫作函数文件(Function)。本章将分别介绍这两种 M 语言文件的编写和使用方法。

4.2　脚 本 文 件

　　脚本文件是最简单的 M 语言文件，本书中的很多示例都使用了脚本文件。所谓脚本文件，就是由一系列 MATLAB 命令罗列在一起组成的 M 语言文件。脚本文件没有输入参数，也没有输出参数，执行起来就像操作系统的批处理文件一样，文件中的命令按照出现在脚本文件中的顺序依次执行。脚本文件能够处理的数据或者变量需要出现在 MATLAB 基本工作空间中，而计算的结果也会输出到 MATLAB 的基本工作空间内。

【例 4-1】 脚本文件示例——script_example.m。

```
001        % 例 4-1 script_example.m
002        %{
003        注释行
004        M 脚本文件示例
005         "flower petal"
006        以下为代码行
007        计算
008        %}
009        theta = -pi:0.01:pi;
010        rho(1,:) = 2*sin(5*theta).^2;
011        rho(2,:) = cos(10*theta).^3;
012        rho(3,:) = sin(theta).^2;
013        rho(4,:) = 5*cos(3.5*theta).^3;
014        for k = 1:4
015            %  图形输出
016            subplot(2,2,k)
017            % R2016a
018            polarplot(theta,rho(k,:))
019            %  如果在 R2016a 版之前的 MATLAB 运行此脚本
020            %  请使用下面的命令替代第 18 行的代码
021            % polar(theta,rho(k,:))
022        end
023        disp('程序运行结束!')
```

运行该脚本文件，则需要在 MATLAB 命令行窗体内键入相应的命令：

```
>> script_example
程序运行结束!
```

MATLAB 会出现相应的图形窗体，如图 4-2 所示。

仔细察看例 4-1 的脚本文件。脚本文件主要由注释行和代码行组成。M 文件的注释行使用%定义，在%之后的所有单行文本都认为是 M 文件的注释文本，注释定义符"%"仅能影响一行代码，类似于 C++语言中"//"。如果需要像 C 语言注释定义符"/*"和"*/"那样来定义多行注释，则需要在 M 语言文件中配对使用"%{"和"%}"创建多行注释。这里需要注意，大括号要配对使用，而且都在"%"的后面。给程序添加适当的注释是良好的编程习惯，希望读者能够在日常编程中多多使用。在 M 语言编辑器中，注释是绿色的文本，如果使用多行注释，则多行注释可以通过注释首行前的"减号"收起注释文本，或者使用

"加号"展开文本，如图 4-3 所示。

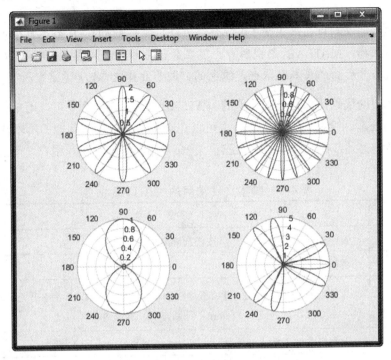

图 4-2　例 4-1 脚本文件运行结果

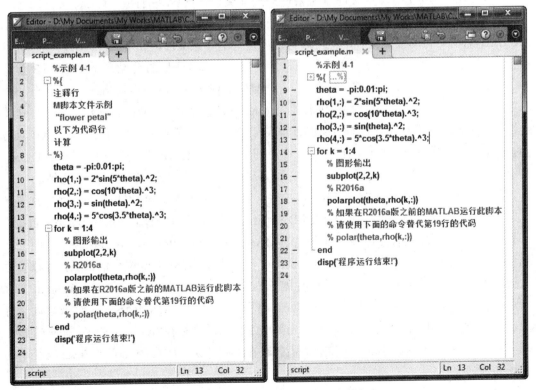

图 4-3　M 语言编辑器内显示多行注释文本

提示：

有些时候也可以利用在第 1 章 1.4 节介绍的输入较长 MATLAB 命令时使用的分行符号"…"来创建注释，MATLAB 忽视所有出现在分行符号后面的内容。所以，在 MATLAB 中，所有分行符号后面的文本默认也是绿色的，即为注释文本的颜色。

脚本文件中的代码行都是一些简单的 MATLAB 命令，这些命令可以用来完成相应的数值计算、数据处理、绘制图形等操作，也可以在脚本文件中调用其他的脚本或者函数完成更复杂的功能。另外，在 MATLAB 中还有一些命令用来处理程序和用户之间的交互，如表 4-1 所示。

表 4-1　脚本文件常用的 MATLAB 命令

命　令	说　明
pause	暂停当前 M 文件的运行，按任意键继续
input	等待用户输入
keyboard	暂停当前 M 文件运行，并将程序控制权交还给 MATLAB 命令行，这时可以正常使用命令行，直到键入"return"并回车后，M 文件继续运行
return	返回当前的函数或者命令行

MATLAB 一般使用脚本文件作为某种批处理文件，其中，有两个批处理文件经常被 MATLAB 自动调用，这两个脚本文件分别为 startup.m 和 finish.m。其中，startup.m 文件在 MATLAB 启动时自动被执行。用户可以自己创建并编写该文件，让 MATLAB 启动时实现某些自动化功能，例如在文件中添加物理常量的定义、系统变量的设置或者 MATLAB 搜索路径的设置。当用户安装 MATLAB 之后，在<MATLABROOT>\toolbox\local 路径下有一个 M 文件名为 startupsav.m，该文件可以看作 startup.m 文件的模板，修改该文件，并且将其按照文件名 startup.m 保存在<MATLABROOT>\toolbox\local 路径下或者保存在 MATLAB 应用程序的起始位置目录里。当然，也可以保存在任意的 MATLAB 搜索路径中。当 MATLAB 在启动时，将从当前的起始位置开始，执行相应搜索路径下的第一个 startup.m 文件。

与 startup.m 文件相对应的是 finish.m 文件，该文件在 MATLAB 退出时自动执行，用户可以自己创建并编写该文件，让 MATLAB 在退出之前实现某些自动化功能，如保存数据，清理工作空间，删除临时文件等。同样，在<MATLABROOT>\toolbox\local 路径下有两个文件，分别为 finishsav.m 和 finishdlg.m，这两个文件可以用作 finish.m 文件的模板，可以修改相应的模板文件，添加必要的内容后另存为 finish.m 文件。这里要注意一点，finish.m 文件一般只保存在<MATLABROOT>\toolbox\local 路径下，在退出 MATLAB 的时候就自动运行该文件。但是，如果在退出 MATLAB 时，当前的工作目录下存在 finish.m 文件，则 MATLAB 将运行当前工作目录下的 finish.m 文件，而忽略在<MATLABROOT>\toolbox\local 路径下的 finish.m 文件。

提示：

　　如果将 startup.m 文件或者 finish.m 文件保存在了 <MATLABROOT>\toolbox\local 路径下或者从 <MATLABROOT>\toolbox\local 下删除了之后，请更新 MATLAB 路径缓存，否则相应的修改可能不会被 MATLAB 所识别。

　　例 4-1 中使用了循环结构语句 for 以及图形操作，相应函数与命令将在本书后续章节中详细介绍。

4.3　流　程　控　制

　　程序流程控制是指控制程序运行的基本结构和语法，如应用程序的选择和循环结构(它们是结构化编程的基本结构)。使用结构化的应用程序设计方法可以使设计的程序结构清晰，可读性强，能够提高应用程序的设计效率，增强程序的可维护性。结构化的应用程序设计思想是现代程序设计的基础。结构化的程序主要有三种基本的程序结构：顺序结构、选择结构、循环结构。

　　所谓顺序结构，就是指所有组成程序源代码的语句按照由上至下的次序依次执行，直到程序的最后一个语句，也就是程序语句的简单罗列。选择结构是依照不同的判断条件进行判断，然后根据判断的结果选择某一种方法来解决某一个问题的结构。循环结构就是在程序中某一条语句或者多条语句重复多次运行的结构。

　　已经得到证明，上述三种程序结构足以处理各种各样的复杂问题，将上述三种结构组合在一起就可以构成复杂的程序。一般 M 语言文件由上述三种结构的 MATLAB 命令构成。例如，例 4-1 的代码就包含了顺序结构和循环结构。

4.3.1　选择结构

　　如前所述，当人们判断某一条件是否满足，根据判断的结果来选择解决问题的不同方法时，就需要使用选择结构。和 C 语言类似，MATLAB 的条件判断可以使用 if 语句或者 switch 语句。

　　1. if 语句

　　if 语句的基本语法结构有三种，分别如下：

　　1) if(关系运算表达式)

　　　　MATLAB 语句

　　end

　　这种形式的选择结构表示当关系运算表达式的计算结果为逻辑真时，执行 MATLAB 语句。这里的 MATLAB 语句可以是一句 MATLAB 命令，也可以是多句 MATLAB 命令。在MATLAB 语句的结尾处必须有关键字 end 与 if 关键字相呼应。

　　2) if(关系运算表达式)

　　　　MATLAB 语句 A

```
else
    MATLAB 语句 B
end
```

这种选择结构表示当关系运算表达式的计算结果为逻辑真时执行 MATLAB 语句 A，否则执行 MATLAB 语句 B。在语句 B 的结尾处必须有关键字 end 与 if 关键字相呼应。

3) if 关系运算表达式 a
```
    MATLAB 语句 A
elseif 关系运算表达式 b
    MATLAB 语句 B
elseif 关系运算表达式 c
    …

end
```

这种选择结构可以判断多条关系运算表达式的计算结果，然后按照执行的逻辑关系执行相应的语句。读者可以根据类似的 C 语言知识或者前面两种选择结构的介绍判断这种结构的运算执行方式。

【例 4-2】　if 语句的使用——if_example.m。

读者通过本例将同时了解 meditor 的基本使用方法。

打开 meditor，然后键入下面的命令：

```
001    %例 4-2 if_example.m
002    clear all
003
004    I=1;
005    J=2;
006
007    if I == J
008        A(I,J) = 2;
009    elseif abs(I-J) == 1
010        A(I,J) = -1;
011    else
012        A(I,J) = 0;
013    end
014    disp('A = ')
015    disp(A)
```

 注意：

在键入程序时，不要将行号(001～014)也敲进去，在这里设置行号的主要目的是便于后续对程序和代码进行讲解和分析。在 MATLAB 的 M 语言编辑器中进行 M 代码编辑时，编辑器的最左侧就是当前文件代码的行号，如图 4-4 所示。

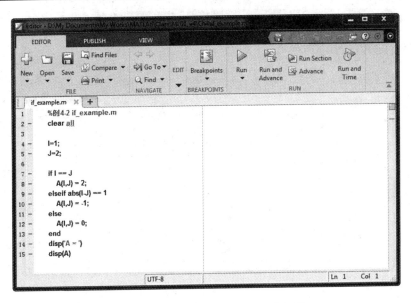

图 4-4 编辑 M 语言时左侧的文件行号

细心的读者可能已经发现，在 M 语言编辑器的最右侧的一栏中有一些具有特殊色彩的标识，默认情况(见图 4-1)下该标识(方块)为绿色，而在图 4-4 所示的编辑器中是橘黄色，同时在某些代码下会有橘黄色的波浪线。这是 M 语言编辑器针对所编辑的 M 文件进行分析的结果。橘黄色表示当前的代码可能存在潜在错误，把鼠标光标放置在橘黄色的方块或者横线上，可以通过弹出的窗体显示相应的警告信息来了解其细节，如图 4-5 所示。

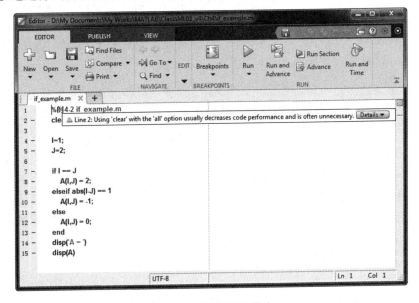

图 4-5 显示的警告信息

这里表示当前的代码处(002 行)使用了参数 all，这种做法会影响代码的执行效率，在大多数情况下没有必要这样做。如果需要了解详细信息，可以单击 Details 按钮察看更详细的信息，如图 4-6 所示。

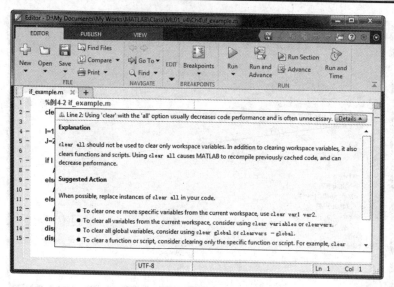

图 4-6　显示警告的详细信息

通常情况下可以忽略类似的警告信息，不过如果代码行存在错误，则 M 语言编辑器会用红色来标识相应的代码行。如果看到了红色的标识，则必须要修改代码，直到错误被排除为止。

提示：

一般来说，警告信息提示的代码问题不会影响程序运行。不过最好修改代码来消除所有警告和错误。因为有些警告信息在当前的 MATLAB 版本中不会影响程序运行，不代表在其他版本的 MATLAB 中运行就不出现错误。所以提醒读者要重视警告信息，最好让代码不出现任何问题，以确保程序准确无误。

当所有的命令键入完毕后，需要将文件保存，读者可以将其保存为任何名字。MATLAB 规定 M 语言文件的文件名必须由英文字符、数字和下画线组合构成，文件的扩展名必须设置为.m。M 语言文件可以保存在 MATLAB 的搜索路径中或者当前的工作目录下。需要注意的是，MATLAB 的命令对字符的大小写敏感，而且 MATLAB 的命令一般与 M 语言文件的文件名称一致，所以，在保存 M 语言文件时，文件名称最好都使用小写字符。

保存了 M 语言文件之后，就可以尝试运行。在 MATLAB 的命令行窗体中，键入刚才保存的文件名，这时不要将扩展名也一同键入，MATLAB 就会依次执行 M 语言文件包含的命令。

运行例 4-2 的方法和效果如下：

```
>> if_example

A =

    0    -1
```

例 4-2 的代码的核心部分是 007～013 行，这部分展示了 if-elseif-else-end 语句组合的使用方法。请读者仔细察看并且通过修改程序的 004 和 005 行对 I 和 J 的赋值来察看整个语句的执行情况。

　　M 语言编辑器还可以协助用户查找变量在相应的文件中被使用的情况。例如，在编辑例 4-2 的代码时，用鼠标点击编辑器中的任何一个变量 I，稍等几秒钟之后，在当前 M 语言编辑器中，会将所有使用了变量 I 的地方用浅灰色标识出来，并且在编辑器的右边栏上显示相应颜色的横线标识。如果将鼠标光标放置在浅灰色的横线上，则编辑器将显示使用了该变量 I 的语句，如图 4-7 所示。

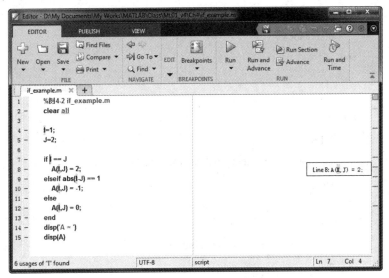

图 4-7　显示使用变量的情况

　　同时在 M 语言编辑器的状态栏上还显示了变量 I 一共在当前的 M 语言文件中被使用了多少次。通过这个功能，可以很容易地在 M 语言代码中定位相应的变量。

　　运行 MATLAB 脚本程序还可以通过 M 语言编辑器工具条 EDITOR 标签页下的 Run 按钮来实现。在运行代码前，M 语言编辑器会自动保存相应的代码文件。

　　和 C 语言类似，if-elseif-else 的语句结构可以嵌套使用，也就是可以存在这样的语句结构：

```
if(关系表达式 a)
    if(关系表达式 b)语句 A
    else 语句 B
    end
else
    if(关系表达式 c)语句 C
    else 语句 D
    end
end
```

注意：

在使用嵌套的选择结构时，需要小心 if 语句和 end 关键字的配对。

【例 4-3】 嵌套使用的 if 结构——if_example2.m。

```
001        %例 4-3 if_example2.m
002        clear all
003
004        if 1
005            disp('Is 1')
006        else
007            disp('Not 1')
008        end
009
010        I = 1;
011        if I
012            if I < 2
013                disp('I is bigger than 0 but less than 2')
014            end
015        else
016            if I > -2
017                disp('I is less than 0 but bigger than -2')
018            end
019        end
```

运行例 4-3，在 MATLAB 命令行窗体中键入命令：

>> if_examp2

Is 1

I is bigger than 0 but less than 2

例 4-3 主要说明了嵌套的 if 结构和在关系表达式中使用常量的方法。在代码的 004 行，if 语句的关系表达式为常数 1，这时 if 语句将始终认为非零值为逻辑真，所以程序执行了005 行的代码。同样，在程序的 011 行，if 语句的关系表达式为变量 I，若 I 的数值为非零值，则 if 语句判断其为逻辑真。所以，代码的 017 行只有在 I 为 0 时才可能被执行。

2. switch 语句

另外一种在 M 语言程序中构成选择结构的关键字就是 switch。在处理实际问题的时候，往往要处理多个分支，这时如果使用 if-else 语句嵌套处理多分支结构，则往往会使程序变得十分冗长，并且降低了程序的可读性。使用 switch 语句来处理多分支结构不仅可以提升程序的可读性，还可以有效提升程序的执行效率。

它的基本语法结构如下：

```
switch(表达式)
        case 常量表达式 a：语句 A
        case 常量表达式 b：语句 B
        …
```

```
        case  常量表达式 m：语句 M
        otherwise         ：语句 N
        end
```

在 switch 语句之后的表达式可以是一个数值类型的表达式或者数值类型的变量，当这个表达式的值同 case 后面的某一个常量表达式相等时，执行该 case 分支常量表达式后面的语句。

 注意：

MATLAB 的 switch 和 C 语言的 switch 语句结构不同。在 C 语言中，每一个 case 后面的语句必须包含类似于 break 语句的流程控制语句，否则程序会依次执行符合条件的 case 语句后面的每一个 case 分支。但是在 MATLAB 中就不必如此，程序仅仅执行符合条件的 case 分支。

【例 4-4】 switch 结构使用示例——switch_example.m。

```
001      %例 4-4 switch_example.m
002      clear all
003      algorithm = input("Enter an algorithm in quotes (ode23, ode15s, etc:) "...
004                      ,'s');
005      switch algorithm
006      case 'ode23'
007          str = '2nd/3rd order';
008      case {'ode15s', 'ode23s'}
009          str = 'stiff system';
010      otherwise
011          str = strcat('other algorithm :   ', algorithm);
012      end
013      disp(str)
```

运行例 4-4，在 MATLAB 命令行窗体中键入命令：

```
>> switch_example
Enter an algorithm in quotes (ode23, ode15s, etc:) ode4
other algorithm :ode4
>> switch_example
Enter an algorithm in quotes (ode23, ode15s, etc:) ode23
2nd/3rd order
```

例 4-4 中需要用户在执行程序的过程中输入一个字符向量，switch 语句根据用户的输入判断执行相应的 case 分支。若没有符合条件的 case 分支，则 switch 执行 otherwise 后面的语句。若 switch 结构中没有定义 otherwise 及其相应的代码，则程序不会发生任何操作，直接退出 switch 结构。

提示：

　　在处理以字符向量变量或者常量参与的关系判断操作时，使用 switch 结构要比 if-else 结构的效率好一些。

　　由于 MATLAB 的 switch 结构没有 C 语言的 fall-through 特性，所以，当需要针对多个条件使用同一个 case 分支时，需要使用元胞数组与之配合，参见例 4-5。

　　【例 4-5】　switch 结构使用示例——switch_example2.m。

```
001        %例 4-5 switch_example2.m
002        clear all
003
004        var = input('Input a Number:');
005        switch var
006            case 1
007                disp('One')
008            case {2,3,4}
009                disp('Two or Three or Four')
010            case 5
011                disp('Five')
012            otherwise
013                disp('Something else!')
014        end
```

运行例 4-5，在 MATLAB 命令行窗体中键入命令：

```
>> switch_example2
Input a Number:1
One
>> switch_example2
Input a Number:4
Two or Three or Four
>> switch_example2
Input a Number:7
Something else!
```

　　例 4-5 的代码比较简单易读，在 008 行使用元胞数组增加判断条件的个数，当输入的数字为 2、3 或 4 时，switch 结构将使用同一个 case 分支进行判断计算。

注意：

　　从代码的完整性和可靠性角度而言，在使用 switch 语句时，一定要包含 otherwise 分支，这是一种良好的编程习惯。

4.3.2　循环结构

在解决很多编程问题的时候需要使用循环结构。例如，求解数列的和或者采用某种迭代法求解数值方程时，都需要循环结构配合完成计算。MATLAB 中包含两种循环结构：一种是循环次数不确定的 while 循环，另一种是循环次数确定的 for 循环。

1. while 循环结构

while 语句可以用来实现"当"型循环结构，它的一般形式如下：

while(表达式)

MATLAB 语句

end

当表达式为真时，循环将执行由语句构成的循环体。其特点是先判断循环条件，如果循环条件成立，即表达式运算结果为"真"，再执行循环体。循环体执行的语句可以是一句，也可以是多句，在 MATLAB 语句之后必须使用关键字 end 与 while 语句呼应并且作为整个循环结构的结尾。另外，在组成循环体的语句的执行过程中，一定要能够改变关系表达式的逻辑判断结果值，或者使用其他方法跳出循环，否则会陷入死循环(无法正常退出的循环叫作死循环)。

【例 4-6】　使用 while 语句求解 $\sum_{n=1}^{1000} n$ ——while_example.m。

```
001        %例 4-6 while_example.m
002        i = 1;
003        sum = 0;
004        while ( i <= 1000 )
005            sum = sum+i;
006            i = i+1;
007        end
008        str = sprintf("The result: %d",sum);
009        disp(str)
```

例 4-6 的运行结果如下：

```
>> while_example
The result: 500500
```

例 4-6 的 001～007 行使用了 while 循环结构，在循环结构中进行了累加操作。需要注意的是，在 MATLAB 中没有类似 C 语言的++或者+=等运算操作符，因此在进行诸如累加或者递减的运算时，不得不给出完整的表达式。

例 4-6 求数列和的运算效率很差，在 MATLAB 中不推荐使用这样的代码结构完成类似运算，而需要采用向量化的计算来提高效率。有关代码执行效率的内容将在本章后续章节展开介绍。

注意:

while 循环结构的关系表达式可以是某个数据变量或者常量，这时将按照非零值为逻辑真进行相应的操作。另外，在进行上述操作时，若数据变量为空矩阵，则 while 语句将空矩阵作为逻辑假处理。也就是说，在 while(A) S1 end 结构中，若 A 为空矩阵，则 MATLAB 语句 S1 永远不会被执行。

2. for 循环结构

使用 for 语句构成循环是最灵活、简便的方法。使用 for 语句循环需要预先知道循环体执行的次数，所以这种循环一般叫作确定循环。在 MATLAB 中，for 循环的基本结构如下：

```
for index = start:increment:end
      MATLAB 语句
end
```

其中，index 的取值取决于 start 和 end 的值，一般地，这里通常使用等差数列，如例 4-7 所示。

【例 4-7】 使用 for 语句求解 $\sum\limits_{n=1}^{1000} n$ ——for_example.m。

```
001        %例 4-7 for_example.m
002        sum = 0;
003        for i = 1:1000
004              sum = sum+i;
005        end
006        str = sprintf("The result: %d",sum);
007        disp(str)
```

例 4-7 运行的结果如下：

```
>> for_example
The result: 500500
```

在例 4-7 中，003 行的代码使用了确定次数的 for 循环结构，循环次数使用行向量进行控制，而且索引值 i 按照默认的数值 1 进行递增。

在 for 循环语句中，不仅可以使用行向量进行循环迭代的处理，也可以使用矩阵作为循环次数的控制变量，这时循环的索引值将直接使用矩阵的每一列，循环的次数为矩阵的列数，见例 4-8。

【例 4-8】 for 循环示例 —— for_matrices.m。

```
001        %例 4-8 for_matrices.m
002        A = rand(3,4);
003
004        for i = A
005              sum = mean(i)
006        end
```

例 4-8 运行的结果如下:

```
>> for_matrices
sum =
    0.2728
sum =
    0.6649
sum =
    0.4275
sum =
    0.5220
```

尽管例 4-8 只有短短的几行,但是在 004 行使用了一个矩阵作为循环的索引值,于是循环结果就分别计算矩阵的每一列元素的均值。

和其他高级语言类似,MATLAB 的循环结构也可以进行嵌套使用。使用嵌套循环时需要注意 for 关键字或者 while 关键字与 end 关键字之间的配对使用,请读者根据高级语言的一般特性来推断,这里不再赘述。

提示:

在 M 语言编辑器中,循环体的起始语句会用相应的标识表示出来,单击相应的加号或者减号可以展开或者收起循环体的代码行,如图 4-8 和图 4-9 所示。

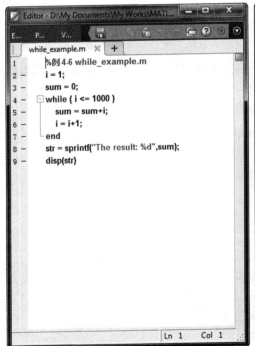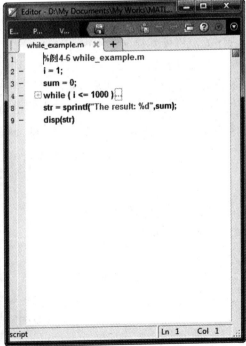

图 4-8　while 循环体代码的展开与收起

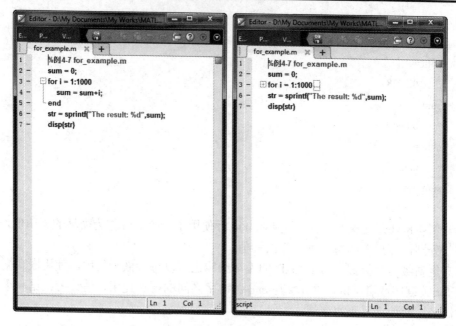

图 4-9   for 循环体代码的展开与收起

4.3.3   break 语句和 continue 语句

在循环结构中还有两条语句可以影响程序的流程，分别是 break 语句和 continue 语句。这两条语句的基本功能是：

■   当循环体包含 break 语句时，其作用是能够在执行循环体的时候强迫终止循环，即控制程序的流程使其提前退出循环。

■   当循环体包含 continue 语句时，其作用是能够中断本次的循环体运行，将程序的流程跳转到判断循环条件的语句处，继续下一次的循环。

下面结合具体的例子说明这两种不同语句的使用方法。

【例 4-9】   break 语句示例——break_example.m。

```
001        %例 4-9 break_example.m
002        i = 0;
003        j = 0;
004        k = 0;
005        for i = 1:2
006            for j = 1:2
007                for k = 1:3
008                    if(k == 2)
009                        disp("Exit the loop!");
010                        break;
011                    end
012                    str = sprintf("I = %d , J = %d , K = %d",i,j,k);
```

```
013                    disp(str);
014                end
015            end
016        end
017        disp("End the program!");
```

例 4-9 的运行结果如下：

```
>> break_example
I = 1 , J = 1 , K = 1
Exit the loop!
I = 1 , J = 2 , K = 1
Exit the loop!
I = 2 , J = 1 , K = 1
Exit the loop!
I = 2 , J = 2 , K = 1
Exit the loop!
End the program!
```

　　break 语句的作用是退出当前的循环结构运行，所以在例 4-8 中，位于最内层循环的 break 语句执行的结果是退出了最内层的循环 k，位于外层的循环 i 和 j 还是都运行完毕了。

　　【例 4-10】　continue 语句示例——continue_example.m。

```
001        %例 4-10 continue_example.m
002        i = 0;
003        for i =1:6
004            if(i>3)
005                continue
006            else
007                str = sprintf("I = %d",i);
008                disp(str);
009            end
010        end
011        str = sprintf("End the loop: I = %d",i);
012        disp(str);
```

例 4-10 的运行结果如下：

```
>> continue_example
I = 1
I = 2
I = 3
End the loop: I = 6
```

　　continue 语句的作用在例 4-10 中得到了充分说明，该语句中止当前的循环，然后继续下一次循环运算，直到所有的循环迭代运算结束。

 思考:

如果将例 4-9 中的代码 break 改为 continue，那么例 4-9 的运行结果会有什么不同呢？同理，将例 4-10 中的代码 continue 改为 break，那么例 4-10 的运行结果又会有什么不同呢？

 注意:

在程序中使用 break 和 continue 语句来改变程序的流程不是非常好的编程习惯，所以，在编写程序的时候尽量不要使用上述两条语句。

4.3.4　提高运算性能

由于 M 编程语言是一种解释型编程语言，所以 M 语言的执行效率一般会低于编译型语言(如 C/C++语言)。然而，随着 MATLAB 版本的不断升级、计算机技术的发展，再加之 MATLAB 矩阵运算的合理利用，M 语言代码的执行效率也得到了有效提高。本节将结合一些具体的例子来讲述 M 语言提高程序执行效率的方法。

 提示:

尽管 M 语言的执行效率无法与 C 语言或者 FORTRAN 语言等相媲美，但是，由于 M 语言依托于 MATLAB 强大的数值计算和分析能力，有众多工具箱函数可以直接使用，因此，在开发效率上，它是工程领域内最方便快捷的编程语言之一。如果读者主要完成的工作是进行算法开发与验证，则 MATLAB 结合 M 语言是最佳选择。

1. 向量化运算

首先，希望读者牢记，开发 MATLAB 最初的目的是为广大工程师们提供便利的矩阵运算和数据处理能力，它首先是一个科学计算软件。所以在大多数应用程序中，应该尽量避免使用循环结构操作矩阵的元素，请直接使用矩阵元素的索引或者矩阵运算的函数来完成类似的工作。这样做不仅可以提高代码的执行效率，还能够提高程序的可读性。这就是向量化的运算，也就是说，要避免使用 while 循环或者 for 循环的语句一个元素一个元素地处理矩阵或者数组的元素，将类似的代码结构转换成等价的向量或者矩阵运算，以提高运算速度，见例 4-11。

【例 4-11】　向量化运算——array_vs_loops.m。

```
001        %例 4-11 arrary_vs_loop.m
002        Mass = rand(50,100000);
003        Length = rand(50,100000);
004        Width = rand(50,100000);
005        Height = rand(50,100000);
006
```

```
007        [rows, cols] = size(Mass);
008
009        disp([char(10), 'Use Array: '])
010        tic
011        Density = Mass./(Length.*Width.*Height);
012        toc
013
014        disp([char(10), 'Use Loop: '])
015        tic;
016        for I = 1:rows
017            for J = 1:cols
018                Density(I) = Mass(I,J)/(Length(I,J)*Width(I,J)*Height(I,J));
019            end
020        end
021        toc
```

例 4-11 比较了循环结构和数组运算的执行效率，分别使用数组运算 011 行和循环结构 016～020 行完成了同样的工作。程序的运行结果如下：

```
>> array_vs_loops
Use Array:
Elapsed time is 0.039634 seconds.
Use Loop:
Elapsed time is 0.243618 seconds.
```

由程序运行的结果可以看出数组运算和循环结构在计算效率方面的差异，特别是在循环嵌套层次较多的时候，数组运算的速度优势会更加明显。所以，在 MATLAB 中需要尽量将循环迭代代码改写成数组或者矩阵的运算，这样可以明显提高程序的执行效率。

 注意：

每个人的计算机系统配置不尽相同，因此在不同的计算机上或者在同一台计算机不同情况下来运行例 4-11 得到的结果肯定不完全一致。

2. 预分配存储空间

另外一种能够提高运算效率的方法就是进行内存变量存储空间的预分配。首先察看例 4-12。

【例 4-12】　内存预分配的例子——pre_allocate.m。

```
001        %例 4-12 pre_allocate.m
002        disp([char(10), ' Preallocation: '])
003        pre_allo = zeros(100000,1);
004        tic;
005        for I = 1:100000
```

```
006              pre_allo(I) = rand(1);
007          end
008          toc
009
010          disp([char(10), 'Non-Preallocation: '])
011          tic;
012          for J = 1:100000
013              not_pre_allo(J) = rand(1);
014          end
015          toc
```

例 4-12 的执行结果如下：

```
>> pre_allocate


Preallocation:

Elapsed time is 0.077510 seconds.


Non-Preallocation:

Elapsed time is 0.184652 seconds.
```

上面两种不同的运算唯一的区别就是程序 003 行的 pre_allo = zeros(100000,1);执行这行语句之后，MATLAB 自动分配了 100 000 个连续的内存空间用于存储数据，MATLAB 将一次创建足够的存储空间，然后依次赋值。而后者 not_pre_alloc 变量没有进行相应的操作，所以带来了两次运算结果的不同。

那么在进行不使用内存预分配的运算时，MATLAB 进行了什么操作呢？

当 I = 1 时，MATLAB 将使用 8 字节的内存空间保存一个双精度随机数。

当 I = 2 时，MATLAB 重新找到一块 16 字节可以保持两个双精度数的内存区，一个内存区放第一个随机数，第二个放另外一个随机数。

……

当 I = 100 000 时，MATLAB 寻找一块容纳 100 000 个双精度数值的内存区存放之前的 99 999 个随机数，同时把最新的一个随机数加入进去。代码运行的结果造成了存储空间的浪费，降低了程序的执行速度。

如果这个时候再运行一次代码：

```
>> pre_allocate
Preallocation:
Elapsed time is 0.045800 seconds.
Non-Preallocation:
Elapsed time is 0.035054 seconds.
```

可以看到第二次运行例 4-12 的代码执行结果与之前第一次运行的结果存在一定的差异，甚至感觉不预先分配内存运行的效率还会更好一些，主要是因为 not_pre_allo 变量在前一次运行脚本时已经创建好了，该变量目前在 MATLAB 的基本工作空间内，也就是说该变量需要占用的内存空间已经都分配好了，所以执行效率就提高上来了。所以，想充分比较和体现预分配内存在速度上带来的提升，需要在执行例 4-12 代码之前用 clear all 命令清除 MATAB 的工作空间。

不管怎样，在编写 M 语言程序的时候需要尽量使用内存的预分配，而少使用或者不使用数组内存空间的自动扩充，这样可以让代码运行得更有效率，对内存的使用将更加优化。MATLAB 针对不同的数据类型有不同的预分配函数，见表 4-2。

表 4-2　常用的预分配内存函数

数据类型	函　数	例　　子
数值数组	zeros	Y = zeros(1:100000);
元胞数组	cell	Y = cell(2,3); Y{1,3} = zeros(1:100000); Y{2,3} = 'string';
结构数组	struct、repmat	Y = repmat(struct(field,value),2,3)

表 4-2 中说明了不同数据类型变量需要使用的预分配内存函数，其中结构类型的数组需要两个函数配合使用，利用 struct 函数构造结构，再使用 repmat 函数创建数组。

对于非双精度类型的数据进行内存的预分配时，例如整数类型或者单精度类型，需要使用相应的构造函数或者类型转换函数。例如：

$\quad$ Y = int16(zeros(1:100000));

在上面的表达式中创建了连续 100 000 个 16 位整数的存储空间。

如果预先分配的内存空间无法容纳数据，则可以通过 repmat 函数来扩充数组的存储空间。

上述函数的具体使用方法请读者参阅 MATLAB 的帮助文档或者在线帮助。

此外，为了提高程序性能，还需要注意表 4-3 所列的几点。

表 4-3　提高 MATLAB 编程性能的要点

M 语言元素	说　　明
多操作代码行	若在一行代码中进行了多条语句操作，例如 x = a.name; for k=1:10000, sin(A(k)), end;可能会影响代码执行效率
数据类型改变	若在程序对已经存在的变量修改其数据类型则严重影响代码效率，例如： X = 23; $\vdots$ X = 'A';%这行代码会影响代码执行效率 $\vdots$
复数常量	若在运算中直接将 i 和 j 作为复数常量参与运算，例如 Y=2+3*i，则影响代码性能，正确的做法应该是写作 Y= 2+3i

 注意：

MATLAB 还提供了性能剖析工具(Profile)用于分析代码的执行效率，有关该工具的介绍请读者参阅 MATLAB 的帮助文档。

4.4 函 数 文 件

函数文件是 M 文件最重要的组成部分。M 语言函数文件能够接受用户的输入参数，完成计算，并将计算结果作为函数的返回值返回给调用者。在 MATLAB 中具有不同类型的函数，分别为内建函数、系统 M 函数、系统 MEX 函数文件、用户自定义 MEX 函数文件和用户自定义的 M 文件。其中，内建函数(build-in function)是 MATLAB 基本内核提供的函数，例如三角函数、矩阵运算等函数。这些函数无法察看相应的代码，只能直接使用，所以又被称为 MATLAB 核心函数。系统的 MEX 函数文件和用户自定义的 MEX 函数文件超出了本书的讨论范围，感兴趣的读者可以阅读 MATLAB 的帮助文档或者介绍 MATLAB 外部接口编程的相关书籍。系统 M 函数是由 MATLAB 提供的 M 语言函数文件，这些函数文件构成了 MATLAB 强大的扩展功能，例如 MATLAB 工具箱中包含的 M 函数文件等。而用户自定义的 M 函数文件是由用户自己利用 M 语言编写的文件。本小节将详细讨论编写 M 语言函数文件的方法。

4.4.1 基本结构

M 语言函数文件和 M 语言脚本文件不同，函数文件需要有特殊的代码构架，大多数函数具有特定的输入参数和输出参数，函数之间可以互相调用也可以调用脚本文件，但是不同的函数分别具有自己的工作空间，M 语言函数的工作空间中具有局部变量也可以使用全局变量，这些内容都是掌握 M 语言函数开发的基础。首先，读者需要了解的是函数文件的基本代码构架，参见例 4-13。

【例 4-13】 函数文件示例——average.m。

```
001    function y = average(x)
002    % AVERAGE  例 4-13 求向量元素的均值
003    % 语法：
004    % Y = average(X)
005    % 其中，X  是向量,Y 为计算得到向量元素的均值
006    % 若输入参数为非向量则出错
007
008    % 代码行
009    [m,n] = size(x);
010    % 判断输入参数是否为向量
011    if (~((m == 1) || (n == 1)) || (m == 1 && n == 1))
012        % 若输入参数不是向量，则出错
013        error('Input must be a vector')
014    end
015    % 计算向量元素的均值
```

```
016          y = sum(x)/length(x);
```

运行例 4-13 的代码，在 MATLAB 命令行窗体中，键入下面的命令：

```
>> z = 1:99;
>> y = average(z)
y =
     50
```

创建 M 语言函数文件时，也可以通过 MATLAB 工具条 HOME 标签页下 New 菜单内的 Function🔣 Function 命令来完成，这时在 M 语言编辑器内将创建一个空白的函数文件，如图 4-10 所示。

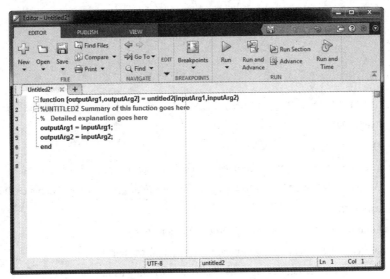

图 4-10　空白的函数文件

M 语言函数文件具有下面几个不同部分：

■　函数定义行；

■　在线帮助；

■　注释行；

■　M 语言代码。

下面结合例 4-13 的代码分别说明这些部分的构成。

例 4-13 的函数定义行为代码的 001 行：

```
001          function y = average(x)
```

这一行代码中包括关键字 function，函数输出参数 y，函数的名称 average 和函数的输入参数 x。需要读者注意的是函数的名称，函数的名称定义要求必须以字符开头，后面可以用字符、数字和下画线的组合构成函数名称。MATLAB 对函数名称的长度有限制，读者可以在自己的 MATLAB 中，通过执行 namelengthmax 函数获取相应的数值。假设该函数返回的数值为 N，若函数的名称长度超过了 N，则 MATLAB 使用函数名称的前 N 个字符作为函数名称。

一般地，推荐将函数名称使用小写的英文字符来表示，同时保存函数的 M 文件名称要和函数名称保持一致。若文件名称和函数名称不一致，则调用函数的时候需要使用文件名称而非函数名称。而且，在 MATLAB 中调用函数或者脚本的时候，调用命令的大小写必须与函数或者脚本文件名称的大小写完全一致，否则会报告错误信息，例如在 MATLAB 命令行窗体中，键入下面的命令：

>> y = Average(z)

Cannot find an exact (case-sensitive) match for 'Average'

The closest match is: average in D:\My Documents\My Works\MATLAB\Class\ML01_v4\Ch4\average.m

Did you mean:
>> y = average(z)

 注意：

在较早的 MATLAB 版本中，例如 MATLAB Release 2010b 以及之前的版本，运行命令：
>> y = Average(z)
通常得到如下的警告信息：

Warning: Could not find an exact (case-sensitive) match for 'Average'.
D:\My Documents\MATLAB\Class\ML01\Ch4\average.m is a case-insensitive match and
will be used instead.
You can improve the performance of your code by using exact
name matches and we therefore recommend that you update your
usage accordingly. Alternatively, you can disable this warning using
warning('off','MATLAB:dispatcher:InexactCaseMatch').
This warning will become an error in future releases.

然后依然能够得到函数运行的结果：

y =
　　50

现在 MATLAB 会把这种调用命令大小写与函数或者脚本名称不匹配的现象设定为错误。

M 函数文件的在线帮助为紧随函数定义行的注释行。在例 4-13 中，average 函数的在线帮助为 002～006 行的注释行。函数的在线帮助可以使用 help 函数来获取，例如在 MATLAB 命令行窗体中键入命令：

>> help average

　　average　　例 4-13 求向量元素的均值

语法：

Y = average(X)

其中，X 是向量，Y 为计算得到向量元素的均值，若输入参数为非向量则出错。

MATLAB 函数文件的在线帮助第一行被称为 H1 帮助行，它是比较重要的"在线帮助"

内容。如果使用 lookfor 函数搜索查询函数，MATLAB 仅查询并显示函数的 H1 帮助行，例如，在 MATLAB 命令行窗体中，键入下面的命令：

```
>> lookfor average
average                          -求向量元素的均值
mean                             - Average or mean value.
  ⋮
```

通过 H1 帮助行就能够找到具有相应关键字的函数。

由于 H1 帮助行的特殊作用，所以在用户编写自己的 M 函数文件时，一定要编写相应函数的 H1 帮助行，对函数进行简明扼要的说明或者解释。

例 4-13 的 008、010、012、015 行代码分别是程序具体的注释行，这些注释行不会显示在在线帮助中，主要原因就是这些注释行没有紧随在 H1 帮助行的后面，即 008 行的注释与在线帮助之间有一个空行(第 007 行)。从 008 行开始一直到文件的结尾都是 M 函数文件的代码行。这些代码行就是用户算法的 M 语言实现。

在 M 语言编辑器中编辑函数文件时，编辑器通过相应的标识符表示函数的代码范围，例如 function 关键字所在行之前的"减号"或者"加号"，以及代码的最后一行，同时，在线帮助部分也具有同样的特性，可以很方便地收起或者展开文本，如图 4-11 所示。

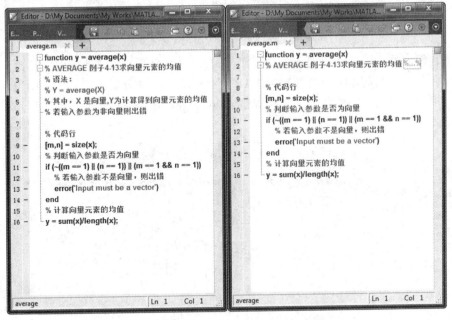

图 4-11　函数文件——收起或者展开文本

 注意：

在创建 M 语言函数文件时，函数的名称最好是由全部小写的字符组成。另外，在编写 M 语言函数文件时，函数的在线帮助最好使用英语进行书写，因为 MATLAB 本身是一种国际化的工程软件，使用英语开发在线帮助有利于不同国家和地区的工程师彼此进行技术交流，分享研究成果。

　　在编写 MATLAB 函数或者脚本文件时，不可避免需要调用 MATLAB 已有的函数。这时可以利用 MATLAB 的函数浏览器选择合适的函数，以避免函数名称键入不正确而带来的错误。如果需要在 M 语言编辑器中打开函数浏览器，可以单击 M 语言编辑器工具条 EDITOR 标签页 Insert 后的 fx 按钮，如图 4-12 所示。

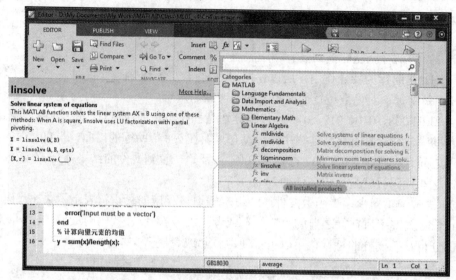

图 4-12　M 语言编辑器中的函数浏览器

　　M 语言编辑器中的函数浏览器使用方法与 MATLAB 命令行窗体的函数浏览器使用方法完全一致。在函数浏览器中，根据 MATLAB 产品模块的不同分类列出相应的函数，这时可以在搜索框中键入需要的函数名字，例如键入 average，则 MATLAB 将搜索得到相应的函数，如图 4-13 所示。

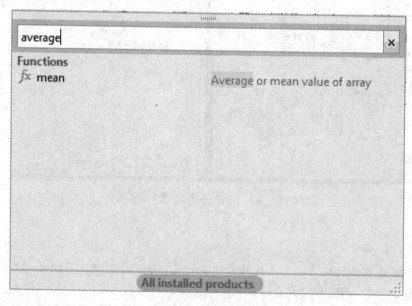

图 4-13　函数浏览器中搜索函数

　　如果将鼠标放置在相应的函数上，MATLAB 还能够显示该函数的在线帮助信息，效果如图 4-12 所示那样。函数浏览器是进行 M 语言应用程序开发时很好的辅助工具，可以帮助用户快速搜索定位所需要的函数。

4.4.2　输入/输出参数

一般情况下，M 语言函数具有特定的输入参数和输出参数，例如例 4-13 的 M 语言函数具有一个输入参数和一个输出参数。M 语言函数允许使用多个输入参数和多个输出参数，见例 4-14。

【例 4-14】　多个输入/输出参数的 M 函数——ourstats.m。

```
001         function [avg, stdev, r] = ourstats(x,tol)
002         % OURSTATS  例 4-14 多输入/输出参数示例
003         % 该函数计算处理矩阵，得到相应的均值
004         % 标准差和矩阵的秩
005         [m,n] = size(x);
006         if m == 1
007             m = n;
008         end
009         % 均值
010         avg = sum(x)/m;
011         % 标准差
012         stdev = sqrt(sum(x.^2)/m - avg.^2);
013         % 秩
014         s = svd(x);
015         r = sum(s > tol);
```

运行例 4-14，在 MATLAB 命令行窗体中，键入下面的命令：

```
>> A = [3 2 4; -1 1 2; 9 5 10]
A =
      3        2        4
     -1        1        2
      9        5        10
>> [a,s,r] = ourstats(A,0.001)
a =
    3.6667    2.6667    5.3333
s =
    4.1096    1.6997    3.3993
r =
      2
>> ourstats(A,0.001)
```

```
ans =
      3.6667      2.6667      5.3333
>> [a,s] = ourstats(A,0.001)
a =
      3.6667      2.6667      5.3333
s =
      4.1096      1.6997      3.3993
>> [a,s,r,q] = ourstats(A,0.001)
Error using ourstats
Too many output arguments.
>> [a,s,r] = ourstats(A,0.001,0.1)
Error using ourstats
Too many input arguments.
```

例 4-14 的 M 语言函数具有两个输入参数，三个输出参数，所以在调用该函数的时候，需要给出必需的输入/输出参数。注意调用该函数时的语法，将输出参数依次写在一个向量中，若输出参数的个数与函数定义的输出参数个数不一致，将计算得到的前几个输出参数作为返回值，返回值的个数等于用户指定的输出参数个数，计算的结果依次赋值给不同的变量。就像例 4-14 调用 ourstats 函数那样。如果在调用函数时，给定的输入/输出参数个数不满足函数的要求，则会报告相应的错误，请读者仔细察看本例最后的两种调用函数的错误模式。

M 语言函数的输入/输出参数和 C 语言函数的输入/输出参数不同。这些输入/输出参数在函数定义的时候不需要指出变量的数据类型，也不需要确定输入参数的维数或者尺寸。当阅读 M 语言函数代码的时候无法直接判断输入参数是标量还是向量还是矩阵，也无法判断其数据类型。虽然这种做法简化了程序编写的难度，提供了极大的灵活性，但是给程序执行带来了很多潜在的问题，开发人员需要在代码内判断调用函数的操作是否传递了正确的参数，例如使用 nargin 和 nargout 两个函数来获取当前调用函数时给定的输入/输出参数个数，利用 varargin 和 varargout 来获取数量可变的参数列表等，并且做好代码的异常控制。相关详细内容可以参阅 MATLAB 的帮助文档。

4.4.3　子函数

同一个 M 函数文件中可以包含多个函数。如果，在同一个 M 函数文件中包含了多个函数，那么，出现在文件中的第一个 M 函数被称之为主函数(Primary Function)，其余的函数被称为子函数(Subfunction)。M 函数文件的名称必须与主函数的名称保持一致，其他函数都必须按照函数的基本结构来书写，每一个函数的开始都是函数定义行，函数的结尾是另一个函数的定义行的开始或者整个 M 文件的结尾(最后一个子函数的结尾就是文件结束符)。一般情况下，子函数可以没有在线帮助，子函数的作用范围有限，它只能被那些定义在同一个 M 函数文件中的其他函数(包含主函数和其他子函数)来调用，不能被其他 M 函数文件定义的函数或脚本调用。

【例 4-15】　子函数应用例子——newstats.m。

```
001        function [avg,med] = newstats(u) %  主函数
002        % NEWSTATS  例 4-15 计算均值和中间值
003        n = length(u);
004        avg = mean(u,n);                    %  调用子函数
005        med = median(u,n);                  %  调用子函数
006
007        function a = mean(v,n)              %  子函数
008        %  计算平均值
009        a = sum(v)/n;
010
011        function m = median(v,n)            %  子函数
012        %  计算中间值
013        w = sort(v);
014        if rem(n,2) == 1
015            m = w((n+1)/2);
016        else
017            m = (w(n/2)+w(n/2+1))/2;
018        end
```

运行例 4-15，在 MATALB 命令行窗体中，键入下面的命令：

```
>> x = rand(1,10);
>> [mean,mid] = newstats(x)
mean =
    0.3978
mid =
    0.2970
```

例 4-15 的代码中，分别在 007 行和 011 行定义了两个子函数 mean 和 median，这两个子函数分别在主函数的 004 行和 005 行被调用。在 M 语言函数中调用子函数或者其他的函数也需要传递正确的输入和输出参数。

一般情况下子函数可以不编写在线帮助，如果子函数有在线帮助，则可以通过 help 命令来访问，例如可以在 MATLAB 命令行窗体中键入下面的命令，从而察看子函数 median 的在线帮助：

```
>> help newstats>median          计算中间值
```

4.4.4　局部变量和全局变量

在 M 语言函数中存在局部变量和全局变量。所谓局部变量，就是那些在 M 函数内部声明并使用的变量。这些变量仅能在函数调用执行期间被使用，一旦函数结束运行，则这些变量占用的内存空间将被自动释放，变量的数值也就不存在了。MATLAB 通过解释器来解

析执行 M 语言代码，在调用函数文件时，MATLAB 为不同的函数创建不同的工作空间，这就是函数的局部空间。这些工作空间之间彼此独立，一旦函数执行完毕，则函数的工作空间就不存在了。而所谓全局变量则是那些保存在 MATLAB 全局工作空间中的变量，这些变量只有在执行 clear 命令或者退出 MATLAB 时才会被彻底释放。一般情况下，脚本文件使用 MATLAB 的基本工作空间。

在本章前面的例子中，每个例子的函数内部声明使用的变量都是局部变量，所以函数执行完毕后，MATLAB 的基本工作空间中没有这些变量存在，参见例 4-16。

【例 4-16】 察看局部变量的例子。

```
001        function local
002        %LOCAL  例 4-16 察看局部变量的例子
003        x = rand(2,2);
004        y = zeros(2,2);
005        z = '函数中的变量';
006        u = {x,y,z};
007        disp(z)
008        whos
```

运行例 4-16，在 MATLAB 命令行窗体中键入下面的命令：

```
>> local
```

函数中的变量：

Name	Size	Bytes	Class	Attributes
u	1x3	388	cell	
x	2x2	32	double	
y	2x2	32	double	
z	1x6	12	char	

运行 local 函数之后，再次运行 whos 命令：

```
>> whos
```

此时 MATLAB 命令行窗体没有任何输出，工作空间浏览器中不存在变量 u、x、y 和 z。

局部变量的生存周期仅在函数活动期间，例如例 4-16 中，所有在函数运行过程中创建的变量在函数运行结束后就不存在了。

与局部变量相对应的就是全局变量。MATLAB 将全局变量保存在特殊的工作空间统一维护管理。全局变量在使用之前需要被声明为全局，方法是使用关键字 global 声明变量，例如声明全局变量 gXY，在 MATLAB 命令行窗体中键入下面的命令：

```
>> global gXY
>> whos
```

Name	Size	Bytes	Class	Attributes
gXY	0x0	0	double	global

这里需要强调一下，MATLAB 管理维护全局变量和局部变量使用了不同的工作空间，所以使用 global 关键字创建全局变量的时候会有三种情况：

(1) 若声明为全局的变量在当前的工作空间和全局工作空间都不存在，则创建一个新的变量，然后为这个变量赋值为空数组，该变量同时存在于当前工作空间和全局工作空间；

(2) 若声明为全局的变量已经存在于全局工作空间，则不会在全局工作空间创建新的变量，其数值同时赋值给当前工作空间中的变量；

(3) 若声明为全局的变量存在于当前工作空间，而全局工作空间不存在，则系统会提示一个警告信息，同时将局部的变量"挪"到全局工作空间中。

 注意：

这里强调一下 MATLAB 的三种工作空间，分别是函数使用的局部空间，全局变量使用的全局空间，以及 MATLAB 命令行窗体使用的基本工作空间。请读者仔细体会三者的区别。

【例 4-17】　使用全局变量的例子。

在 MATLAB 命令行窗体中键入下面的命令。

创建全局变量并赋值：

```
>> global myx
>> myx = 10;
```

变量的信息：

```
>> whos
  Name      Size           Bytes  Class     Attributes
  myx       1x1                8  double    global
```

清除变量：

```
>> clear myx
```

察看信息：

```
>> whos
```

当前的工作空间下没有任何变量，但是在全局工作空间下：

```
>> whos global
  Name      Size           Bytes  Class     Attributes
  myx       1x1                8  double    global
```

在当前工作空间再次创建变量：

```
>> myx = 23
myx =
    23
```

变量的信息：

```
>> whos
  Name      Size           Bytes  Class     Attributes
  myx       1x1                8  double
```

将其修改为全局变量(注意警告信息):

>> global myx

Warning: The value of local variables may have been changed to match the globals.　Future versions of MATLAB will require that you declare a variable to be global before you use that variable.

看看变量的数值:

>> myx

myx =

    10

清除当前的工作空间:

>> clear

>> whos global

Name	Size	Bytes	Class	Attributes
myx	1x1	8	double	global

清除所有的内存空间:

>> clear all

在全局工作空间下没有任何变量了:

>> whos global

例 4-17 中的操作可以说明全局变量与局部变量之间的差异,特别要注意局部变量转变为全局变量的过程,如此例所示,这个过程中原来局部变量的数值丢失了,请读者在使用全局变量时务必注意!

 注意:

其实使用全局变量来编写开发应用程序并不是一种好的编程习惯,在很多高级编程语言中都不允许使用全局变量。如果在进行 M 语言开发的过程中确实需要使用全局变量,请在该全局变量前使用 global 关键字完成声明。同时,由于全局变量可以在任何的函数中进行读写,在比较复杂的程序中查找全局变量错误的时候会非常的麻烦。

4.4.5　函数执行规则

到这里,读者应该能够执行 M 语言函数,也可以创建自己的算法函数文件了。只要在 MATLAB 的命令行窗体中,键入函数的名称,并且提供正确的输入/输出参数就会得到正确的结果。在 1.6.3 小节中简要介绍了 MATLAB 根据搜索路径来获取正确 M 语言文件的过程,实际的过程要更复杂一些。M 语言文件被 MATLAB 解释器解释执行,当用户在 MATLAB 命令行窗体键入一个命令或者执行 M 语言文件所包含的一条语句或者命令时,MATLAB 解释器根据相应的规则负责解析用户的输入,并且给出相应的答案。就目前而言,读者能够创建变量、创建函数文件和脚本文件,并且能够编写子函数,在代码中调用其他函数或者子函数以及内建函数等。

MATLAB 解释器解析函数调用的优先级如下：

(1) 首先判断相应的命令是否为变量；

(2) 若不是当前工作空间中的变量，判断相应的命令是否为 MATLAB 的内建函数；

(3) 若不是内建函数，则判断相应的命令是否为当前函数文件内的子函数；

(4) 若不是子函数，则为函数文件，则开始在当前的工作目录下搜索是否存在相应的函数文件；

(5) 若当前的工作目录下没有找到相应的函数文件，则开始按照搜索路径的次序搜索相应的函数文件；

(6) 若在同一个路径下发现同名的三种类型的文件 MEX 文件、P 代码文件和 M 代码文件，则优先执行 MEX 文件，其次是 P 代码文件，最低的优先级是 M 语言文件；

(7) 若在任意路径下都没有找到相应的函数文件或脚本文件，则系统报错。

 提示：

若需要了解具体调用的是哪一个对象，则可以使用 which 命令获取相应的信息。

这里需要注意的一点就是，MATLAB 工作空间中的变量比函数具有较高的优先级，在第 3 章的例 3-6 中已经有所演示。请读者一定要牢记函数文件调用的优先级规则，充分利用这些规则可以有效提高 M 文件的执行效率，简化代码的书写。当然，完整的 MATLAB 命令解析次序包含更加复杂的内容，如果大家需要了解更详细的内容，请读者参阅帮助文档中相应的内容。

 提示：

P 代码文件是从 M 文件用 pcode 命令生成的一种混淆代码文件，它是 M 文件经过解析编译之后得到的代码(P = Parse)，代码的细节不可见，仅能在 MATLAB 环境下被调用执行。通常情况下，P 代码文件仅被用于保护代码内部的细节，但是需要提醒读者，P 代码文件并不是加密文件，不能保证代码算法的真正安全。

将 M 语言函数文件转变为 P 代码文件的方法是：

>> pcode fun1 fun2...

另外，MATLAB Release 2007b 版本开始改写了 pcode 算法，在此版本之前编译解析的 P 代码文件自 MATLAB Release 2015b 版本开始就不能被正确解析执行，需要使用 pcode 命令重新编译相应的 M 语言函数文件。而 MATLAB Release 2007b 版本之后编译的 P 代码不能在旧版本的 MATLAB 中被正确解析执行。

MEX 函数文件是使用 C/C++或者 FORTRAN 语言进行开发并且经过编译后可以在 MATLAB 环境中使用的算法函数文件。MEX 函数文件被用于在 MATLAB 环境中集成已有的 C/C++或者 FORTRAN 语言开发的算法。关于 MEX 函数的详细信息请参阅 MATLAB 的帮助文档或者介绍 MATLAB 外部接口编程的书籍。

4.5 M 文件调试

M 语言文件的编辑器——meditor 不仅是一个文件编辑器，同时还是一个可视化的调试开发环境。在 M 语言编辑器中可以对脚本文件、函数文件进行调试，以排查程序的错误。本小节将讲述在 M 语言编辑器中进行可视化调试的过程。

4.5.1 一般调试过程

一般来说，应用程序的错误有两类，一类是语法错误，另外一类是运行时错误。其中，语法错误包括了词法或者文法的错误，例如函数名称的错误拼写，调用函数时使用了错误的输入输出参数等。而运行时错误是指那些程序可以运行，但是运行过程得到的结果不是用户需要的情况。不论是哪一种错误，都必须在开发的过程中找到错误并且给予修正。由于 M 语言是一种解释型语言，语法错误和运行时错误大多都是在代码运行过程中才被发现，所以程序的调试往往是在程序无法得到正确结果时进行程序修正的重要手段。随着 MATLAB 版本的不断升级，发现并且定位 M 语言文件所包含的错误的手段越来越丰富。例如，例 4-2 已经讨论到的代码错误剖析功能，也算是一种辅助的代码调试手段。

这里结合具体的例子说明 M 文件一般调试的过程。

【例 4-18】 M 文件调试代码——stats_error.m。

```
001    function [totalsum,average] = stats_error (input_vector)
002    % STATS_ERROR 例 4-18 计算输入参数的和值和均值
003    totalsum = sum(input_vector);
004    average = ourmean(input_vector);
005
006    function y = ourmean (x)
007    % OURMEAN -计算均值
008    [m,n] = size(x);
009    if m == 1
010        m = n;
011    end
012    y = sum(input_vector)/m;
```

首先在 MATLAB 命令行窗体中尝试执行上面的函数：

```
>> [sum avg] = stats_error(rand(1,50))
Unrecognized function or variable 'input_vector'.
Error in stats_error>ourmean (line 12)
y = sum(input_vector)/m;
Error in stats_error (line 4)
average = ourmean(input_vector);
```

　　MATLAB 的命令行窗体中会显示错误信息，错误信息是红色的字体，并且在 Error in 后面的文字具有下画线，是出现错误的代码行超链接，如图 4-14 所示。

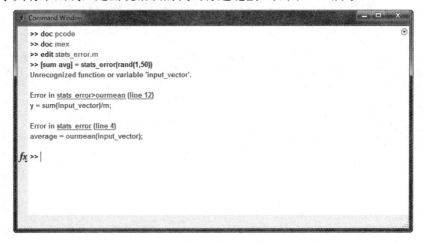

图 4-14　MATLAB 命令行中显示程序执行错误信息

　　如果此时单击超链，则会显示函数的在线帮助窗体，里面的内容是函数的在线帮助，如图 4-15 所示。

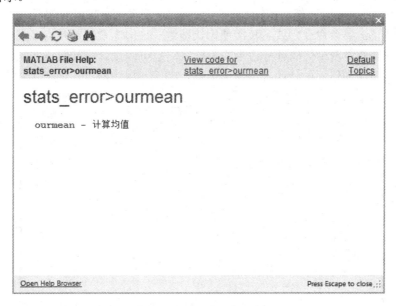

图 4-15　显示函数的在线帮助

　　如果此时单击命令行窗体中错误信息 Error In 后面的行号(line 12)，则 MATLAB 会启动 M 语言编辑器并且打开出错的代码文件，同时将光标停留在出现错误的代码行。此时就可以利用 M 语言编辑器设置断点完成代码的调试。

　　断点的设置可以通过 M 语言编辑器工具条 EDITOR 标签中的 Breakpoints 菜单命令来创建，如图 4-16 所示。

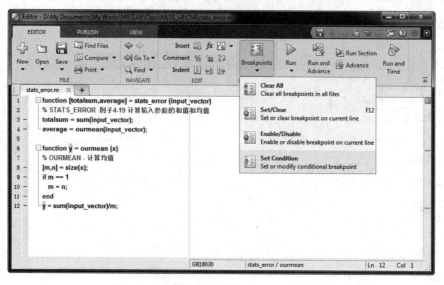

图 4-16　M 语言编辑器的 Breakpoints 菜单

由于在前面的操作中，M 语言编辑器已经自动定位到了出现错误的代码行(第 12 行)，则此时可以通过该菜单下的 Set/Clear 菜单命令来设置程序断点，具体方法是确认光标停留在 M 语言编辑器的第 12 行，然后执行 M 语言编辑器工具条 EDITOR 标签相应的 Breakpoints 菜单下的 Set/Clear 菜单命令，或者直接使用快捷键——F12 来设置断点，或者用鼠标左键单击 M 语言编辑器左侧栏代码行号边上的短横线，也可以设置标准断点。此时，在代码的第 12 行，也就是出现错误的代码行，左侧用红色的圆点标识断点，如图 4-17 所示。

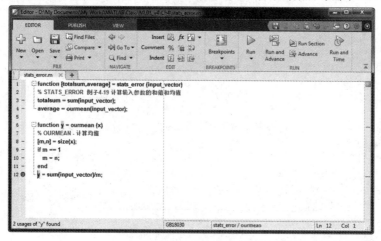

图 4-17　设定断点

设置好断点之后，再次使用同样的命令运行该函数。由于代码设置有程序断点，所以这次运行时 MATLAB 不会报告代码运行错误，而是进入到调试状态。进入到调试状态时，MATLAB 的命令行窗体中会显示当前断点的代码行，并且命令行窗体提示符变成"K>>"，表示当前 MALTAB 的状态为调试状态。此时，在 M 文件编辑器中，第 12 行代码前有绿色的箭头，表示当前程序运行在此处中断，如图 4-18 所示。

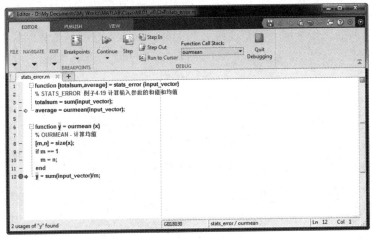

图 4-18　M 语言编辑器的调试模式

由于 M 语言编辑器窗体尺寸的原因，图 4-18 所示的 EDITOR 工具条部分内容被缩减，可以通过拉宽 M 语言编辑器窗体来显示完整的工具条。调试模式下，M 语言编辑器会显示与代码调试相关的菜单命令按钮，如图 4-19 所示。

图 4-19　调试模式下的 M 语言编辑器 EDITOR 工具条

这些按钮分别是继续执行(Continue)、单步执行(Step)、进入函数(Step in)、跳出函数(Step out)、运行至光标(Run to Cursor)、函数调用堆栈(Function Call Stack)以及退出调试模式(Quit Debugging)等调试程序的功能。将鼠标光标移动到按钮处并保持几秒钟，M 语言编辑器能够给出相应的提示。

通过 M 语言编辑器用户界面中的 Stack 下拉列表框可以了解当前应用程序使用的堆栈状态，例如本例子中 Stack 下拉列表框中包含 ourmean、stats_error 和 Base，由下至上，分别为调用者和被调用者之间的关系，同时这些内容也是函数的工作空间使用状态。此时在 MATLAB 命令行窗体的 "K>>" 提示符下，可以任意键入 MATLAB 命令进行运算和处理。此时需要注意当前在 MATLAB 命令行窗体执行的命令具体是处于哪一个 MATLAB 工作空间，也就是需要留意当前 Stack 下拉列表框中所选择的那个工作空间，例如，当 Stack 下拉列表框为 ourmean 时，在 MATLAB 命令行窗体下键入命令：

```
K>> whos
  Name        Size        Bytes    Class      Attributes
  m           1x1             8    double
  n           1x1             8    double
  x           1x50          400    double
```

再来看看之前执行函数时，在 MATLAB 命令行窗体显示的错误信息：

Undefined function or variable 'input_vector'.

很明显，当前的工作空间下没有变量名为 input_vector，这就是该程序执行出错的原因。所以只要将程序中第 12 行代码的 input_vector 修改成为 x 就应该能得到正确的程序执行效果。

注意：

修改代码之后一定要保存才能够让修改生效。如果在调试模式修改了代码，保存代码会自动退出调试模式。在早期版本的 MATLAB 中，如果不退出调试模式而修改了代码，在保存代码时，MATLAB 将提示用户，如图 4-20 所示。

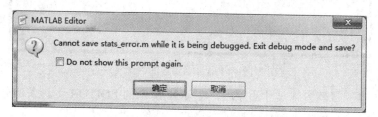

图 4-20　退出调试模式的警告信息

如果需要退出调试模式，可以直接执行 M 语言编辑器调试程序工具条下的 Quit Debugging 菜单命令，或者在调试模式的 "K>>" 提示符下键入命令 dbquit，都可以退出调试模式。

如果需要清除设置好的断点，首先将光标设置在有断点的代码行，然后执行 M 语言编辑器工具条 EDITOR 标签相应的 Breakpoint 菜单下的 Set/Clear 菜单命令，也可以通过相应菜单下的 Clear all 命令把当前编辑器编辑的所有 M 文件中的断点清除。

注意：

断点信息仅在当前的 MATLAB 会话期间有效。只要不关闭 MATLAB，不进行任何清除断点的操作，即使关闭了 M 语言编辑器，当再次打开 M 语言编辑器编辑同一个 M 文件时，断点依然存在。

MATLAB 可视化程序调试功能可以充分发挥 MATLAB 命令行窗体 "演算纸" 的能力，一边演算一遍调试代码，来快速定位代码的错误，实现调试 M 语言应用程序的工作。

4.5.2　条件断点

所谓条件断点，就是当代码执行过程中，代码中某个条件满足时再进入到调试模式。这种条件断点对于调试那些循环结构代码非常有效，因为循环体内的代码很有可能是在循环的某个阶段才出现错误，也就是说，当循环变量达到某个数值时，才出现错误。早期版本的 MATLAB 没有条件断点的功能，只能使用标准断点来进行调试，对于老版本的 MATLAB 用户来说，这是非常痛苦的一件事情。

这里使用例 4-7 的代码演示设置条件断点的方法。

```
001        %例 4-7 for_example.m
```

```
002        sum = 0;
003        for i = 1:1000
004            sum = sum+i;
005        end
006        str = ['The result: ',num2str(sum)];
007        disp(str)
```

条件断点其实可以设置在代码的任意行，只要能够满足相应的条件就会中断当前程序执行进入到调试模式，这里将断点设置在循环体内，也即是代码的 004 行。首先，还是要把光标放置在需要设置断点的代码行，然后执行 M 语言编辑器工具条 EDITOR 标签相应的 Breakpoint 菜单下的 Set Condition 菜单命令，则此时将弹出断点设置对话框，如图 4-21 所示。

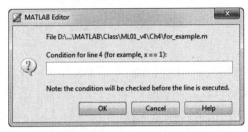

图 4-21　设置条件断点

在对话框中，设置条件变量，例如设定关系表达式 i >= 10，意味着当循环控制变量大于或者等于 10 时，中断程序执行并且进入到调试模式。需要注意的是，在对话框中提示用户相应的条件将在执行该行代码之前被检测，如果满足，则立即进入到调试模式下。

与标准断点不同的是，设置条件断点处将用黄色圆点来标识断点的存在。这时，就可以执行代码，完成代码调试工作。具体的操作请读者自行尝试一下，以便掌握程序调试的方法和过程。

4.5.3　命令行调试

MATLAB 也提供了一些命令用于进行 M 文件的调试，在表 4-4 中，对这些命令进行了总结。

表 4-4　应用于调试状态的命令

命令	说　　　明
dbclear	清除已经设置好的断点
dbcont	继续执行，等同于工具栏中的 ▤ 按钮
dbdown/dbup	修改当前工作空间的上下文关系
dbquit	退出调试状态
dbstack	显示当前堆栈的状态
dbstatus	显示所有的已经设置的断点
dbstep	执行应用程序的一行或者多行代码
dbstop	设置断点
dbtype	显示 M 文件代码和相应的行号

　　表 4-4 中的命令具体的使用方法请读者查阅 MATLAB 的帮助文档,因为随着 M 语言编辑器的功能越来越强大,现在已经很少有人在命令行内进行代码调试工作,所以这些函数的具体用法在本书中就不再赘述。这些命令之中比较常用的命令是 dbquit,往往在可视化调试过程中,没有退出调试状态就关闭了 M 文件编辑器,这时可以在"K>>"提示符下键入该命令退出调试状态。还有一种常见模式是在 startup.m 文件中利用 dbstop 命令预先设置自动断点,例如使用指令 dbstop if error,这样只要程序运行出现错误就会自动进入调试模式。随着 MATLAB 的升级,其图形化的功能逐渐增强,越来越少的用户需要在命令行的环境下来实现程序调试工作了,除非在一些很特殊的操作系统环境下,例如 Unix/Linux 操作系统下面,可能会需要用到一些这方面的内容。

本 章 小 结

　　本章主要讲述了关于如何利用 MATLAB 的编程语言——M 语言进行编程的方方面面。MATLAB 提供了一种高级编程语言——M 语言,这种语言的语法结构与 C 语言类似,任何熟悉 C 语言的用户学习使用 M 语言都不会有任何障碍。尽管 M 语言是一种解释型编程语言,但是随着 MATLAB 版本的不断升级,以及充分利用 MATLAB 提供的各种编程技巧,能够有效提高 M 语言应用程序的执行效率,使 M 语言成为了工程领域中最适合进行算法开发验证的编程语言。

　　通过本章的学习,读者应该能够比较熟练地利用 M 语言实现自己的想法。MATLAB 是灵活可靠的开发环境,用户不仅可以利用已有的 MATLAB 的功能,还能够利用 M 语言丰富 MATLAB 的能力。本章所涉及的内容仅仅是 M 语言的一部分内容,请读者仔细阅读 MATLAB 的帮助文档以获得更加全面的信息。

练　　习

　　1. 给定三个变量,看看它们是否能够组成一个三角形。编写 M 函数,与用户交互输入三个变量分别表示三角形边长,而输出则为字符向量,说明给定的边长是否能够组成三角形,若可能,可以进一步指出是否为等腰三角形或者等边三角形。

　　2. 在第 1 章的练习 2 中出现了公式:

$$y = \frac{\sqrt{3}}{2} e^{-4t} \sin\left(4\sqrt{3}t + \frac{\pi}{3}\right)$$

请尝试编程实现函数,以 t 的数值作为输入参数,可以由用户指定 t 的取值范围和间隔。

　　3. 斐波那契数列(Fibonacci Sequence)又被称为黄金分割数列,它由莱昂纳多·斐波那契以兔子繁殖为例引入,故又被叫作"兔子数列",是这样的一个数列: 1, 1, 2, 3, 5, 8, 13, 21, …,即从第三项开始,每一项都是前两项数字之和,其递推公式如下:

$$a_1 = a_2 = 1$$
$$a_n = a_{n-1} + a_{n-2} \quad (n \geqslant 3)$$

编程实现求 N 项的斐波那契数列。

4. 中国古代的数学家祖冲之利用正多边形逼近的割圆法计算了常数 π 的数值。众所周知，当正多边形的边数越多，其周长就会越接近其外接圆的周长，那么正多边形与外接圆之间的关系可以如图 4-22 所示。请尝试编程实现常数 π 的计算，要求精确到小数点以后的第十位，并且比较一下 MATLAB 的内建函数 pi 与程序计算结果。

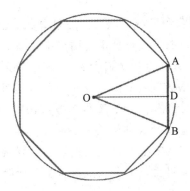

图 4-22　正多边形逼近的割圆法计算常数 π

5. 请读者比较一下例 4-14 ourstats.m 的代码和例 4-15 newstats 的代码，这两个例子的代码在计算均值的时候存在差异，假设输入参数如下：

A = [1 -2 -1 0 2; -2 4 2 6 -6; 2 -1 0 2 3; 3 3 3 3 4]

两个代码执行的效果是否一致？如果不一致，请尝试使用代码调试的方法，修订错误的代码。

第 5 章　导入/导出数据文件

人们在日常生活中要处理各种各样的数据。在计算机的世界里，数据以各种格式的文件出现，如常用的纯文本格式、图像处理使用的图形图像格式、语音信号的 WAV 格式或者经过数字压缩的 MP3 格式、视频信号的 AVI 格式、Microsoft Excel 电子表格格式、互联网中大量使用的 XML 格式等。MATLAB 作为一种科学计算及数据处理的平台，提供了丰富的功能，用于数据文件的输入/输出，并且具有与互联网、串行通信端口的数据交互能力。一般地，MATLAB 从硬盘或者剪贴板获取数据到 MATLAB 工作空间的过程被称为导入(Importing)数据，而 MATLAB 将工作空间内的变量按照一定格式保存到硬盘的过程称为导出(Exporting)数据。本章将主要介绍 MATLAB 进行数据文件导入/导出操作的三大类函数。

本章要点：

- 处理 MATLAB 自有数据文件格式的 MAT 数据文件导入/导出的函数；
- 针对某些标准格式数据文件的导入/导出函数；
- 导入/导出数据文件的低级例程函数。

其中，前面两类数据文件导入/导出函数也被称为导入/导出数据文件的高级例程函数。

5.1　高级例程函数

MATLAB 可以将工作空间内的变量保存成某些标准格式的数据文件或者从这些标准格式的数据文件中直接读取数据，并且提供了若干函数来支持这种操作，这些函数被称为 MATLAB 数据文件导入/导出的高级例程函数。本节将分别讨论 MAT 格式数据文件、文本格式数据文件和一般二进制格式数据文件的导入/导出函数。

5.1.1　MAT 数据文件操作

MAT 数据文件是 MATLAB 独有的数据文件格式，这种文件是一种二进制格式文件，扩展名为 .mat。一般来说，MAT 数据文件仅在 MATLAB 运行(Run-Time)环境下被读写，它为 MATLAB 提供了跨操作系统平台的数据交互能力。这些*.mat 文件之所以能够独立于各种平台，是因为在 MAT 数据文件内带有设备的签名，MATLAB 在导入这种数据文件时将检查这个签名，如果发现文件来源不同于当前的系统，则自动进行必要的转换。MAT 数据文件的文件格式组成如图 5-1 所示。一般 MAT 数据文件分为两个部分：文件头部和数据。其中，文件的头部主要包括一些描述性文字和相应的版本与标识，这部分占用了 120 多字节；此后依次是保存在 MAT 文件中的数据，数据是按照数据类型、数据长度和数据三个部分保存的。

 提示：

其实 MAT 数据文件可以在 MATLAB 以外的环境中进行读写操作，例如可以通过编程被 C 或者 FORTRAN 语言编写的程序读写，MATLAB 提供了相应的 API 用于这些应用程序的编写。有关 MAT 文件的 C/FORTRAN 语言 API，可以参阅有关 MATLAB 外部接口的书籍或者 MATLAB 的帮助文档。

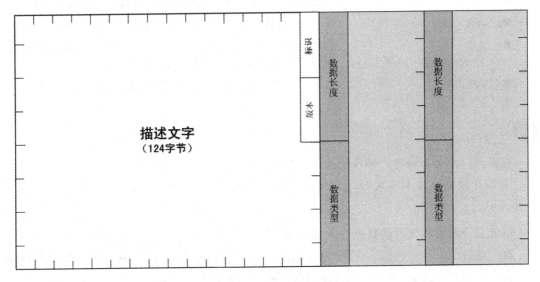

图 5-1　MAT 数据文件格式

MAT 文件是 MATLAB 独有的文件格式，提供了跨平台的数据交换能力，也是 MATLAB 用户最常用的数据文件格式。在 MATLAB 中，可以将当前工作空间中的变量保存成 MAT 文件，也可以将 MAT 文件中的数据导入到 MATLAB 的工作空间中。这两个过程分别使用 save 命令和 load 命令来完成。

需要说明一点，load 和 save 命令不仅能够加载或者保存 MAT 格式的数据文件，还能够加载一般的文本格式文件，但是文本数据文件的数据不能包含特殊的间隔符。因此，有些书籍将这两个命令称为操作"一般数据文件"的命令。

save 命令能够将当前工作空间中的变量保存到指定的数据文件中。其基本语法如下：
- save　　　　　　　　　　　将当前工作空间中所有的变量保存到 matlab.mat 文件中
- save filename var1 var2…　将当前工作空间中的变量 var1、var2 等保存到指定文件中
- save filename data*　　　　功能同上，其中*为通配符

- ■ save filename   将当前工作空间中的所有变量保存到指定的文件中
- ■ save…option   按照 option 的不同取值保存数据
- ■ save('filename',…)   save 命令的函数格式用法

其中，option 可以有如下几种可能：

- ■ -append   在已有的数据文件尾部追加数据
- ■ -ascii   保存为 ASCII 文本格式，数据按照 8 位精度保存
- ■ -ascii -double   保存为 ASCII 文本格式，数据按照 16 位精度保存
- ■ -ascii -tabs   保存为 ASCII 文本格式，数据之间使用制表符作为间隔
- ■ -ascii -doube -tabs   上述几种选项的结合
- ■ -mat   保存为二进制的 MAT 文件格式(默认)
- ■ -v4   保存为 MATLAB 4 或更早版本能够识别的数据文件
- ■ -v6   保存为 MATLAB 6 或者 5 能够识别的数据文件
- ■ -v7   保存为 MATLAB 7 能够识别的数据文件，包含数据压缩
                         以及 Unicode 的使用
- ■ -v7.3   在 64 bit 平台上，保存海量数据(超过 2 GB)时使用

 注意：

在国内，绝大部分用户都在使用 MATLAB 6 或者 6 以上的版本，所以-v4 选项很少使用。若保存数据为文本格式时，不指定制表符作为间隔符，则数据之间使用空格作为间隔符。

load 命令将数据文件的数据导入到 MATLAB 工作空间，其基本的语法如下：

- ■ load   将 matlab.mat 文件中的所有变量加载到当前的工作空间
- ■ load filename   将指定文件中的所有变量加载到当前的工作空间
- ■ load filename var1 var2… 将指定文件中的指定变量加载到当前工作空间
- ■ load filename -ascii   将数据文件按照文本格式加载
- ■ load filename -mat   将数据文件按照 MAT 文件格式加载
- ■ S = load(…)   load 命令的函数格式用法

 注意：

使用 load 命令加载数据文件时，数据文件只要保存在 MATLAB 的搜索路径上即可，同时若不指明数据文件的扩展名，则数据文件默认按照 MAT 文件格式加载，否则都按照文本格式文件加载。

下面结合具体的操作实例来说明 save 和 load 命令的使用方法。

【例 5-1】　save 和 load 命令示例。

在 MATLAB 命令行窗体中，键入下面的命令：

>> clear all;clc;

创建变量：

>> x1 = 2; x2 = 3; x3 = 4;y1=0;

保存数据：

>> save xdata x1 x2

察看当前路径下的 MAT 文件：

>> str = what(pwd)

str =

　　struct with fields:

　　　　　　path: 'D:\My Documents\My Works\MATLAB\Class\ML01_v4\Ch5'

　　　　　　　m: {8×1 cell}

　　　　　mlapp: {0×1 cell}

　　　　　　mlx: {0×1 cell}

　　　　　　mat: {'xdata.mat'}

　　　　　　mex: {0×1 cell}

　　　　　　mdl: {0×1 cell}

　　　　　　slx: {0×1 cell}

　　　　　　sfx: {0×1 cell}

　　　　　　　p: {0×1 cell}

　　　　classes: {0×1 cell}

　　　packages: {0×1 cell}

将数据保存为 ASCII 格式文件：

>> save xdata2.dat x* -ascii

>> clear all

加载数据(默认加载二进制格式文件)：

>> load xdata

>> whos

Name	Size	Bytes	Class	Attributes
x1	1x1	8	double	
x2	1x1	8	double	

加载 ACSII 格式的数据：

>> load xdata2.dat

>> whos

Name	Size	Bytes	Class	Attributes
x1	1x1	8	double	

| x2 | 1x1 | 8 | double |
| xdata2 | 3x1 | 24 | double |

使用 whos 命令察看 MAT 数据文件：

>> whos -file xdata.mat

Name	Size	Bytes	Class	Attributes
x1	1x1	8	double	
x2	1x1	8	double	

察看其他格式数据文件则会报错：

>> whos -file xdata2.dat

Error using whos

Could not open xdata2.dat as a valid MAT-file.

例 5-1 演示了使用 save 和 load 命令保存加载数据的基本过程，需要注意保存数据文件时通配符"*"的使用。在例 5-1 的操作中，MATLAB 将所有以 x 开头的变量保存到了纯文本文件(xdata2.dat)中。另外，在加载文本格式的数据时，MATLAB 将所有的数据保存在一个变量之中。同样，在保存数据的时候，若不保存为二进制格式的 MAT 文件，则最好指定数据文件的扩展名。

在使用 save 命令时需要注意，例 5-1 的保存数据文件的方法每次都会新建一个新的数据文件，也就是说，在不指定特别参数的情况下，每次保存数据文件时都会将原有数据全部覆盖。如果确实需要向已经存在的数据文件中追加数据，则需要使用'-append'命令行参数。例如，在 MATLAB 命令行窗体中键入下面的命令：

>> x1 = 2; x2 = 3; x3 = 4;y1=0;

>> save xdata x1 x2

>> whos -file xdata.mat

Name	Size	Bytes	Class	Attributes
x1	1x1	8	double	
x2	1x1	8	double	

再次向同一个数据文件中写入数据：

>> save xdata x3

>> whos -file xdata.mat

Name	Size	Bytes	Class	Attributes
x3	1x1	8	double	

此时数据文件被覆盖，需使用 '-append' 参数：

>> save xdata x1 x2 -append

>> whos -file xdata.mat

Name	Size	Bytes	Class	Attributes
x1	1x1	8	double	
x2	1x1	8	double	
x3	1x1	8	double	

提示:

在例 5-1 中使用 what 指令时给出了返回变量 str。这个变量的类型为结构,其中不同的字段分别表示了当前路径(pwd)下都有哪些 MATLAB 文件,每个字段的数据类型为元胞数组,如 M 语言文件、MATLAB 应用(mlapp)、MATLAB 实时脚本文件(mlx)、MAT 数据文件、mex 函数文件、Simulink 模型(mdl)、Simulink 扩展模型(slx)、Simulink S 函数文件(sfx)、p 代码文件、MATLAB 类(class)以及 MATLAB 工具箱组合(packages)。关于这些文件的详细介绍,请读者查阅 MATLAB 的帮助文档。

从 MATLAB Release 14 版开始,MATLAB 对于 MAT 数据文件保存过程引入了 MAT 数据压缩能力,而 MATLAB 6.x 以前的版本都不对保存在 MAT 数据文件中的数据进行压缩再保存。

【例 5-2】 save 命令的数据压缩能力。

在 MATLAB 命令行窗体中,键入下面的命令:

```
>> A = rand(1000,1000);
>> whos
  Name        Size              Bytes  Class      Attributes
  A        1000x1000          8000000  double
```

保存数据文件:

```
>> save file1 A
```

察看数据文件所占硬盘空间:

```
>> !dir file*.mat
 Volume in drive D is Workspace
 Volume Serial Number is 9C7B-BCD1

 Directory of D:\My Documents\My Works\MATLAB\Class\ML01_v4\Ch5

2020/11/24   14:15           7,566,218 file1.mat
               1 File(s)      7,566,218 bytes
               0 Dir(s)  393,796,476,928 bytes free
```

保存成非压缩格式:

```
>> save file2 A -v6
```

察看数据文件所占硬盘空间:

```
>> !dir file*.mat
 Volume in drive D is Workspace
 Volume Serial Number is 9C7B-BCD1

 Directory of D:\My Documents\My Works\MATLAB\Class\ML01_v4\Ch5

2020/11/24   14:15           7,566,218 file1.mat
2020/11/24   14:16           8,000,184 file2.mat
               2 File(s)     15,566,402 bytes
               0 Dir(s)  393,788,473,344 bytes free
```

由上面的操作可以看到，在当前的 MATLAB 版本下，默认保存 1 000 000 个双精度的数据所占用的硬盘空间为 7 566 218 B，而不压缩时(使用参数-v6)，则占用了 8 000 184 B。如果读者在使用 MATLAB 过程中，需要将自己的数据交给那些依然使用老版本 MATLAB 的用户，则一定要注意数据文件格式的转换，否则，新版本 MATLAB 保存的数据文件在老版本的 MATLAB 中无法被正确加载。如果确实不想使用 MATLAB 数据文件压缩保存的特性，则可以通过 MATLAB 的 Preferences 对话框中相应的设置来取消数据文件压缩特性，如图 5-2 所示。

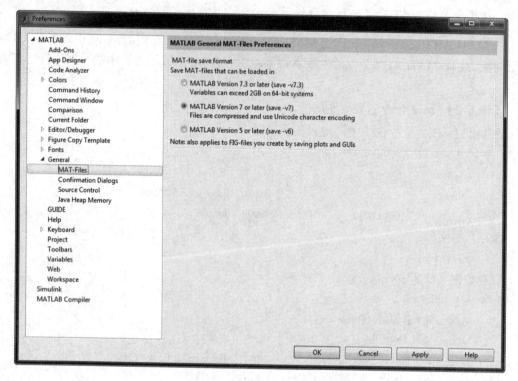

图 5-2   设置数据保存与早期 MATLAB 兼容

 提示：

The MathWorks 公司推荐用户在使用 MATLAB 的过程中尽量使用 MAT 文件保存用户的数据，这样便于不同平台下的用户共享数据。

不同版本的 MATLAB 可以在 MAT 文件中保存的数据有所不同：

• MATLAB 4 以及更早期的 MATLAB 仅仅支持二维双精度数据、字符数组以及稀疏矩阵；

• MATLAB 5.x 以及 6.x 在 MATLAB 4 的基础之上增加了对多维数组、结构以及元胞数组的支持；

• MATLAB 7.0 到 MATLAB 7.2 增加了对数据压缩以及 Unicode 的支持；

• 在 MATLAB 7.3 之后增加了对海量数据的支持。

请读者在使用 MAT 数据文件时要注意这些不同版本 MATLAB 之间的不同。

在处理结构数据时，save 和 load 有一些特殊的操作，见下面的示例。

【例 5-3】　save 和 load 命令对结构的操作。

在 MATLAB 命令行窗体中，键入下面的命令：

```
>> Movie.Name = "Thunderball";
>> Movie.Grade = 6.9;
>> Movie.LeadActor = 'Sean Connery';
>> Movie.LeadActress = 'Claudine Auger';
>> whos
```

Name	Size	Bytes	Class	Attributes
Movie	1x1	898	struct	

```
>> save Movie.mat -struct Movie
>> clear all
>> load Movie.mat
>> whos
```

Name	Size	Bytes	Class	Attributes
Grade	1x1	8	double	
LeadActor	1x12	24	char	
LeadActress	1x14	28	char	
Name	1x1	166	string	

可以看到，当使用了'-struct'命令行参数之后，save 命令将结构的不同字段分别作为变量保存在了 MAT 数据文件中，如果不使用这个参数，则保存的数据就是一个结构对象。

 注意：

只有在保存结构标量对象时，才能够使用'-struct'命令行参数。例如，在 MATLAB 命令行窗体中，键入下面的命令：

```
>> moviename = {"Dr.No", "From Russia with Love","Golden Finger","Thunderball"};
>> moviegrade = {7.0, 7.2, 7.2 6.9};
>> movieleadactor = {'Sean Connery'   'Sean Connery' 'Sean Connery' 'Sean Connery'};
>> movieleadactress = {'Ursula Andress' 'Daniela Bianchi' 'Honor Balckman' 'Claudine Auger'};
>> Movie = struct('Name', moviename, ...
'Grade', moviegrade,...
'LeadActor', movieleadactor,...
'LeadActress',movieleadactress);

Movie =
    1×4 struct array with fields:
        Name
```

  Grade

  LeadActor

  LeadActress

保存数据文件:

  >> save Movie.mat -struct Movie

  Error using save

  The argument to -STRUCT must be the name of a scalar structure variable.

5.1.2　文本文件操作

  通常情况下，save 和 load 命令仅用于处理.mat 格式的数据文件，尽管利用这两个命令也可以将数据加载或者保存为纯文本格式的数据文件，但是要求数据文件内容相对比较简单。很多时候，第三方提供的数据文件数据之间具有特殊的间隔符，或者要求使用特别的间隔符间隔数据，或者直接使用 Excel 电子表格形式保存了数据，这时 save 或者 load 命令就不能发挥作用了。MATLAB 对应常见的标准数据文件提供了相应的函数，用来完成这些类型数据文件的加载和保存工作。表 5-1 对常用的数据文件读写函数进行了总结。

表 5-1　数据文件读写函数

文件类型	函　数	说　　明
文本文件	csvread	读取以逗号作为间隔符的文本数据文件
	csvwrite	保存数据到文本文件，逗号作为间隔符
	dlmread	按照指定的间隔符读取文本文件的数据
	dlmwrite	按照指定间隔符将数据写入文本文件
	textscan	按照指定的格式从文本文件中读取数据
	readtable	从文件中读取表格数据对象
	writetable	将表格数据对象写入文件
Excel 电子表格	xlsfinfo	获取文件类型基本信息
	xlsread	读取 Excel 电子表格中的文件数据
	xlswrite	将数据写入 Excel 表格文件中

【例 5-4】　有间隔符的文本读写——delimiter_example.m。

```
001      function delimiter_example
002      % delimiter_example 例 5-4
003      % 读取具有不同间隔符号的文本数据文件
004
005      % 创建数据
006      A = char(round(rand(2,5)*100));
```

```
007        %  将数据 A 保存到 csvexamp.txt
008        csvwrite('csvexamp.txt',A);
009        %  在从该文件中读取数据
010        B = dlmread('csvexamp.txt',',');
011        %  进行数据处理...
012        %  将数据 B 保存到 dlmexamp.txt,间隔符由用户输入
013        c = input('输入符号作为间隔符: ','s');
014        dlmwrite('dlmexamp.txt',B,c);
015        disp('保存数据文件完毕! ');
016        %显示文件的内容
017        disp('csvexamp.txt:')
018        type csvexamp.txt
019        disp('dlmexamp.txt:')
020        type dlmexamp.txt
```

执行例 5-4 的代码,在 MATLAB 命令行中键入:

```
>> delimiter_example
输入符号作为间隔符: Q
保存数据文件完毕!
csvexamp.txt:
87,71,36,42,98
15,6,84,92,39
dlmexamp.txt:
87Q71Q36Q42Q98
15Q6Q84Q92Q39
```

 注意:

在上面例子的运行过程中,输入的间隔符只能是一个单一字符。

例 5-4 使用了 csvwrite、dlmread 和 dlmwrite 函数进行了文本文件的读写。在读写过程中,需要注意不同文件数据的间隔符号。csvread 和 csvwrite 函数可以看作 dlmread 和 dlmwrite 函数的特殊版本。

5.1.3 导入其他类型数据文件

除了前面讲述的几种数据文件类型以外,MATLAB 还能够加载声音、图像等二进制数据文件。MATLAB 能够读入的二进制数据文件类型以及相应的加载函数可以通过阅读 MATLAB 帮助文档中 File Format 的相关信息来了解其细节。表 5-2 总结了 MALAB 可以直接加载的常见二进制数据文件类型。

表 5-2　常见的 MATLAB 数据文件格式

文件类型	扩展名	说　　明
声音格式文件	.wav	Microsoft 音频格式文件
	.au	Sun 系统音频格式文件
电子表格	.xls	Excel 电子表格
影片格式文件	.avi .wmv .asf	多媒体文件格式
图形图像格式	.bmp .cur .gif .hdf .ico .jpg (.jpeg) .pbm .pcx .pgm .png .pnm .ppm .ras .tif (.tiff) .xwd	各种常用的图形图像格式文件
科学数据格式	.cdf .hdf .fits .h5	这里的 hdf 格式文件不是图像文件格式

 注意:

在读取影片格式文件时，MATLAB 在不同的操作系统平台下能够读取的文件格式不尽相同。例如，在 Windows 平台下可以读取 WMV 格式的文件，在 MAC 平台下可以读取 MOV 格式的文件，请大家参阅 MATLAB 的帮助文档。

在较早的 MATLAB 版本中，用户可以通过键入 MATLAB 命令 help fileformats 来获取可以读取的二进制文件以及相应函数的信息。

下面是一个读取电子表格数据文件的例子。

【例 5-5】　读取 Excel 电子表格中的文件数据。

本例中使用的电子表格文件包含下列数据:

日期	数据	这里呢？
1	11	
2	12	
3	13	
4	14	
5	15	
6	16	
7	NaN	
8	Inf	
9	19	

在 MATLAB 中读取该电子表格文件中的数据：

>> [a b] = xlsread('xlsexamp.xlsx')

a =

1	11
2	12
3	13
4	14
5	15
6	16
7	NaN
8	NaN
9	19

b =

9×3 cell array

{'日期'　}	{'数据'　}	{'这里呢？'}
{0×0 char}	{0×0 char}	{0×0 char }
{0×0 char}	{0×0 char}	{0×0 char }
{0×0 char}	{0×0 char}	{0×0 char }
{0×0 char}	{0×0 char}	{0×0 char }
{0×0 char}	{0×0 char}	{0×0 char }
{0×0 char}	{0×0 char}	{0×0 char }
{0×0 char}	{'NaN'　}	{0×0 char }
{0×0 char}	{'inf'　}	{0×0 char }

>> whos

Name	Size	Bytes	Class	Attributes
a	9x2	144	double	
b	9x3	2836	cell	

注意：

本例中使用的是 Microsoft Excel 2007 版的电子表格数据文件。

在 MATLAB Release 2012b 版本之前的 MATLAB 软件中，还有两个函数用于读写 Lotus 1-2-3 电子表格文件数据，分别是 wk1read 和 wk1write。随着 Lotus 1-2-3 软件逐渐退出历史舞台，这两个函数也从 MATLAB 软件中消失了。

利用 xlsread 函数从电子表格中读取数据时，一般将所有数字量度取出来放置在双精度的数组中，当单元格包含字符的时候，读取的数据为 NaN，如例 5-5 中读取的数据 a。函数的第二个输出是所有单元格包含的字符向量，这些字符向量组成一个元胞数组，如例 5-5 中读取的数据 b。在读取数据的时候，不仅需要注意 Excel 文件的版本，还需要注意电子表格中包含的特殊字符。所以，xlsread 函数仅仅能完成一些简单的数据读取功能，比较复杂的电子表格读取可以使用 MATLAB 产品家族中的 Excel Link 工具箱。

MATLAB 还提供了一个函数用于将这些数据都导入到 MATLAB 工作空间，这个函数就是 importdata 函数。

【例 5-6】 importdata 函数使用示例。

在当前的目录中有三个数据文件，其中一个是声音文件为 train.wav，一个是图像文件为 sample.jpg，另外一个为例 5-5 中使用的 Excel 电子表格。这里统一使用 importdata 函数导入。

在 MATLAB 命令行中键入下面的命令：

```
>> clear all
```

导入声音文件：

```
>> snd = importdata('train.wav')
snd =
        data: [12880x1 double]
          fs: 8192
```

将声音播放出来：

```
>> sound(snd.data,snd.fs)
```

此时将通过计算机声卡播放声音。

导入图像文件：

```
>> img = importdata('sample.jpg');
>> whos
```

Name	Size	Bytes	Class	Attributes
img	473x600x3	851400	uint8	
snd	1x1	103384	struct	

在图形窗体中显示图像：

```
>> imagesc(img)
```

导入的图片文件在 MATLAB 图形窗体中显示如图 5-3 所示。

导入 Excel 电子表格：

>> xls = importdata('xlsexamp.xlsx');

>> whos

Name	Size	Bytes	Class	Attributes
img	473x600x3	851400	uint8	
snd	1x1	103296	struct	
xls	1x1	2288	struct	

察看 xls 的内容：

>> xls

xls =

　　　　data: [1x1 struct]

　　textdata: [1x1 struct]

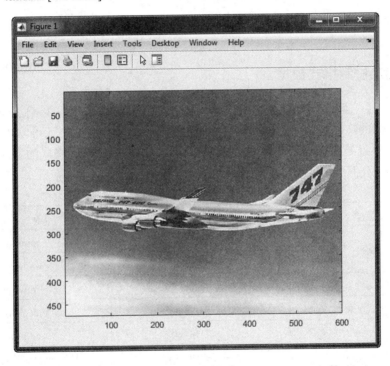

图 5-3　加载的图片文件显示

　　例 5-6 使用 importdata 函数导入了三种不同格式的数据文件，并且利用不同的方式将相应的数据显示出来，比如声音文件通过声卡播放出来，图像文件通过图形窗体显示出来。importdata 函数可以看作导入数据的万能函数，该函数几乎可以导入 MATLAB 支持的各种格式类型数据文件。该函数通过函数 finfo 获取数据文件的类型信息，然后根据数据文件的格式选择合适的函数来加载这些数据文件，如加载图像文件使用 imread 函数，加载声音文件使用 auread 函数等。使用这个函数的好处非常明显，就是利用一个函数就可以完成加载数据的各种操作，不过也有相应的缺点，就是程序的效率不比专门的函数好。有兴趣的读者可以尝试读读 importdata 函数的源代码。表 5-3 列出了在 importdata 函数中使用的各种数据文件的读取函数。

表 5-3　部分数据文件的专用加载函数

文件类型	扩展名	函数	输出数据格式
特殊科学数据格式文件	CDF	cdfread	元胞数组
	FITS	fitsread	主/副数据表集合
	HDF	hdfread	HDF/HDF-EOS 数据
图形图像格式文件	BMP、JPG、TIFF 等	imread	色彩数据和灰度/色彩索引数组
声音格式文件	WAV	wavread	声音数据和采样率
	AU	auread	
影片格式文件	AVI	aviread	MATLAB 影片格式文件

关于表 5-3 中函数的具体用法，可以参阅 importdata 函数的源代码和帮助文档，这里就不作详细解释了。

5.1.4　导出二进制格式数据

MATLAB 除了能够导入前面介绍的各种格式的数据文件外，还可以将工作空间的数据导出成不同格式的文件。这一过程不仅可以通过图形用户界面完成，还可以通过 MATLAB 函数来完成。不过导出二进制文件没有统一的函数可以使用，不同格式的文件有不同的导出函数。表 5-4 对部分函数进行了总结。

表 5-4　二进制数据文件导出函数

文件类型	扩展名	函　数
声音文件	AU	auwrite
	WAV	wavwrite
图像文件	BMP、JPG 等	imwrite
影片格式文件	AVI	VideoWriter
特殊科学数据格式文件	CDF	cdfwrite
	HDF	使用图形用户界面导出

注意：

对于 MATLAB 目前不支持的数据文件格式，可以使用 5.2 节介绍的低级文件 IO 例程导出数据，但前提是必须知道相应的数据文件格式。另外，若扩展名为 HDF 的文件为图形文件，则使用 imwrite 函数导出。

本小节将使用一个将图片文件导出成为 AVI 格式文件的例子来说明导出二进制文件的过程。

【例 5-7】 导出数据为 AVI 文件——avi_example.m。

```
001        function avi_example
002        %avi_example 例 5-7 导出数据为 AVI 格式
003
004        % 创建 AVI 文件对象
005        aviobj = VideoWriter('mymovie.avi');
006        open(aviobj);
007        % 为 AVI 文件添加帧数据
008        for k=1:25
009            h = plot(fft(eye(k+16)));
010            % 获取当前帧数据
011            frame = getframe(gca);
012            % 添加帧数据到 AVI 文件
013            writeVideo(aviobj,frame);
014        end
015        % 关闭 AVI 文件句柄
016        close(aviobj);
```

在 MATLAB 命令行窗体中运行该函数，运行过程中将连续绘制 25 个不同的图像，运行结束后，在当前的路径下将创建一个 AVI 文件——mymovie.avi，这个文件可以利用 Windows Media Player 播放出来。

关于其他二进制文件的导出过程，本章就不再讲述了，有兴趣的读者可以参阅 MATLAB 的帮助文档。

5.2　低级例程函数

MATLAB 提供了一组函数用于低级的文件 IO 操作。所谓低级例程，是指在使用这些函数进行文件读写的时候需要程序员了解文件的格式，并且按照文件的格式进行相应的数据转换。MATLAB 的低级 IO 例程函数是以 ANSI C 语言标准库函数中文件 IO 函数为基础而开发的，所以，从形式上，这些函数和 C 语言的文件 IO 函数没有明显区别。如果读者对 C 语言的 IO 函数比较了解，那么在理解 MATLAB 文件 IO 低级例程函数时没有任何障碍。

利用低级例程进行数据文件的导入/导出主要有三个步骤：

(1) 打开文件，把文件的 ID 保存到一个变量中；

(2) 对文件的数据进行读或者写操作；

(3) 关闭文件。

 注意：

一旦将文件打开，文件就会一直保持打开的状态，即使在文件读写的过程中发生了错误。所以，当再次打开没有关闭的文件并从中读取或者写入数据时，就会出现严重的错误，最严重的情况是会导致内存分配故障、泄漏和内存崩溃。

当在脚本 M 文件中进行数据文件 I/O 时，只要能找到文件的 ID，就能够处理此类错误。但是，若在函数中就比较麻烦了，因为文件的 ID 号并不存在于基本工作空间之中，因此，在函数文件中使用低级 IO 函数进行数据导入/导出时，需要正确设置错误或者异常处理机制，或者设置"错误断点"来确保函数文件能够正确执行，能够正常处理类似的错误。

5.2.1 打开与关闭文件

在进行文件读写之前必须将需要读写的文件在 MATLAB 中打开。打开文件的函数为 fopen，其命令行格式如下：

        fid = fopen('filename','flag');

其中，flag 为控制文件读写的标识符，它的取值可以如下所示。

- ■ r：表示打开的文件进行读的操作；
- ■ w：表示打开的文件进行写的操作，若文件不存在，则创建新的文件；
- ■ a：表示打开的文件进行追加数据的操作，若文件不存在，则创建新的文件；
- ■ r+：表示打开的文件既可以进行写的操作，也可以进行读的操作；
- ■ w+：表示打开的文件既可以进行写的操作，也可以进行读的操作，若文件不存在，则创建新的文件；
- ■ a+：表示打开的文件既可以进行写的操作，也可以进行读的操作，还可以进行数据追加操作，若文件不存在，则创建新的文件。

注意：

在 Windows 平台中打开文件的时候需要进一步指定文件类型——二进制文件或者文本文件。例如，打开一个只读的文本文件时，flag 应该写作 rt；打开可读写的二进制文件时，flag 应该为 rb+。

若不指定 flag，则 MATLAB 按照只读形式打开二进制类型文件。

在打开只读文件时，filename 指定的文件只要存在于 MATLAB 的搜索路径中即可。

若能够成功地打开文件，则 fid 为非负的整数，否则为−1。如果有错误信息，则可以作为 fopen 函数的第二个输出参数输出到工作空间来，所以使用 fopen 函数的常见代码段如下所示。

```
001      fid=0;
002      filename=input('Open file: ', 's');
003      [fid,message] = fopen(filename, 'r');
004      if fid == -1
005          disp(message)
006      end
```

这段代码从命令行窗体中获取一个文件名，然后用 fopen 函数打开它，若没有成功，则将相应的错误信息显示在命令行窗体中。

关于 fopen 函数的详细用法请参阅 MATLAB 的帮助文档。

关闭已经打开的文件需要使用 fclose 函数，其基本的命令格式如下：

    status = fclose(fid)

关闭文件之后，fid 变量依然存在于工作空间中，但是对 fid 再进行文件 IO 操作是错误的。若 fclose 函数运行成功，则 status 为 0，否则为-1。

5.2.2　读写数据

打开文件之后就是进行文件内容的读写了，MATLAB 提供了两大类低级文件 IO 函数(二进制文件读写函数和文本文件读写函数)，用于进行文件内容的读写。表 5-5 对这些函数进行了简要总结。

表 5-5　读写数据的低级 IO 函数

函数	说　　明	输　　出
fscanf	从文件中读取格式化的输入	数据矩阵
fprintf	向文件写入格式化的输出	写入数据文件的数据个数
fgetl	读取文本文件中的一行数据，不包含文本的结束符	字符向量
fgets	读取文本文件中的一行数据，包含文本的结束符	字符向量
fread	读取文件的二进制数据	数据矩阵和读入的数据个数
fwrite	写入文件的二进制数据	写入的字节数

若在文件读写过程中出现了错误，则可以使用 ferror 函数获取文件 IO 过程的错误信息。下面通过针对不同类型的文件的读写举例来说明这些文件低级 IO 函数的使用方法。

【例 5-8】　格式化输入/输出示例——txtio_example.m。

```
001        function [data, count] = txtio_example
002        %TXTIO_EXAMPLE 例 5-8 文本文件的格式化输入/输出
003
004        %打开一个文本文件写入数据
005        [fid msg] = fopen('square_mat.txt','wt');
006        if fid == -1
007            disp(msg);
008            return;
009        end
010        % 写入数据
011        count = fprintf(fid,'%s\n','文本文件格式化输入/输出示例');
012        count = fprintf(fid, '%i\t%i\t%i\n',[1 2 3;4 5 6;7 8 9]);
013        % 关闭文件
014        fclose(fid);
015        % 打开文本文件读入数据
016        fid=fopen('square_mat.txt', 'rt');
```

```
017        if fid == -1
018            disp(msg);
019            return;
020        end
021        %  读取数据
022        title = fgetl(fid);
023        disp(title);
024        data=fscanf(fid, '%i');
025        data = reshape(data, 3, 3);
026        %  关闭文件
027        fclose(fid);
```

例 5-8 展示了使用 fscanf 和 fprintf 进行文件数据导入/导出的过程，这两个函数使用起来和 C 语言的函数没有太多区别，其格式化的文本和 C 语言的也保持一致，具体的请参阅 C 语言的说明或者 MATLAB 的帮助文档。

不过在 MATLAB 中使用这些函数充分利用了基于向量或者矩阵的运算特点。例如，例 5-8 的 012、024 行进行数据的写入和读取操作时，若使用 C 语言完成同样的工作则需要使用循环来处理，但是在 MATLAB 中仅仅用一行代码就完成了同样的工作。

运行例 5-8，在 MATLAB 命令行中键入命令：

```
>> [data count] = txtio_example
```

文本文件格式化输入/输出示例：

```
data =
    1    2    3
    4    5    6
    7    8    9
count =
    18
```

上面的代码中在 012 行向数据文件写入数据，由于是按照整数类型数据写入的，所以每个元素占据 2 B 空间，一共是 18 B 的空间。

【例 5-9】 二进制文件的读写——binio_example.m。

```
001        function [data,count,status] = binio_example
002        %binio_example  例 5-9 二进制文件读写示例
003
004        %  打开二进制文件写入数据
005        fid = fopen('magic5.bin','wb');
006        %  写入文本数据
007        count = fwrite(fid,'喂，你好吗？ ','int32');
008        %  写入数据
009        fwrite(fid,magic(5),'int32');
```

```
010            %关闭文件
011            status = fclose(fid);
012            % 打开二进制文件读取数据
013            fid = fopen('magic5.bin','rb');
014            % 读取文本
015            S = fread(fid,count,'int32');
016            disp(['读取数据类型: ',class(S)]);
017            disp(['读取数据内容: ',char(S')]);
018            % 读取数据
019            [data count] = fread(fid,'int32');
020            data = reshape(data,5,5);
021            %关闭文件
022            status = fclose(fid);
```

读写二进制文件的时候略微麻烦一些，就是在读写数据的时候需要指定数据的类型和读取数据的个数。例如，在例 5-8 的 007、009 行写入数据时，分别要指定写入数据的类型，在 015、019 行读入数据时，需要指定读取的数据类型和个数，并且这些信息要同数据文件的内容保持一致，否则读入的数据就会不正确。

表 5-6 总结了二进制文件读写时常见的数据类型标识符。

表 5-6 数据类型标识符

标识符	说　　明
schar	有符号的字符，8 位数据
uchar	无符号的字符，8 位数据
int8	8 位有符号整数
int16	16 位有符号整数
int32	32 位有符号整数
int64	64 位有符号整数
short	16 位有符号整数
long	32 位有符号整数
uint8	8 位无符号整数
uint16	16 位无符号整数
uint32	32 位无符号整数
uint64	64 位无符号整数
ushort	16 位无符号整数
ulong	32 位无符号整数
float32	32 位浮点数
float64	64 位浮点数
single	单精度 32 位数据
double	双精度 64 位数据
char	MATLAB 字符类型，与系统相关

若在 fread 函数或者 fwrite 函数进行操作的时候不指定数据类型标识符，则默认按照 uint8 的格式读写数据。

运行例 5-9 的代码，在 MATLAB 命令行中键入：

```
>> [data count status] = binio_example
读取数据类型: double
读取数据内容: 喂，你好吗？
data =
    17    24     1     8    15
    23     5     7    14    16
     4     6    13    20    22
    10    12    19    21     3
    11    18    25     2     9
count =
    25
status =
     0
```

除了表 5-6 总结的各种数据类型标识符外，现在比较流行的还有 C/C++编程语言的数据类型，如 short、float、ushort、long 等。需要提醒读者的是，有些数据类型在不同的操作系统中占据的内存不一定相同，因此在使用上述数据类型符号的时候要留意其中的差异。

5.2.3　文件位置指针

当正确地打开文件并进行数据的读写时，MATLAB 会自动创建一个文件位置指针来管理维护文件读写数据的起始位置。所以，在进行数据文件的读写时，需要通过某种手段来判断当前的文件位置指针，例如判断当前文件位置指针是否已经到达文件尾部，将文件位置指针移动到指定的位置，获取当前文件位置指针在文件中的位置以及将文件位置指针重置在文件的头部等。在 MATLAB 中，通过表 5-7 中的函数来控制判断文件位置指针。

表 5-7　文件位置指针函数

函数	说　　明
fseek	设置文件位置指针到指定的位置
ftell	获取当前文件位置指针的位置
feof	判断当前的文件位置指针是否到达文件尾部
frewind	将文件位置指针返回到文件起始位置

fseek 函数的命令行格式如下：

```
status = fseek(fid,offset,origin)
```

在命令行中，fid 指已经打开的数据文件，而 offset 是指移动文件指针的偏移量，若数值为正，则向文件尾部的方向移动数据文件指针，若数值为 0，则不移动文件位置指针，若数值为负则向文件头部的方向移动文件指针，offset 的单位为字节。Origin 为字符向量，代表文件指针的位置，有效值为 bof，表示文件的头部，cof 表示当前的文件指针位置，eof 表示文件的尾部。函数的返回值 status 若为 0，则表示操作成功，否则为−1。错误的类型可以用 ferror 函数获取。

【例 5-10】 文件位置指针函数示例——pos_example.m。

```
001     function [pos,status] = pos_example
002     %pos_example 例 5-10 文件位置指针示例
003
004     %  创建文件
005     fid = fopen('testdata.dat','wb');
006     x = 1:10;
007     fwrite(fid,x,'short');
008     fclose(fid);
009     %  打开数据文件
010     fid = fopen('testdata.dat','rb');
011     %获取当前的文件指针位置
012     pos = ftell(fid);
013     disp(['当前的文件位置指针:',num2str(pos)]);
014     %  向文件尾部移动文件指针 6 字节
015     status = fseek(fid,6,'bof');
016     %  读取数据
017     four =fread(fid,1,'short');
018     disp(['读取的数据: ',num2str(four)]);
019     %  获取当前的文件指针
020     pos = ftell(fid);
021     disp(['当前的文件位置指针:',num2str(pos)]);
022     %  从当前的位置向文件头部移动指针 4 字节
023     status = fseek(fid,-4,'cof');
024     %  获取当前的文件指针
025     pos = ftell(fid);
026     disp(['当前的文件位置指针:',num2str(pos)]);
027     %  读取数据
028     three = fread(fid,1,'short');
029     disp(['读取的数据: ',num2str(three)]);
```

例 5-10 说明了数据文件位置指针移动和获取的各种方法。运行例 5-10，在 MATLAB 命令行窗体中，键入下面的命令：

```
>> [pos,status] = pos_example
当前的文件位置指针: 0
读取的数据: 4
当前的文件位置指针: 8
当前的文件位置指针: 4
读取的数据: 3
pos =
     4
status =
     0
```

充分利用文件位置指针的功能能够更加方便读写数据文件，请读者结合前文的文件读写函数，理解例 5-10 的代码。

MATLAB 的文本文件格式化输入操作函数中，有一个 textscan 函数，同时 MATLAB 还提供了 textread 函数和 strread 函数可以处理纯文本数据。MATLAB 现在推荐用户使用 textscan 函数来完成文本数据文件的读取，这个函数和 textread 函数之间的区别在于：

■　在使用 textscan 函数之前，需要使用 fopen 函数将数据文件打开，读取数据之后，要用 fclose 函数关闭数据文件；

■　在性能方面，textscan 函数要比 textread 函数好，如果读取大量数据的话，最好使用 textscan 函数；

■　使用 textscan 函数可以从数据文件任意位置开始读取数据，而 textread 函数只能从数据文件的头部顺序读取数据；

■　使用 textscan 函数时，函数的参数个数不一定与读取的数据完全匹配，而且 textscan 函数提供比 textread 函数更加灵活的读取数据方式。

由于 textscan 函数有这样一些特性，所以，在使用 textscan 函数时，往往需要一些低级例程的配合，例如打开数据文件需要使用 fopen 函数，而关闭数据文件则需要 fclose 函数，数据文件指针的定位需要 fseek 函数，等等。参见下面的例子。

【例 5-11】　textscan 函数的应用。

这里使用的数据文件为 season.txt 文件，该文件的内容如下：

```
>> type season.txt
Broncos    14    2    0.8750    y
Falcons    14    2    0.8750    y
Lions       5   11    0.3125    n
Patriots   15    1    0.9375    y
Vikings     9    7    0.5625    y
```

如果使用 textscan 函数来读取其中的数据，则需要使用 fopen 函数来打开数据文件，然后读取数据，相应的操作如下：

```
>> fid = fopen('season.txt','r');
```

读取其中的数据：

```
>> [C,pos] = textscan(fid,'%s %d %d %f %c')
C =
    1×5 cell array
      {5×1 cell}      {5×1 int32}      {5×1 int32}      {5×1 double}      {5×1 char}
pos =
    140
```

可以看到，读取的数据都保存到了相应的元胞数组之中，此时，可以重新定位文件指针，然后尝试读取数据：

```
>> status = fseek(fid, 17, 'bof');
>> [C,pos] = textscan(fid,'%f')
C =
    1×1 cell array
      {[0.8750]}
pos =
    25
```

最后别忘记关闭数据文件：

```
>> fclose(fid)
```

可能在读取少量数据的时候还是体现不出来使用 textscan 函数的优势，如果读取大量的数据则这个函数能够获取比较明显的性能提升。

上述这些可以从文本文件读取数据的函数中，textread 函数是一个比较特殊的函数，它能够按照用户的需要从文本文件中读取指定格式的数据。该函数能够读取的文本文件可以包含任何字符，同时，指定格式的时候可以使用 C 语言中 fscanf 使用的格式化字符向量。

【例 5-12】　使用 textread 函数。

本例仍然使用例 5-10 中的数据文件，那么利用 textread 函数读取数据的方法如下。

在 MATLAB 命令行窗体中键入命令：

```
>> [team, w, l, wp, playoff] = textread('season.txt', '%s %d %d %f %c')
team =
    5×1 cell array
      {'Broncos' }
      {'Falcons' }
      {'Lions'   }
      {'Patriots' }
      {'Vikings' }
w =
    14
    14
     5
```

```
        15
         9
 1 =
         2
…
>> whos
```

Name	Size	Bytes	Class	Attributes
l	5x1	40	double	
playoff	5x1	10	char	
team	5x1	588	cell	
w	5x1	40	double	
wp	5x1	40	double	

　　例 5-12 中使用 textread 函数从文件中读取了数据，注意数据是按照列向量读取的。一般地，使用 textread 函数读取数据时，若读取的是数字，则输出为双精度的数组，单个字符一般为字符数组，否则，一般为元胞数组。所以在例 5-12 中，读取的变量 team 是元胞数组。不过最后还是要提示各位读者，textread 函数在 MATLAB 产品体系中已经属于即将被淘汰的函数，建议大家尽量使用 textscan 函数来完成纯文本数据文件的导入工作。

5.3　数据导入向导

　　为了方便用户完成数据导入，MATLAB 还提供了一个叫作导入数据向导的图形化工具。利用该工具就不必通过编写程序来实现数据文件导入到 MATLAB 工作空间。本小节通过具体的实例来讲解导入数据向导的使用方法。

　　【例 5-13】　通过数据导入向导导入文本数据文件。

　　在 MATLAB 命令行窗体中键入命令 uiimport，此时将弹出对话框要求选择数据源，如图 5-4 所示。

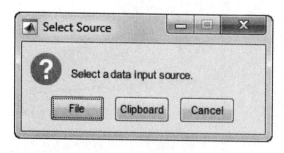

图 5-4　选择数据来源

　　这里选择 File，即从数据文件导入数据，这时 MATLAB 将启动打开数据文件对话框，如图 5-5 所示。

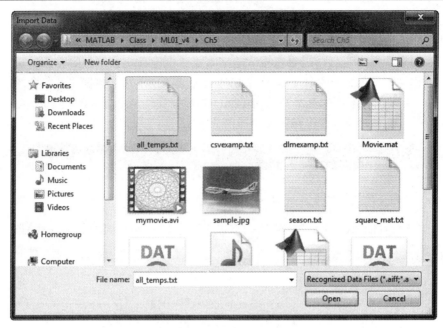

图 5-5　打开数据文件对话框

　　这个时候需要选择导入的数据文件，在本例中选择 all_temps.txt 文件。此时可以点击预览按钮，打开数据文件对话框，右侧会初步预览数据文件，帮助用户确认当前的数据文件是否为正确需要打开的文件，如图 5-6 所示。

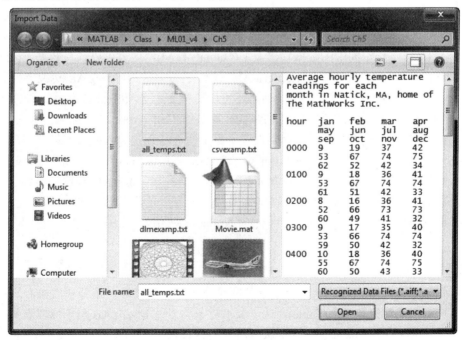

图 5-6　对数据文件进行初步的预览

　　然后单击 Open 按钮，此时数据文件被打开，数据先初步导入到数据导入向导工具中，如图 5-7 所示。数据导入向导也具有相应的工具条，把不同工具/按钮分为不同的类别，例如在 DELIMITERS 标签类别的 Column Delimiters 下拉列表框中可以选择数据的分隔符号，包括逗号(Comma)、空格符(Space)、分号(Semicolon)、制表符(Tab)或者自定义(Custom Delimeter)。如果选择自定义，需要在相应的文本输入框中指定数据分隔符的字符。默认的 MATLAB 数据文件导入向导使用制表符(Tab)作为分隔符。不同的数据文件包含的数据分隔符不尽相同，所以选择不同的分隔符号时，同样的数据文件最终导入的数据或许也不一样。因此，在这一步骤中，一定要选择正确的数据分隔符。

	A	B	C	D	E	F	G	H	I	J	K	L	M
	hour	jan	feb	mar	apr	may	jun	jul	aug	sep	oct	nov	dec
	Number	Number	Number	Number	Number	Number	Number	Number	Number	Number	Number	Number	Number
1	Average ho...												
2	month in N...												
3													
4	hour	jan	feb	mar	apr	may	jun	jul	aug	sep	oct	nov	dec
5	0000	9	19	37	42	53	67	74	75	62	52	42	34
6	0100	9	18	36	41	53	67	74	74	61	51	42	33
7	0200	8	16	36	41	52	66	73	73	60	49	41	32
8	0300	9	17	35	40	53	66	74	74	59	50	42	32
9	0400	10	18	36	40	55	67	74	75	60	50	43	33
10	0500	10	18	37	41	56	69	76	75	61	51	43	33

图 5-7　加载了数据的数据导入对话框

接着需要在 SELECTION 标签类别中选择所需数据占据的区域，也可以在下面的数据预览区中直接点击鼠标选择相应的表格单元来选择数据。在 IMPORTED DATA 标签处选择导入到 MATLAB 工作空间中的数据输出类型(Output Type)，这里可以选择数据表(Table)、列向量(Column Vector)、数值矩阵(Numeric Matrix)、字符串数组(String Array)或者元胞数组(Cell Array)。如果数据中包含了文本的话，还可以选择文本选项(Text Option)，即文本是以字符串数组(String Array)还是包含字符向量的元胞数组(Cell Array of Character Vector)形式输出到 MATLAB 工作空间。最后还需要设置一下那些无法正常导入的数据如何处理，默认将以 NaN 出现在导入的数据当中。在 Import Selection 菜单中可以选择最终的导入结果，可以是导入数据(Import Data)、生成实时脚本(Generate Live Script)、生成脚本(Generate Script)和生成函数文件(Generate Function)。在本例当中，大多数设置都采用默认设置，需要修改的是选择导入的数据输出类型(Output Type)为 Numeric Matrix，如图 5-8 所示。

注意：

在本例当中，能够导入的数据形式除了有列向量、数值矩阵、字符串数组和元胞数组之外，还有一个类型为数据表(Table)，这个数据对象类型是 MATLAB 用于处理表格创建的数据类型，是 MATLAB Release 2015a 版本引入的特性之一。如果用户的 MATLAB 安装有其他的工具箱，则有可能还会列出某些专属于工具箱的数据类型。

而 Import Selection 菜单中的生成实时脚本(Generate Live Script)是 MATLAB Release 2016a 版本引入的特性之一，所谓实时脚本是一种与读者互动说明可执行的 M 语言脚本，该脚本只能在互动式 M 语言编辑器(Live Editor)中打开运行，可以一面察看算法的说明一面察看脚本运行的效果。自 MATLAB Release 2019b 版本引入了互动式函数功能。欲了解这部分内容的细节可以查阅 MATLAB 的帮助文档。

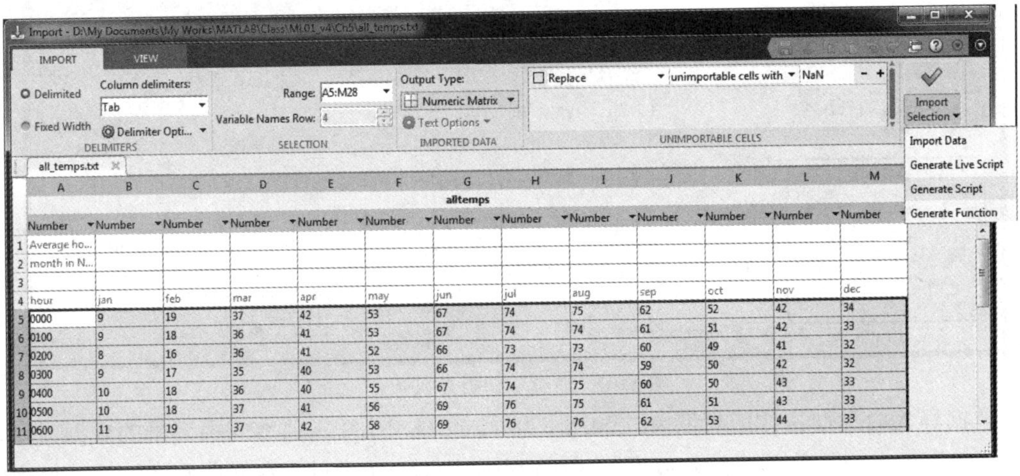

图 5-8　设置导入数据的选项以及 Import Selection 的菜单命令

本例选择 Import Selection 菜单中的导入数据(Import Data)命令，也就是直接向 MATLAB 工作空间导入数据，则数据导入向导在 MATLAB 工作空间中创建变量并且将文件中的数据赋值给对应的变量，导入完成后，数据导入向导会给出小结告知用户导入数据的结果，如图 5-9 所示。

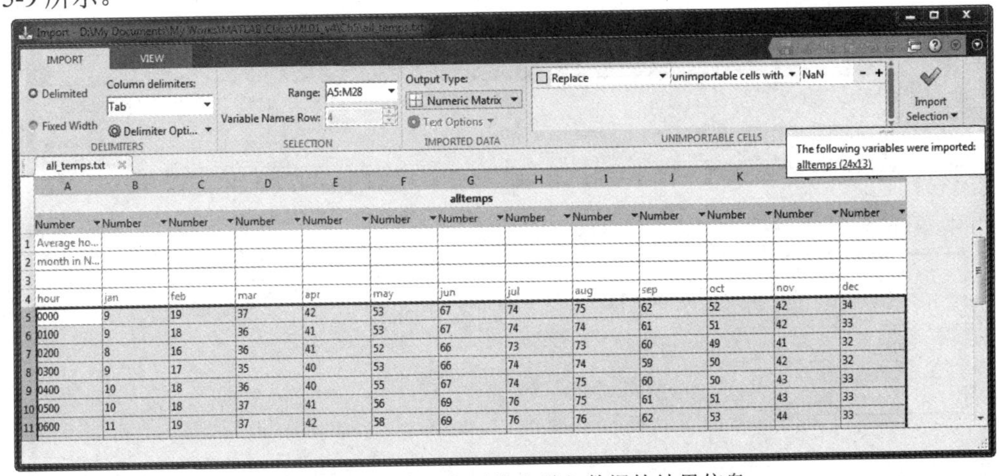

图 5-9　导入数据之后给出导入数据的结果信息

数据导入向导不仅可以从文本文件或者二进制文件中导入数据，还能够从剪贴板中导入数据，例 5-14 演示了这一过程。

【例 5-14】　从剪贴板导入数据。

本例使用的数据文件为例 5-6 使用的 Excel 文件。首先在 Excel 中打开该文件，并且选择数据文件的 ABC 三列，通过菜单命令"编辑"菜单下的"拷贝"命令，或者通过快捷键 Ctrl+C 拷贝数据至剪贴板。接着，在 MATLAB 中启动数据导入向导，在数据导入向导的第一个界面选择 Clipboard 单选框，若剪贴板上存在可以导入的数据时，数据导入向导会显示相应的数据，本例中数据导入向导如图 5-10 所示。

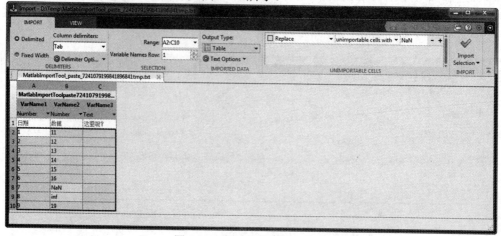

图 5-10　通过剪贴板导入数据

数据导入向导默认使用数据表(Table)作为导入 MATLAB 工作空间中变量的数据类型，不过，在执行本例从剪贴板导入数据的时候，由于从 Excel 拷贝的数据单元格的第一行为中文标识，因此，MATLAB 用 VarName…作为导入数据时默认的变量名称。如果是英文标识，则相应的文本作为默认的变量名称。此时，用户可以根据需要通过双击操作来设置变量名称，并且还可以设置导入数据的变量数据类型。接下来的步骤和例 5-11 一致，这里不再赘述，这次设置导入数据的数据类型(Output Type)为元胞数组，然后设置合适的变量名称，如图 5-11 所示。

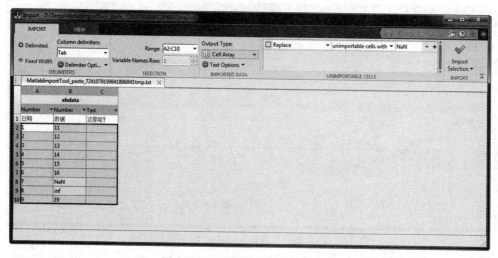

图 5-11　设置变量名称和数据类型

请读者自行尝试在 MATLAB 命令行窗体中察看导入的数据 xlsdata。

提示：

在利用 MATLAB 导入数据向导进行数据导入操作时，用户需要注意自己所创建的变量是否已经存在于 MATLAB 的工作空间，如果不小心设置成了同样的变量名称，则 MATLAB

工作空间内相应的变量会被新导入的数据覆盖。

【例 5-15】　通过数据导入向导导入二进制文件。

数据导入向导还能够导入二进制文件，这里利用声音文件作为例子演示导入数据的过程。首先启动数据导入向导，如果是从数据文件导入数据，除了使用例 5-13 和例 5-14 所用的 uiimport 命令打开数据导入向导之外，还可以通过 MATLAB 桌面环境 HOME 标签页中的 Import Data 按钮来打开导入数据向导的选择数据文件对话框，然后，选择需要导入的声音文件 train.wav，则启动如图 5-12 所示的导入向导。

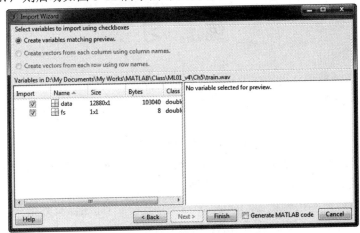

图 5-12　导入声音数据的导入数据向导

单击 finish 按钮就完成了导入数据的过程。请读者在 MATLAB 命令行窗体内察看导入的数据。

关于利用数据导入向导导入其他类型数据文件的方法这里就不再赘述了，有兴趣的读者可以尝试导入不同类型的数据文件，例如不同格式的图片、文本、音视频等，来熟悉数据导入向导的使用。

本 章 小 结

通过本章的学习，读者应该能够了解并掌握使用 MAT 文件，以及在 MATLAB 中导入各种数据文件数据的方法。还可以通过编写 M 语言代码完成数据文件的读写过程。MATLAB 的数据导入/导出功能非常强大。通过导入数据，让 MATLAB 能够灵活处理各种格式的数据文件，再利用 MATLAB 进行数据处理。其中，正确导入数据是这一过程的前提。本章讲述了数量众多的函数以及举例说明了导入各种类型数据文件的方法，读者应该通过阅读代码和自己动手实践尽快掌握这些函数的基本用法。除了本章介绍的使用方法之外，这些函数还具有很多选项或者其他使用方法，具体的细节请读者参阅 MATLAB 帮助文档中的详细说明。

MATLAB 能够处理的信息都必须通过导入数据来完成，而 MATLAB 产品体系所包含的各种产品模块能够处理的信息源头不仅仅是数据文件，例如，利用 Excel Link 工具箱可以从 Excel 软件的电子表格中直接获取数据，利用 Database 工具箱能够从各种关系型数据库中导入数据，利用 Data Acquisition 工具箱可以从各种类型的 PC 数据采集中获取实测数据，利用 Instrument Control 工具箱能够从 GBIP、VXI、RS232/422 等总线中读取数据，利用 Image Acquisition 工具箱能够从图像获取设备中采集图像数据。这些工具箱极大丰富了 MATLAB 的功能，使其能够获取各种数据信息，利用 MATLAB 强大的数据分析处理、建模和仿真能力构成集成化的测量测试环境。

有关上述工具箱以及 MATLAB 在测量测试系统方面的解决方案，请读者参阅 MATLAB 的产品介绍，或者在互联网上查阅有关的产品信息。

练　习

利用本章介绍的数据文件 I/O 方法读取数据文件。

(1) 读者可以自己尝试创建任意格式的数据文件，也可以重复利用本章附带数据文件 all_temps.txt。

(2) 尝试使用文件导入向导导入数据，并且创建相应的脚本。

(3) 尝试编写脚本代码使用低级例程导入数据，并且使用 textscan 或者 textread 函数，比较 textscan 函数和 textread 函数之间的差别。

(4) 进一步编写脚本代码将 all_temps.txt 文件每一列的标题以及数据作为单独变量，并且保存成 MAT 数据文件，并且看看 MAT 数据文件的文件大小。

(5) 尝试使用低级文件 IO 例程完成读写 all_temps.txt 的过程，假如用 fread 函数读取数据时指定的数据类型符号与 fwrite 函数写入数据时指定的数据类型符号不一致，会出现怎样的结果？

第6章 图形基础

除了以矩阵或者向量为基本运算单元这一特点外，强大灵活的数据可视化功能以及灵活的数据分析能力是 MATLAB 最吸引人的特点之一。与杂乱无章的数据相比，图形更加直观，便于工程师从整体上把握全局，同时也能够掌握细节。前面章节在部分内容中已经略微使用了 MATLAB 的绘图能力。本章将详细介绍 MATLAB 进行数据可视化和绘图方面的基础知识。

本章要点：

- 交互式绘图工具；
- 基本绘图命令；
- 常用绘图函数；
- 简单数据分析。

6.1 概　　述

数据的可视化是 MATLAB 的强大功能之一，而这仅仅是 MATLAB 图形功能的一部分。MATLAB 的图形功能主要包括数据可视化、用户图形界面创建和简单数据统计处理等。其中，数据可视化不仅仅是二维的，还可以在三维空间展示数据。数据或者图形的可视化通常是进行数据处理或者图形图像处理的第一步骤。

所有 MATLAB 图形都需要绘制在 MATLAB 图形窗体之中，而所有图形数据可视化的工作也都以图形窗体为基础。例如，在 MATLAB 命令行窗体中键入命令 matlablogo，该脚本文件为本章附带的示例代码之一，运行结果是如图 6-1 所示的图形窗体。

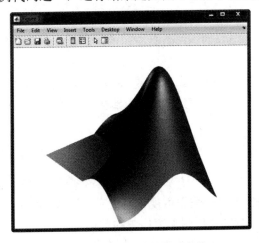

图 6-1　MATLAB 的图形窗体

如图 6-2 所示，MATLAB 的图形窗体主要包括如下几个部分：

■ 菜单栏。MATLAB 的图形窗体一般包括一个菜单栏，利用这个菜单栏可以完成对窗体中各种对象的基本操作，如图形的打印、导出等。

■ 工具栏。图形窗体的工具栏用来完成对图形对象的一般性操作，如新建、打开、保存和打印，链接工作空间内的数据源。另外，对图形窗体中的一些编辑工具的功能，也可以通过该工具栏来实现，具体操作将在后续的实例中依次介绍。

■ 图轴(绘图区域)。图形窗体中的图轴也就是绘图区域，是面积最大的一部分。图 6-2 中就给出了绘制了 MATLAB 标志的矩形区域。在这个区域中可以绘制各种曲线，显示图形图像文件，完成对图形图像或者曲线的编辑。

■ 图轴工具栏。图轴工具栏提供对绘图区域的操作，该工具栏内包含的内容与绘图的内容有一定关联，但是一般会包含保存绘图内容，旋转、平移、缩放绘图内容等。该工具栏默认不显示，只有将鼠标光标移动到绘图区域内，该工具栏才可见。

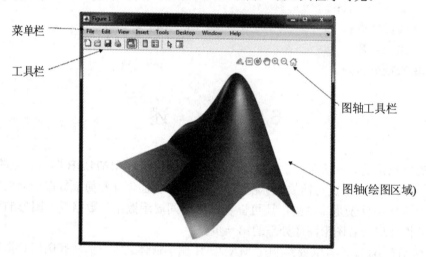

图 6-2   MATLAB 图形窗体的组成部分

提示：

图形窗体也可以嵌入到 MATLAB 的桌面环境中，方法是单击图形窗体菜单工具栏最右侧的 ⬎ 按钮。

可以自动显示或者隐藏的图轴工具栏是 MATLAB Release 2018a 版本引入的特性。在该版本之前的 MATLAB 中，图形窗体工具栏包含了图轴工具栏的相关内容，如图 6-3 所示。

图 6-3   MATLAB 早期版本的图形窗体工具栏

一般地，在 MATLAB 中进行数据可视化主要有如下步骤：

(1) 准备需要绘制在 MATLAB 图形窗体中的数据；

(2) 创建图形窗体，如有必要，设置窗体的属性；

(3) 创建绘制数据的区域，一个 MATLAB 图形窗体可以包含多个绘图区域；

(4) 在所选择的绘图区域内绘制图形或者曲线；

(5) 设置曲线的属性，如线型、线宽等；

(6) 设置绘图区域的属性，如添加数据网格线，添加必要的注释、图标等；

(7) 如有必要，打印或者导出图形。

本章将详细介绍绘制图形的上述过程以及在不同过程中需要使用的各种函数、命令，并且结合具体的实例介绍图形窗体中若干菜单命令以及工具栏按钮的详细功能。本章还将介绍在 MATLAB 图形窗体中进行简单数据处理分析、统计的方法，这部分功能不仅利用了图形功能，还利用了 MATLAB 数据处理科学计算的部分函数。其实，结合 MATLAB 的图形能力完成数据分析才是各位读者学习本章乃至本书的最终目的，因此，本章的很多实例会用到前面几章介绍的计算功能和函数，有的需要通过编程来实现。此外，创建图形用户界面的基本方法将在第 7 章进行介绍，而 MATLAB 的高级图形应用——句柄图形(Graphics Handle)、图形用户界面(GUI)的高级内容、MATLAB 应用小程序等，请读者参阅 MATLAB 的帮助文档。

6.2 交 互 式 绘 图

从 MATLAB 7.0(即 MATLAB Release 14)开始，MATLAB 增加了交互式绘图能力。通过 MATLAB 的交互式绘图能力，用户不需要掌握很多具体的 MATLAB 绘图命令就能够完成数据可视化和基本的数据分析功能。相对于更早版本的 MATLAB 而言，交互式绘图工具提供了灵活的绘图功能，降低了 MATLAB 用户编写程序以及背记命令的工作强度。因此，在介绍各种 MATLAB 绘图命令之前，需要先介绍一下 MATLAB 交互式绘图的工具，从而带领读者快速了解 MATLAB 的数据可视化功能。

6.2.1 工具栏快速绘图

如前所述，实现数据可视化需要有相应的步骤，第一步骤就是准备绘制的数据。绘制的数据可以用 MATLAB 函数通过编写脚本文件或者函数文件来创建，也可以通过第 5 章介绍的数据 IO 功能从其他数据文件中读入，还可以通过其他 MATLAB 的工具将必要的数据导入到 MATLAB 工作空间。也就是说，能够进行可视化的数据实质都是保存在 MATLAB 工作空间中的变量。本小节使用的数据可以通过运行本章附带的脚本文件来创建。

```
001        close all
002        clear all
003        clc
004
005
006        rng(27,'threefry')
007        startprice = 50;
008        fracreturns1 = .0015*randn(200,1)+.0003;
```

```
009        x = [startprice; 1+fracreturns1];
010        prices1 = cumprod(x);
011        t = (1:length(prices1))';
012        rng(7,'twister')
013        fracreturns2 = .0015*randn(200,1)+.0003;
014        x = [startprice; 1+fracreturns2];
015        prices2 = cumprod(x);
```

运行该脚本文件可以在 MATLAB 工作空间中看到下列变量：

```
>> whos
```

Name	Size	Bytes	Class	Attributes
fracreturns1	200x1	1600	double	
fracreturns2	200x1	1600	double	
prices1	201x1	1608	double	
prices2	201x1	1608	double	
startprice	1x1	8	double	
t	201x1	1608	double	
x	201x1	1608	double	

MATLAB 的交互式绘图功能可以利用 MATLAB 工具条 PLOTS 标签页内的若干命令来完成，这是进行数据可视化最便捷的方式。在默认的情况下，该标签页的各项命令显示为灰色，并且提示用户选择相应的变量后再开始绘图，如图 6-4 所示。

图 6-4　MATLAB 工具条的 PLOTS 标签页

首先需要在 MATLAB 的工作空间浏览器中选择需要可视化的变量，例如选择变量 prices1，然后 PLOTS 标签页内的若干命令就会变成彩色的状态，此时用户可以点取任意可用的绘图命令来可视化数据。此时的工具条最左侧会显示当前所选择的变量，而最右侧单选框内容分别是复用图形窗体(Reuse Figure)和新建图形窗体(New Figure)，如图 6-5 所示。

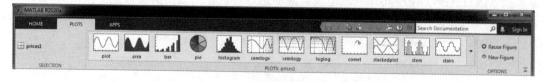

图 6-5　选择变量，准备完成绘图

这时单击 plot 按钮将得到如图 6-6 所示的图形窗体。

此时在 MATLAB 命令行窗体中还可以看到一条命令：

```
>> plot(prices1)
```

其实这条命令就是绘制变量 prices1 的 MATLAB 命令。

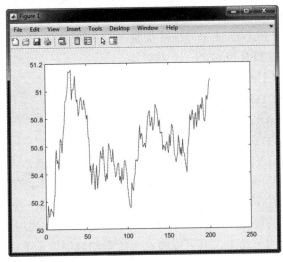

图 6-6　绘制变量——prices1

　　单击 MATLAB 工具条 PLOTS 标签页中的下拉列表框，可以在弹出的下拉列表框工具中选择不同的可视化类型。弹出的下拉列表框的最下面是两个单选框，内容分别是：Plots for prices1 表示若选择该单选框，则此下拉列表框内的内容为仅适用完成 prices1 变量绘图的内容，默认情况下会选择这个单选框；All plots 表示若选择该单选框，则下拉列表框内列出所有当前 MATLAB 支持的绘图类型，但是那些不适用于被选择变量的绘图指令则显示为灰色，如图 6-7 所示。

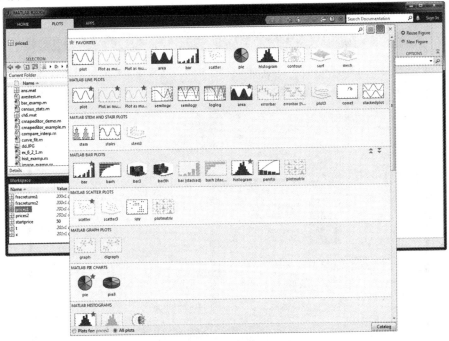

图 6-7　可选择数据可视化类型

列表框内是几大类数据可视化功能，分别如下所示。

■　MATLAB LINE PLOTS——线图；

- MATLAB STEM AND STAIRS PLOTS——火柴杆图和阶梯图；
- MATLAB BAR PLOTS——二维柱状图；
- MATLAB SCATTER PLOTS——散射图；
- MATLAB PIE CHARTS——饼图；
- MATLAB HISOTGRAMS——柱状图；
- MATLAB POLAR PLOTS——极坐标绘图；
- MATLAB VECTOR FIELDS——向量场绘图；
- MATLAB ANALYTIC PLOTS——分析对比图。

下拉列表框内有些绘图功能按钮右上角有个灰色的五角星★，有的则没有。那些有这个标识的绘图按钮会出现在下拉列表框的 FAVORITES 类别内，即下拉列表框的顶部。如果读者希望将一些自己常用的绘图功能放在 FAVORITES 类别内，只要用鼠标选择相应的绘图按钮，然后单击其右上角的五角星，就可以将这个绘图功能项置于 FAVORITES 类别之内。

列表框内每个图标下面对应的是该绘图的 MATLAB 命令。如果将鼠标光标移动到相应的图标上，还会显示相应绘图功能函数的在线帮助信息。需要提醒用户，有些 MATLAB 工具箱也提供了特定的绘图功能，那些工具箱提供的绘图功能也会列在这里。所以，根据所安装的 MATLAB 工具箱种类不同，这里列出的绘图功能种类和数量也不尽相同。

提示：

用户还可以单击下拉列表框底部的 Catalog 按钮，在弹出的 Plot Catalog 对话框中可选择、察看、执行不同的绘图功能，这里还给出了相应绘图功能的帮助说明，如图 6-8 所示。

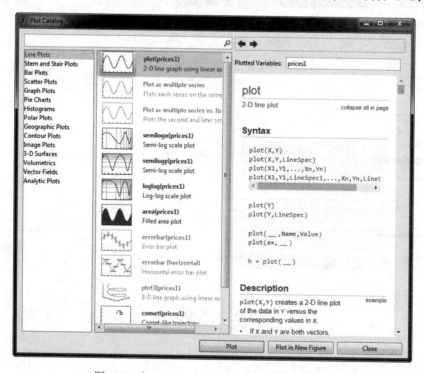

图 6-8　在 Plot Catalog 中察看、执行绘图命令

6.2.2 交互式绘图工具

前面介绍的利用 MATLAB 桌面环境的 PLOTS 标签页配合工作空间浏览器选择变量来实现数据可视化有一定的局限性。比如，它只能实现单一变量的可视化工作。很多时候需要手段更加丰富的绘图，例如实现 X-Y 绘图也就是变量对变量的绘图。一些复杂的可视化操作就需要使用交互式绘图工具了。

1. 基本绘图

启动交互式绘图工具，需要在 MATLAB 命令行中键入如下命令：

```
>> plottools
```

此时将打开 MATLAB 的交互式绘图工具。交互式绘图工具默认会内嵌在 MATLAB 的桌面环境之中，可以将该工具弹出。弹出的交互式绘图工具如图 6-9 所示。

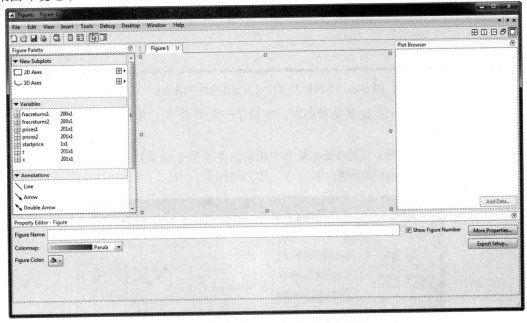

图 6-9　MATLAB 交互式绘图工具界面

如果在执行 plottools 命令之前已经打开了某 MATLAB 图形窗体，如图 6-6 所示，则执行 plotools 命令启动的交互式绘图工具会包含当前的图形，相当于 plottools 命令将如图 6-6 所示的 MATLAB 图形窗体转变成为交互式绘图工具界面，如图 6-10 所示。

MATLAB 的交互式绘图工具界面可以分为如下四大部分。

(1) 图形窗体面板(Figure Palette)：位于交互式绘图工具的左上方，在该区域可以完成曲线类型选择、图形窗体分割、绘制数据选择以及注释选择等操作。

(2) 绘图浏览器(Plot Browser)：位于交互式绘图工具的右上方，在该区域可以显示当前图形窗体中已经绘制的曲线等对象列表。例如，图 6-10 中绘制了 prices1 变量曲线。

(3) 属性编辑器(Property Editor)：位于交互式绘图工具的下方，它可以根据选择的图形对象的不同而显示相应对象的属性。在这里可以完成很多对象的属性编辑，从而完成诸如增加注释文本、设置数轴信息等操作。

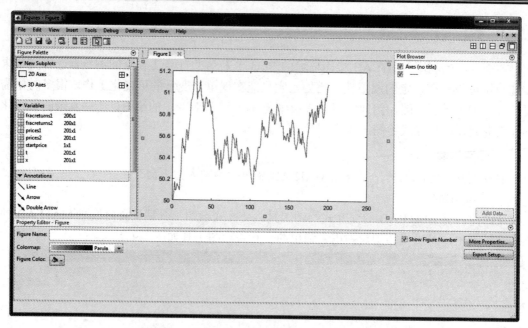

图 6-10　切换图形窗体到交互式绘图工具界面

(4) 图形窗体(Figure)：也就是绘图区，它位于交互式绘图工具的中央，所有绘图的结果都会显示在这里。

可以通过交互式绘图工具的 View 菜单中相应的菜单命令分别打开不同的窗体工具，该菜单命令与图形窗体 View 菜单的内容完全一致，如图 6-11 所示。

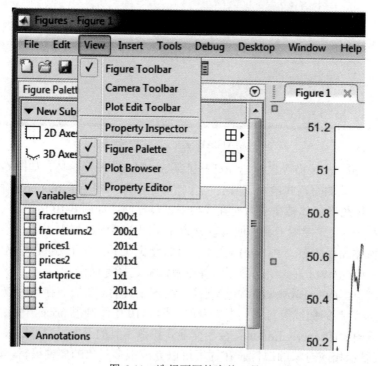

图 6-11　选择不同的窗体工具

此外在 View 菜单下还有 Plot Edit Toolbar 菜单命令，执行该命令可以打开交互式绘图工具的工具栏，如图 6-12 所示。

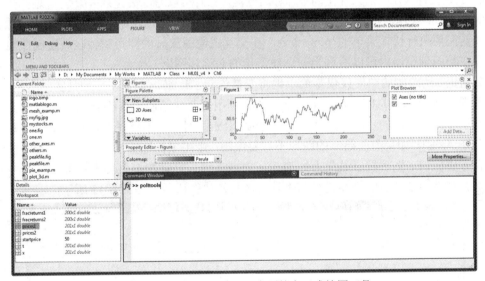

图 6-12 交互式绘图工具的绘图编辑工具栏

该工具栏中也具有若干绘图工具按钮，相应的操作将在后续的实例中依次介绍。

 提示：

Figure Palette、Plot Browser 和 Property Editor 三个部分都可以从交互式绘图工具中弹出，也可以分别关闭，还可以内嵌回交互式绘图工具中。同样，图形窗体也可以从交互式绘图工具中弹出，也可以分别关闭，还可以内嵌回交互式绘图工具中，但需要注意两者之间的不同。图形窗体弹出后是一个独立的窗体，最大化或者最小化交互式绘图工具并不影响图形窗体，其余三个部分不一样，它们会随着交互式绘图工具一同最大化或者最小化。交互式绘图工具也可以嵌入到整个 MATLAB 桌面环境中，当嵌入到桌面环境中时，交互式绘图工具的菜单和工具栏将出现在 MATLAB 工具条之内，如图 6-13 所示。

图 6-13 嵌入在 MATLAB 桌面的交互式绘图工具

那么如何使用交互式绘图工具来创建图形呢？请参阅例 6-1。

【例 6-1】 交互式绘图工具——创建图形。

本例将完成基本绘图，创建股市行情模拟图形。如果只是打算像 6.2.1 节介绍的那样绘制单一变量的图形，则操作如下：

首先启动交互式绘图工具，方法是在 MATLAB 命令行窗体中键入指令 plottools；接着，在交互式绘图工具的图形窗体面板(Figure Palette)的变量(Variables)列表中选择需要绘制到图形窗体中的变量，如选择 prices2；然后，将该变量直接拖放到图形窗体区域，则图形窗体区域中将绘制相应变量的曲线。或者，用鼠标右键单击变量，从弹出的快捷菜单中选择相应的绘图指令，如图 6-14 所示。

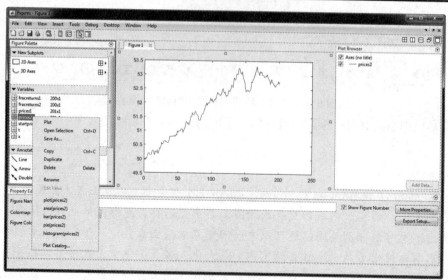

图 6-14 选择变量并且绘制图形

其实可以把交互式绘图工具的图形窗体面板的变量区域看作交互式绘图工具的"工作空间浏览器"。它能够显示当前工作空间下保存的变量，并且可以通过快捷菜单命令实现打开变量、保存变量等一般操作，还可以选择绘图的类型，与一般的工作空间浏览器的功能基本一致。

本例需要执行快捷菜单的 plot 命令，在交互式绘图工具的图形窗体区域绘制曲线，这个时候在绘图浏览器内可以看到当前曲线变量的名称和图例。

到这里，所绘制的图形仅仅是简单地将变量绘制了出来，其图形 Y 轴是实际变量数据，而 X 轴是当前绘制变量的数据个数。如果需要利用交互式绘图工具绘制 X-Y 相对数据曲线图，则不能按照前面的步骤简单实现。当绘制 X-Y 相对数据曲线图时，首先需要创建一个新的图轴(Axes)。如果前面绘制的图形不需要保留，则用鼠标选择当前图轴，选择的图轴周围会有方块标识，然后按下键盘上的 Delete 键或者通过右键快捷菜单中的 Delete 命令将图轴删除。删除图轴之后的交互式绘图工具会恢复默认的样子，如图 6-15 所示。

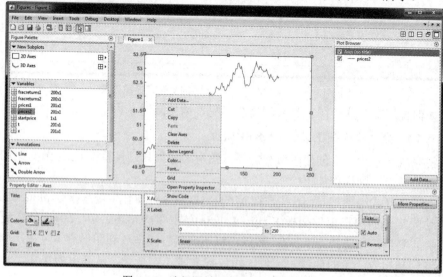

图 6-15 选择图轴并且执行 Delete 命令

接下来需要再次创建新的图轴(Axes)。要创建新的图轴，可以通过图形窗体面板新建绘图区域(New Subplots)中的选项来实现。其中，**2D Axes** 表示增加二维绘制图轴，**3D Axes** 表示增加三维绘制图轴。在本例中，用户只要用鼠标单击 2D Axes，绘图区域就可以出现一个空白的二维图轴，其中 X 轴和 Y 轴默认的取值范围都是 0～1，如图 6-16 所示。

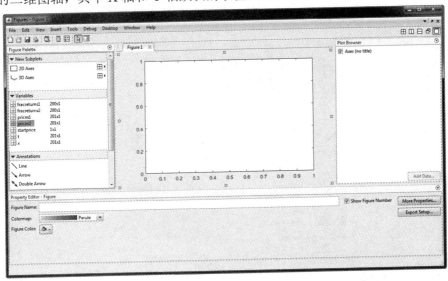

图 6-16　空白图轴的交互式绘图工具

 注意:

如果单击 2D Axes 后面的图标田，则需要用户选择将绘图区域分割成几个不同的子图。关于子图的概念将在本章后续小节介绍，这里读者可以自行尝试操作一下。

如果需要绘制 X-Y 相对数据曲线图的话，则需要用鼠标左键选择空白图轴，然后单击绘图浏览器窗体内的 Add Data...命令，或者用右键单击空白图轴，执行弹出的快捷菜单中的 Add Data 命令，此时将弹出 Add Data to Axes 对话框，如图 6-17 所示。

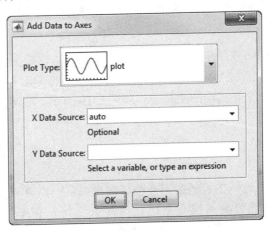

图 6-17　增加数据对话框

在该对话框中需要完成两项工作：首先选择绘图类型(Plot Type)，然后选择数据源(Data Source)。其中，绘图类型下拉列表框中列出了最常用的几种绘图类型，如果不能满足需要，则选择下拉列表框中的 More Plot Types 命令，此时将弹出选择图形类型对话框，如图 6-18 所示。

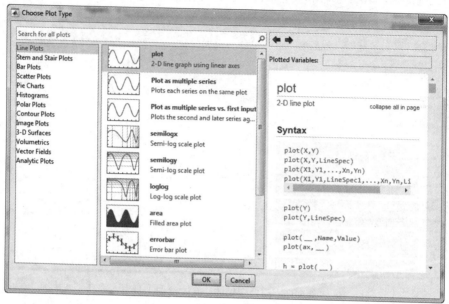

图 6-18　选择绘图类型

设置绘图类型之后，需要在 X Data Source 下拉列表框中选择 X 轴数据，如果保持默认的 auto，则绘制出来的图形与前面简单绘图的结果一致，同样，还需要通过 Y Data Source 下拉列表框选择 Y 轴数据，在这些下拉列表框中能够显示当前工作空间下的所有变量。

提示：

本章的大多数例子都仅仅使用了最简单的二维线图，即 plot 函数绘制曲线，这是进行数据可视化最常用、最基础的函数。关于其他绘图函数，读者可以参阅 MATLAB 的帮助文档。

在本例中，使用默认的线图作为绘图类型，然后选择 X 轴数据为变量 t，Y 轴数据为变量 prices2。设置完毕数据源之后，单击增加数据对话框中的 OK 按钮，则图形窗体中会绘制相应的曲线，此时整个交互式绘图工具窗体如图 6-19 所示。这样就完成了第一条 X-Y 相对数据曲线的绘制。

提示：

在增加数据对话框中选择不同的绘图类型，则数据源的数量和类型可能会发生变化，因为不同的绘图类型可能需要不同类别的数据源来支持。例如，如果选择绘图类型为 countour，则增加数据对话框如图 6-20 所示。可以根据提示在相应的数据源中选择变量或者直接键入表达式。

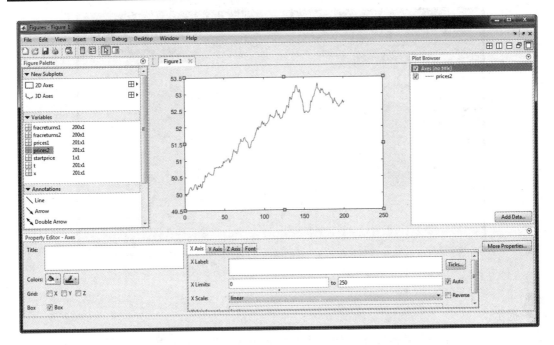

图 6-19 绘制曲线——变量 prices2

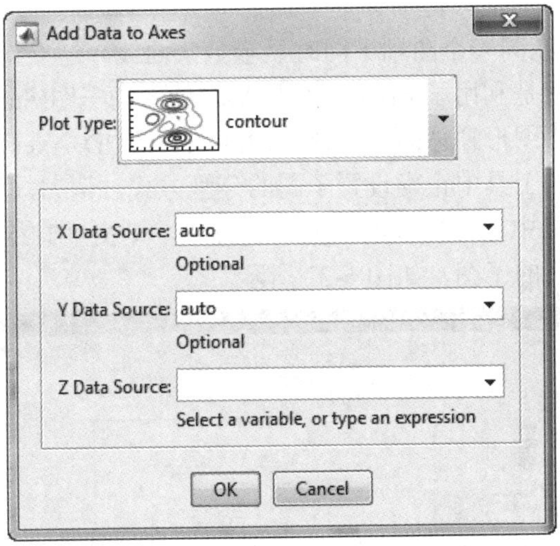

图 6-20 设置绘图的多个数据源

在很多时候需要将不同的数据绘制在同一个图轴下以便进行数据的比较。如果需要将新的数据增加到已经绘制了曲线的图轴上，可以像前面增加数据的操作那样来实现，或者直接将数据拖放到图轴上，还可以使用绘图浏览器窗体下的 Add Data... 按钮，或者使用图轴的右键快捷菜单下的 Add Data...菜单命令。新的曲线将使用其他颜色来标识。默认情况下，绘制的第一条曲线是蓝色。之后绘制的曲线默认颜色依次为洋红、黄色、紫色、绿色等不同的色彩，不同版本的 MATLAB 会存在些许不同。

将 prices1 变量绘制到交互式绘图工具中同一个图轴下的结果如图 6-21 所示。

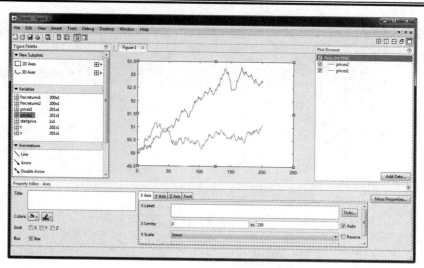

图 6-21　同一个图轴下绘制两条曲线

 提示：

　　可以通过前面介绍的删除图轴的方法来删除曲线。用鼠标左键选择曲线，被选中的曲线将以方块标注。

　　MATLAB 不仅能够在同一个图轴下同时显示多条曲线，还支持在同一个图形窗体下显示多个图轴。增加图轴就是利用了 MATLAB 图形功能中的子图(Subplot)功能。此时在交互式绘图工具中，需要单击图形窗体面板新建绘图区域中的 2D Axes 或者 3D Axes 后面的田字格按钮，然后在弹出的工具中正确设置子图的分割方式。例如，单击 2D Axes 之后的田字格，在弹出的图轴工具中选择垂直的单列两个方块，则交互式绘图工具中的图形窗体区域垂直方向将增加一个新的子图，如图 6-22 所示。

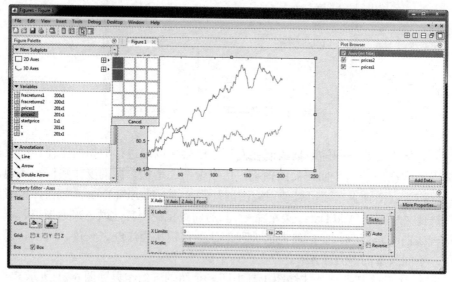

图 6-22　设置正确的子图分割方式

这时可以在新的子图中添加数据来绘制曲线。具体的方法与前面介绍的过程完全一致，只不过需要用户在绘制图形前选择合适的子图(用鼠标单击一下即可)。子图分割工具也可以直接在空白的绘图区域内创建子图。也就是说，在没有绘制任何曲线之前，在交互式绘图工具上先选择绘图面板窗体新建绘图区域(New Subplots)下的相应按钮，就可以将绘图区域进行分割，分割的同时自动创建子图和图轴，如图6-23所示。

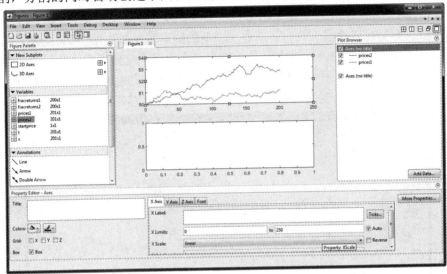

图6-23 垂直增加子图

注意：

如果删除了子图内的图轴对象，则在某些情况下不会直接删除子图。例如，直接删除图6-23所示的交互式绘图工具的第二个图轴，则交互式图形窗体可能依然保持具有两个图轴的样式，如图6-24所示。

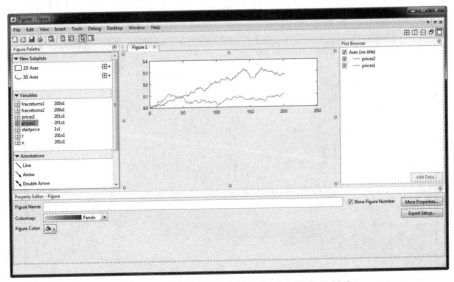

图6-24 删除第二个图轴，但保持两个子图样式

此时，利用图形窗体面板新建绘图区域(New Subplots)内的田按钮将图形窗体恢复成正确的子图分割形式。如果只选择 2D Axes 后面田按钮下的一个方块，则交互式绘图工具会恢复成如图 6-21 所示的样子。

从 MATLAB 7.0(即 MATLAB Release 14)开始，不仅仅单个图形窗体可以分割成不同的子图，还可以将多个图形窗体容纳在同一个图形窗体框架下。比如，此时如果执行交互式图形工具的 File 菜单的 New 子菜单下的 Figure 命令，或者直接单击交互式绘图工具栏上的新建按钮，则交互式绘图工具内将新建一个新的图形窗体，如图 6-25 所示。每个图形窗体都可以单独操作。例如，可以在交互式绘图工具内最大化或者最小化，也可以直接弹出或者内嵌回交互式绘图工具内。第二个图形窗体可以同样完成增加图轴绘制曲线的功能，具体的方法与前面介绍的绘制曲线过程完全一致，这里就不再赘述了。

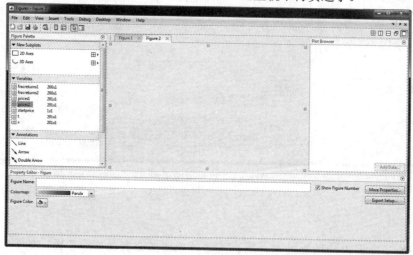

图 6-25　新建图形窗体

当交互式绘图工具上具有多个图形窗体时，可以单击交互式绘图工具栏上的田 □ □ □ 等按钮，在交互式绘图工具的框架内排列图形窗体的位置。例如，单击 □□ 按钮就可以将两个图形窗体并排排列，如图 6-26 所示。

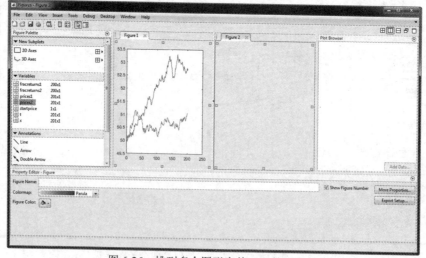

图 6-26　排列多个图形窗体——并列窗体

2. 格式化图形

所谓格式化图形，是指设置 MATLAB 图形窗体内的各种图形对象属性。例如，修改色彩、线条样式，为 MATLAB 的图形对象添加必要的注释、标题或者其他文本信息，让 MATLAB 的图形能够表述更加丰富、准确的信息。在交互式绘图工具中，所有图形对象的属性设置都需要通过属性编辑器来完成。

 注意：

在交互式绘图工具中选择不同的图形对象，则属性编辑器会分别显示不同对象的相关属性。因此，在设置图形对象属性之前，一定要正确选择需要改变属性的对象。

1) 添加图轴信息

当用户在交互式绘图工具中选择图轴的时候，交互式绘图工具的下方将显示图轴的属性编辑器。在默认的情况下，属性编辑器的面积偏小，不会显示所有内容，可以调整显示区域，从而显示所有内容，如图 6-27 所示。

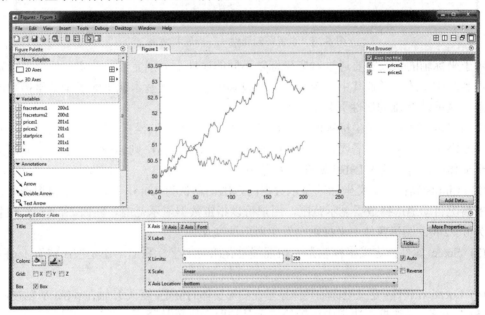

图 6-27 显示图轴的属性编辑器

图轴的主要属性如下：

(1) Title 属性：可以用来设置图轴的标题。例如在这里键入 Stock Price，则相应的文本将出现在图轴的正上方。

(2) Colors 属性：包括渲染工具 和描绘工具 ，可以分别用来设置图轴的底色和文本的颜色。默认情况下，图轴都是白底黑字的样式，单击相应工具，则可以从弹出的色彩选择框中选择不同的颜色。

(3) Grid 属性：可以用来决定是否在当前图轴上显示网格，可以分别给 X 轴、Y 轴以及 Z 轴设置网格。对于二维曲线，选择 X 轴和 Y 轴就已经足够了；而 Box 复选框则决定了是否给图轴增加黑框。通常情况下的设置以及效果如图 6-28 所示。

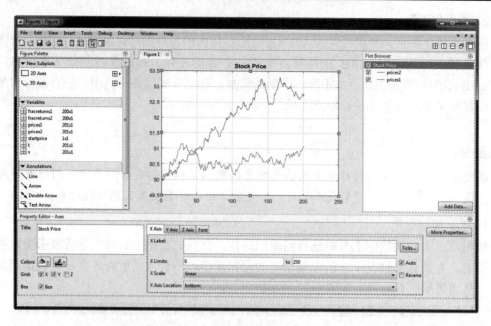

图 6-28　设置图轴属性——标题和网格

对于坐标轴的修改需要通过对应坐标轴不同的属性页分别完成。其实，每个坐标轴的属性内容基本一致，了解其中一个属性页内设置内容的意义基本就了解了全部坐标轴属性的概念，这里以 X 轴的属性页为例。

(1) Label 属性：定义坐标轴的标签，用户可以针对不同的坐标轴分别进行定义。例如，对于图 6-28 所示的示例，需要设置 X Label 属性为 Time(days)，则相应的标签就会立即显示到图形窗体中，对应的 Y Label 属性设置为 Prices。

(2) Limits 属性：定义坐标轴显示数据的范围，默认为 Auto，MATLAB 将根据所显示数据的情况自动地选择数据显示范围，用户可以指定数据显示范围。例如，设置 X 轴显示范围为 0～200，图形窗体中坐标轴会发生对应的变化。

(3) Scale 属性：定义坐标轴是否按照线性化(linear)坐标系显示还是按照对数(log)坐标系显示。

(4) Location 属性：定义坐标轴具体显示在图形窗体的位置，默认 X 轴在底部，Y 轴在左侧。

(5) Reverse 复选框：决定坐标轴的显示是按照升序还是降序。

(6) Ticks 属性：决定坐标轴显示数据时网格的间隔，单击图轴属性编辑器中的 Ticks 按钮，则弹出如图 6-29 所示的对话框，在该对话框中设定坐标轴网格间隔属性。

默认情况下，坐标轴的间隔设置分为 5 个等间隔，用户可以自己手工修改(Manual 属性)或者由 MATLAB 根据指定的间隔来选择(Step by)，也可以通过对话框中的 Insert 按钮插入间隔或者 Delete 按钮删除不需要的数据间隔。

在手工修改(Manual)设置坐标轴的间隔时，可以设置标签位置(Tick Labels Location)，也就是间隔标识出现在坐标轴上的位置，还可以设置不同的间隔标签(Labels)内容，例如可以在坐标轴标签上显示文本而不是默认的简单数字，用户需要单击 Labels 列中任意的标签内容，编辑并给定所需要显示的文本。

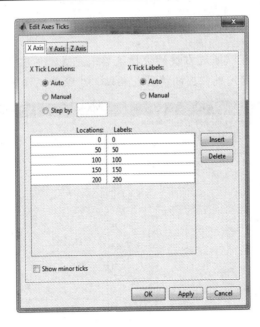

图 6-29　设定坐标轴的间隔

在坐标轴间隔属性对话框中，最下方的 Show minor ticks 属性决定了在相应坐标轴上是否显示更细节的坐标轴刻度信息。

此外在坐标轴的属性编辑器中还可以设定 Font 属性，也就是指定在坐标轴中所有文本的字体属性。设定字体比较简单直接，这里就不再一一赘述，请读者自行尝试修改字体属性。不过需要提醒读者的是，某些版本的 MATLAB 对中文界面的支持并不完善，因此，如果需要设置中文内容要多留意字体的选择，最好使用常用的字体，例如宋体字或者黑体字作为显示文本用的字体。

完成了图轴属性设置之后的交互式绘图工具如图 6-30 所示。

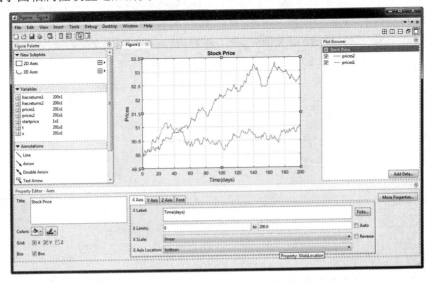

图 6-30　完整图轴属性设置之后的交互式绘图工具

提示:

　　针对图轴对象操作也可以通过右键的快捷菜单来完成，这些菜单命令与上述的属性对话框内容一一对应，也可以完成相应的拷贝、粘贴、清除等编辑工作，如图 6-31 所示。

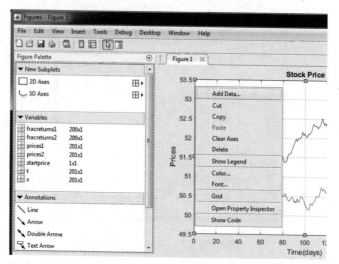

图 6-31　交互式绘图工具图轴的快捷菜单

2) 设置曲线样式

　　当选择图轴中的曲线时，交互式绘图工具将显示曲线的属性编辑器，如图 6-32 所示。曲线的属性编辑器中可以针对图轴上所显示的图形(曲线)进行二次设置。例如可以设置显示名称(Display Name)来修改曲线在绘图浏览器内所显示的名称，默认该属性就是绘制曲线用的变量名称。通过 Plot Type 下拉列表框中不同属性还可以设置不同的绘图类型，不过这里能够选择的绘图类型比较少，而且下拉列表框中的选项会根据最初选择的坐标轴类型以及数据的情况发生变化。数据源(X Data Source、Y Data Source 以及 Z Data Source)下拉列表框可以让用户再次选择绘制曲线所用的变量。这些属性的设置与前面介绍的增加数据对

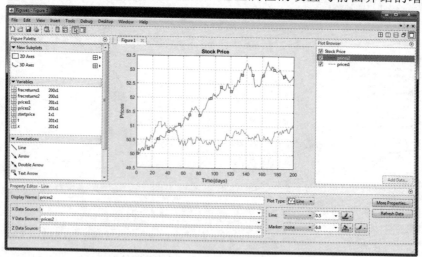

图 6-32　曲线的属性编辑器

话框的内容非常类似，操作起来也基本一样。

对于常用的二维曲线绘图，比较重要的属性是线条(Line)属性和标识(Marker)属性，其中线条属性可以通过下拉列表框分别设定曲线的线形、粗细以及颜色，例如设定曲线的线形为长虚线，粗细为 2.0，并且修改色彩为黑色。

标识属性定义了在相应的数据点用哪一种标识符来表示，单击该下拉列表框，将给出能够使用的所有标识符，如图 6-33 所示。

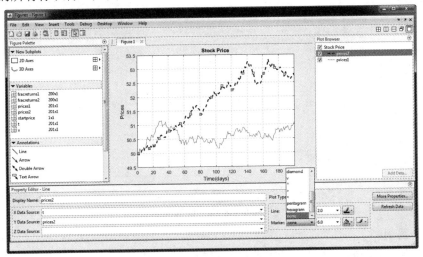

图 6-33 设定曲线的标识符

MATLAB 默认的曲线不采用任何数据标识，那么请读者尝试设定曲线的标识符为不同的符号来察看绘图样式的变化。由于例子使用的数据比较密集，所以曲线上的数据点排列也比较紧密，若设置了标识符则无法仔细地区分出具体的数据点。这时，可以取消曲线的线形，只保留数据点，即选择曲线的线条属性为 none，设置标识为星号，尺寸(Size)为 1.0，再设定渲染颜色 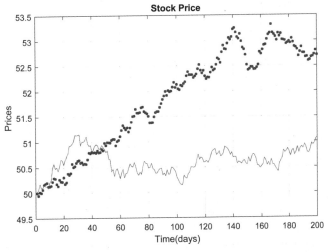 和描绘颜色 都是红色，这样曲线的数据点将会很清晰地显示在交互式绘图工具的图轴中，完成设置的绘图内容如图 6-34 所示。

图 6-34 设定曲线的样式——设定标识符、色彩和尺寸

提示:

　　针对曲线对象操作可以通过右键的快捷菜单来完成，这些菜单命令与上述的属性对话框内容——对应，也可以完成相应的拷贝、粘贴、删除等编辑工作，如图 6-35 所示。

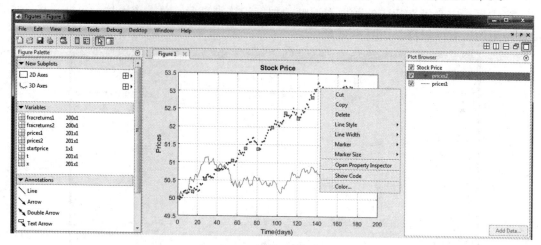

图 6-35　曲线的快捷菜单

3) 添加图例

　　图例作为标示绘制在图轴内数据曲线的说明，默认绘制在图轴的右上角处。其中包括了绘制在图轴内曲线的名称、色彩、样式和标识。图例为每一条曲线添加简要的说明文字，便于用户了解数据曲线的基本信息。增加图例的方法非常简单，只要单击交互式绘图工具或者 MATLAB 图形窗体工具栏上的增加图例按钮 即可，此时将在图形窗体的图轴右上方显示图例，如图 6-36 所示。

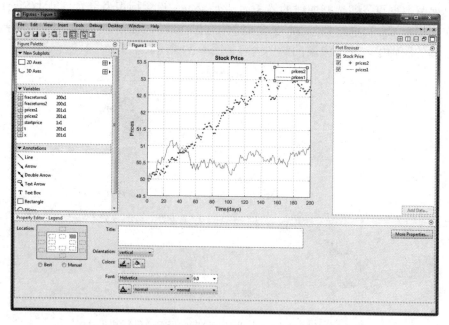

图 6-36　在交互式绘图工具中增加图例并显示图例的属性

　　当图轴中包含了多条曲线时，使用图例来区分不同的曲线是非常有效而且直接的方法。当选择已经存在的图例时，交互式绘图工具将显示图例的属性编辑器。属性编辑器内列出的内容中，最重要的属性是位置(Location)属性，这个属性定义了图例放置在图形窗体内具体的位置。有的时候，图例默认位置会挡住一些曲线和重要的信息，这时可以利用这个属性将图例的位置修改到其他位置。例如在图 6-36 所示的交互式绘图工具中，图例就遮挡了一部分曲线，此时，只需要用鼠标单击位置属性缩略图的小方框，这些小方框就代表了图例可以放置的预定义位置，例如，需要将图例放置在图轴的左上角，则单击位于缩略图方框内左上角的小方框就可以了，如图 6-37 所示。

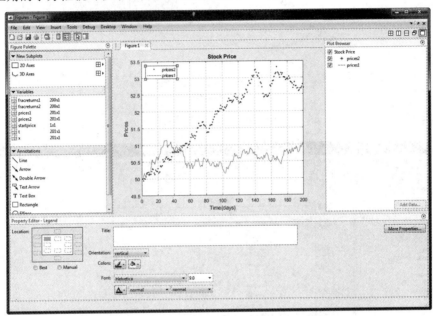

图 6-37　设定图例的位置——图轴内左上角

　　图例还可以放置在图轴之外的图形窗体区域内，具体的方法以及位置显示效果请读者自行尝试设置。在设定图例位置缩略图的地方有两个选项，分别为 Best 或者 Manual，这两个选项可以帮助用户快速定位图例或者定义图例位置设定的模式。

　　在图例属性编辑器中，方向(Orientation)属性可以定义图例的排列方向，默认是纵向(Vertical)排列，此时，如果图形窗体中存在多个曲线，则每个曲线的图例将垂直排列。如果选择水平(Horizontal)排列，则每个曲线的图例将并排排列。具体选择哪一种显示方法，需要根据具体的数据可视化情况分别来选择。例如，在本例中将 prices1 曲线和 prices2 曲线的图例方向属性设置为水平，则此时的绘图内容如图 6-38 所示。在图例的属性编辑器中，还可以设置图例的填充颜色以及线条颜色，还能够设定其文本的属性，这些属性与坐标轴的属性设置非常类似，这里就不再重复介绍了。

提示：

　　针对图例对象操作可以通过右键的快捷菜单来完成，这些菜单命令与上述的属性对话框内容一一对应，也可以完成相应的属性编辑工作，例如设置图例的位置等，如图 6-39 所示。

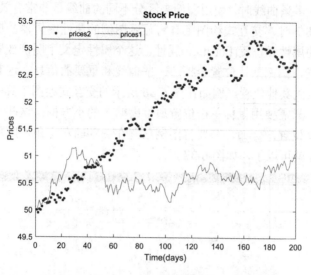

图 6-38　设定图例的属性

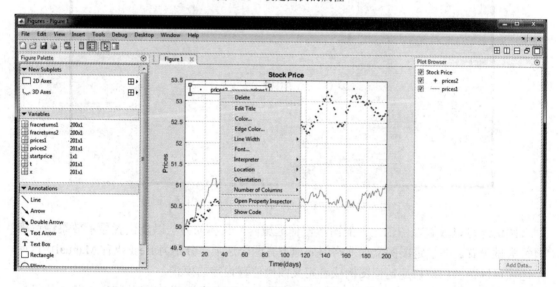

图 6-39　图例的快捷菜单

4) 添加注释

注释是由创建图形的用户给绘制内容添加的属性说明，这些说明可以是一些文字结合简单的图形。相应的说明文字可以用来提示数据曲线的细节特点，比如，需要特别注意的数据点等。在交互式绘图工具中增加注释可以通过图形窗体面板下的注释(Annotations)来完成，这里面包括如下内容。

- ■　Line：绘制直线；
- ■　Arrow：绘制箭头线；
- ■　Double Arrow：绘制双向箭头线；
- ■　Text Arrow：文本箭头线，可以在文本框中写入文本信息；
- ■　T Text Box：文本框；

- ■ ☐ Rectangle ：矩形；
- ■ ◯ Ellipse ：圆形，包含椭圆和正圆。

提示：

有关这些注释的添加操作也可以通过 MATLAB 交互式绘图工具 Insert 菜单下相应的命令来完成。

例如，向图轴上增加必要的文本注释，可以单击注释下面的文本框(Text Box)对象，然后在图轴上用鼠标拖放的方法绘制一个文本注释框，如图 6-40 所示。

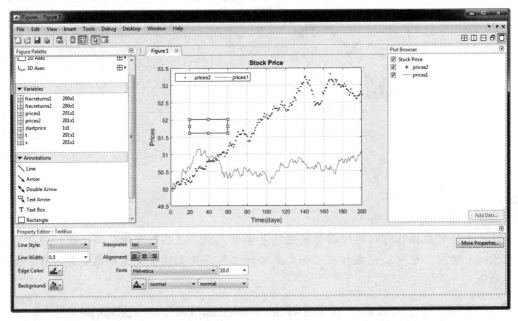

图 6-40　在图轴上绘制文本框

接着就可以在这个文本框中输入文本，例如键入 Stock Prices Plot，键入完毕之后可以通过文本框的属性对话框来修改其属性，例如修改字体、颜色等。

文本框的属性编辑器中属性比较容易理解，可以通过线条样式(Line Style)属性设置文本框的外框线型，而线宽(Line Width)属性决定了线条的尺寸，边缘颜色(Edge Color)和背景颜色(Background Color)分别定义了文本框的线条颜色和背景色。在这里设置线条样式为 none，也就是在文本框上不显示线框，这样文本注释能够美观一些。文本的属性中释义(Interpreter)属性定义了对字符的解释集合，MATLAB 支持 Tex 字符集或者 LaTex 字符集，这些字符集用来在 MATLAB 图形窗体中显示一些特殊的文本。有关 Tex 或者 LaTex 字符集的使用将在本章后面小节中详细介绍。其余的属性都是设定文本的文字属性，例如字体(Font)以及文本对齐形式(Alignment)、颜色等。这些属性都比较容易理解，就不一一解释了。

MATLAB 图形窗体中可以增加的注释类型比较丰富，受到篇幅的限制，这里不能将每个对象都一一解释，有兴趣的读者可以举一反三，尝试使用其他类型的注释并且设置其属性，改变其外观，来了解其具体的使用方法和效果。

此时，本例的绘图内容如图 6-41 所示。

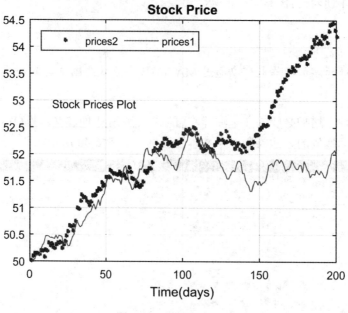

图 6-41　增加文本注释

 提示：

　　针对注释对象操作可以通过右键的快捷菜单来完成，这些菜单命令与上述的属性对话框内容一一对应，也可以完成相应注释文本编辑工作，例如设置文本对象的属性等，如图 6-42 所示。

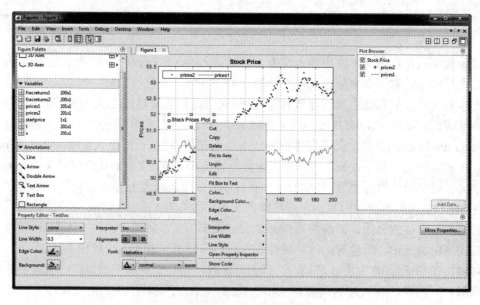

图 6-42　文本注释的快捷菜单

5) 图形窗体属性

设置图形窗体的属性时，用鼠标单击图形窗体内任意空白位置，此时交互式绘图工具内将显示图形窗体的属性编辑器，如图 6-43 所示。在图形窗体的属性编辑器中，需要设置的属性主要是图形窗体的名称(Figure Name)属性，可以给自己的图形窗体取个好听的名字，例如 My Stocks；调色板(Colormap)属性定义了在图形窗体中图像显示的效果，有关图形窗体调色板属性的相关内容将在本章后续内容中详细介绍；图形窗体色彩(Figure Color)属性定义了图形窗体当前的背景色，如果认为默认的灰色窗体颜色不符合要求，则可通过修改这个属性完成窗体颜色的设置修改。

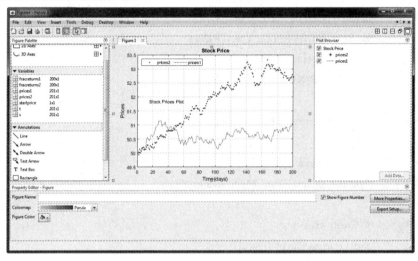

图 6-43　图形窗体的属性

完成全部交互式绘图工作之后，可以通过 Desktop 菜单下的 Undock Figure 菜单命令将图形窗体弹出，此时交互式绘图工具将恢复成空白不包含任何图形的样式，同时，图形窗体内显示已经设置完毕的曲线。本例最终的效果如图 6-44 所示。

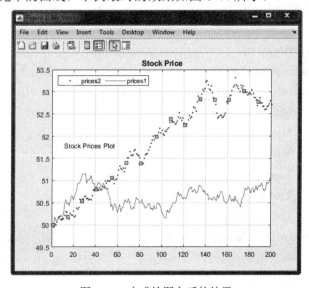

图 6-44　完成绘图之后的结果

3. 生成 M 文件

从 MATALB 7.0，即 MATLAB Release 14 开始，可以从图形窗体自动生成 M 代码，也就是说，当用户利用各种绘图工具完成了图形绘制之后，可以将图形绘制的过程以及各种图形对象属性保存成为 M 文件，生成的 M 文件函数可以供以后创建图形使用。这样，即使后续用户不了解 MATLAB 的绘图命令，也可以利用该 M 代码完成图形的生成。

这里继续前面的例子。此时已经得到了如图 6-44 所示的图形可视化结果，如果希望将这个图形窗体生成 M 函数文件，则可以执行图形窗体 File 菜单下的 Generate Code…命令，此时将自动生成 M 函数文件，得到的代码如下：

```
001    function createfigure(t1, YMatrix1)
002    %CREATEFIGURE(T1, YMATRIX1)
003    %   T1:    vector of x data
004    %   YMATRIX1:    matrix of y data
005
006    %   Auto-generated by MATLAB
007
008    % Create figure
009    figure1 = figure('Name','My Stocks');
010
011    % Create axes
012    axes1 = axes('Parent',figure1);
013    %% Uncomment the following line to preserve the X-limits of the axes
014    % xlim(axes1,[0 200]);
015    box(axes1,'on');
016    grid(axes1,'on');
017    hold(axes1,'on');
018
019    % Create multiple lines using matrix input to plot
020    plot1 = plot(t1,YMatrix1);
021    set(plot1(1),'DisplayName','prices2','MarkerFaceColor',[1 0 0],...
022        'MarkerEdgeColor',[1 0 0],...
023        'MarkerSize',1,...
024        'Marker','*',...
025        'LineWidth',2,...
026        'LineStyle','none',...
027        'Color',[0 0 0]);
028    set(plot1(2),'DisplayName','prices1');
029
030    % Create xlabel
031    xlabel('Time(days)');
```

```
032
033          % Create title
034          title('Stock Price');
035
036          % Create legend
037          legend1 = legend(axes1,'show');
038          set(legend1,'Orientation','horizontal','Location','northwest');
039
040          % Create textbox
041          annotation(figure1,'textbox',...
042               [0.17199 0.60579 0.27389 00.07826],...
043               'String',{'Stock Prices Plot'},...
044               'LineStyle','none',...
045          'FitBoxToText','off');
```

与编写一般的 M 语言函数文件类似，需要将函数名称修改成为合适的名称，不要使用默认的 createfigure。在保存时，必须将函数文件名称和函数名称设置一致，而且需要全部使用小写字符，本例中，将这个 M 函数文件保存为名为 mystocks.m 的文件(函数的名称也应为 mystocks)。

保存之后，可以在 MATLAB 命令行窗体中尝试运行该函数，例如在 MATLAB 命令行窗体中键入如下的命令：

>> mystocks(t,[prices1, prices2])

运行结果如图 6-45 所示。

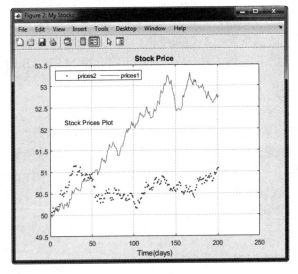

图 6-45 执行代码

从这里可以看出，通过自动代码生成得到的函数文件能够比较好地完成图形的复建工作。使用自动代码生成功能可以简化工程师日常编写程序的工作量，结合交互式绘图工具，可以让用户在不甚了解绘图命令的情况下就完成 MATLAB 的数据可视化工作。

注意:

如果在 MATLAB 中键入命令:

    >> mystocks(t,prices1)

则 MATLAB 会提示错误信息:

    Index exceeds the number of array elements (1).

    Error in mystocks (line 28)

    set(plot1(2),'DisplayName','prices1');

这主要是因为在交互式绘图工具中使用了两组数据来创建曲线，因此生成的代码也是要给定两个 Y 轴数据来绘图，所以一旦只给了一个向量作为 Y 轴数据就会报告错误。所以这个代码如果真的可以被大家灵活使用，还需要进行一定的修改。

当然，利用绘图命令来实现 MATLAB 的数据可视化工作是大家学习 MATLAB 的最终目标，并且利用绘图命令来实现数据可视化也是最灵活可靠的方法。利用绘图命令能够实现所有绘图操作。这一点从生成的代码也能够看出来——每个属性的设置都对应了具体的代码，读者可以利用生成的代码辅助绘图命令的学习，后面的章节将详细介绍命令绘图的功能。

6.3　命令绘图

通过 MATLAB 的命令来实现数据可视化工作是每个工程师都需要掌握的 MATLAB 使用方法。尽管 MATLAB 提供了交互式的绘图工具，并且生成图形之后还能够自动创建 M 语言代码文件，但是读者仍然需要掌握常用的绘图命令，才能够将 MATLAB 各种各样的数据类型(包括实数类型的向量或矩阵，复数类型的向量或者矩阵)绘制在图形窗体中，并且能够使用不同样式和颜色的线条表示不同的数据。通过命令绘图是最灵活的方法，也是最可靠的方法，也给读者提供了最全面的支持。本小节将介绍 MATLAB 的绘图命令。

6.3.1　基本绘图命令

在 MATLAB 中进行数据可视化，使用最频繁的曲线绘制函数就是 plot。在前面的交互式绘图工具中，相应曲线的绘制就反复调用了这个函数。该函数能够将向量或者矩阵中的数据绘制在图形窗体中，并且可以指定不同的线型和色彩。同一个 plot 函数不仅能够绘制一条曲线，还可以一次绘制多条曲线。

plot 函数的基本使用语法格式如下:

绘制一条曲线:

    plot(xdata,ydata,'color_linestyle_marker')

绘制多条曲线:

    plot(xdata1,ydata1,'clm1',xdata2,ydata2,'clm2',…)

若在绘制曲线的时候没有指定曲线的色彩、线型和标识符，则 MATLAB 使用默认设置，见例 6-2。

【例6-2】 MATLAB 基本绘图命令的使用。

在 MATLAB 命令行窗体中键入下面的命令:

>> x = 0:pi/1000:2*pi;

>> y = sin(2*x+pi/4);

>> plot(x,y)

例 6-2 共有三条命令,前面两条是准备绘制的数据,x 和 y 两个变量为长度相同的行向量,其中 x 是 0 至 2π 之间、间隔是 0.001π 的行向量,y 是利用三角函数 sin 计算处理得到的数据。而 plot 函数在绘制曲线的时候使用了默认的设置,将数据 x 和 y 绘制在图形窗体中。系统默认设置为蓝色的连续线条,绘制的图形如图 6-46 所示。

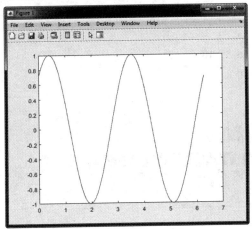

图 6-46 在 MATLAB 图形窗体中绘制单条蓝色曲线

plot 函数能够同时绘制多条曲线,在 MATLAB 命令行窗体中,键入下面的命令:

>> x = 0:pi/1000:2*pi;

>> y = sin(2*x+pi/4);

>> plot(x,y,x,y+1,x,y+2)

这时绘制的图形如图 6-47 所示。

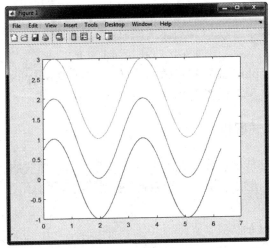

图 6-47 绘制多条曲线

在图形窗体中，由下至上分别为绘制的第一、第二、第三条曲线，根据系统的默认设置分别为蓝色、红色和橙色。

例 6-2 说明了 plot 函数的基本用法，同时也展示了 plot 函数的系统默认设置。不过例子中使用的数据是两个向量分别作为 X 轴的数据和 Y 轴的数据。那么 plot 函数是如何处理矩阵数据呢？见例 6-3。

【例 6-3】 利用 plot 函数绘制矩阵数据。

在 MATLAB 命令行窗体中键入下面的命令：

```
>> A = pascal(5)
A =
    1    1    1    1    1
    1    2    3    4    5
    1    3    6   10   15
    1    4   10   20   35
    1    5   15   35   70
>> plot(A)
```

这时得到的图形如图 6-48 所示。

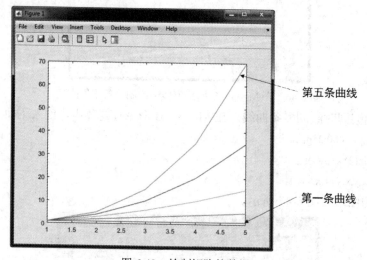

图 6-48　绘制矩阵的数据

绘制矩阵的数据时，plot 函数可以使用矩阵作为输入参数，plot 函数自动地将矩阵中每一列数据绘制一条曲线，例如在图 6-48 中，就包含了 5 条曲线。

6.3.2　设置曲线的样式属性

曲线的样式包括了曲线的色彩、线型、标识符等，这些曲线的属性可以在绘制曲线时直接指定。表 6-1 对 plot 函数中常用的曲线样式控制符进行了总结，这些参数的具体使用方法，参见例 6-4。

【例 6-4】 设置曲线的样式。

在 MATLAB 命令行窗体中键入下面的命令：

```
>> t = 0:pi/20:2*pi;
>> y = sin(t);
>> y2 =sin(t-pi/2);
>> y3 = sin(t-pi);
>> plot(t,y,'-.rv',t,y2,'--ks',t,y3,':mp')
```

例6-4 在同一个图形窗体中绘制三条不同的曲线。为了区分这些曲线，使用了不同的标识、色彩和线型，其中红色曲线是点画线，用倒三角形作为数据标识，黑色的曲线是虚线，用方块作为数据标识，粉红色曲线是虚线，用五角星作为数据标识，如图6-49所示。

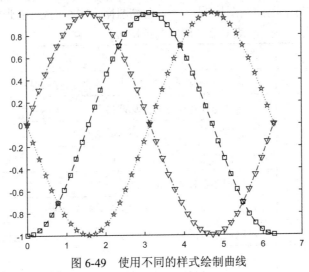

图 6-49　使用不同的样式绘制曲线

 注意：

这里没有粘贴完整的图形窗体，仅仅是粘贴了绘图的内容，具体的操作方法是通过图形窗体的 Edit 菜单下的 Copy Figure 命令。相关内容将在 6.6 小节详细介绍。

表 6-1　plot 函数的样式控制符

色彩参数	说　明	标识符参数	说明	线型	说明
r	红色	+	加号	-	实线
g	绿色	o	圆圈	--	虚线
b	蓝色	*	星号	:	点线
c	青	.	点	-.	点画线
m	洋红	x	十字		
y	黄色	s	矩形		
k	黑色	d	菱形		
w	白色	∧	上三角		
		∨	下三角		
		>	右三角		
		<	左三角		
		p	五边形		
		h	六边形		

MATLAB 提供了一些绘图控制命令可以让图形绘制更加快捷。比如，为了能够更加直观地观察数据曲线，可以使用 grid 命令将图轴的坐标线绘制出来，其中 grid on 命令可以在图形窗体中的图轴上显示坐标网格线，若不希望出现坐标网格线，则可以执行 grid off 命令。还可以使用 grid minor 命令显示更加细致的坐标线。仅执行 grid 命令而不设置参数，则图形窗体的图轴将在有网格线和无网格线之间切换。若需要向已经存在曲线的图形窗体中增加曲线，则可以使用 hold on 命令锁定当前的图轴。之后所有绘图操作的结果都会叠加显示在当前的图轴中。使用 hold off 命令则解除锁定状态，这时候任何绘图操作都将清除已经绘制的内容。仅执行 hold 命令则将在图轴锁定和非锁定状态之间切换。

表 6-2 总结了较为常用的绘图控制命令，在绘图操作中会经常用到这些命令。

表 6-2　常用的绘图控制命令

命　令	说　明
grid	图轴在有坐标网格线和无坐标网格线之间切换
grid on	显示图形窗体的图轴坐标网格线
grid off	不显示图形窗体的图轴坐标网格线
grid minor	显示图形窗体的图轴坐标网格线，并且显示细节
hold	在图轴锁定和非锁定状态之间切换
hold on	锁定当前图轴，后续绘制的内容将叠加显示
hold off	解除锁定当前图轴，后续绘制的内容将清除当前内容
figure	新建图形窗体
close	关闭当前的图形窗体
close all	关闭所有图形窗体
clf	清除当前图形窗体的内容
cla	清除当前图轴的内容

建议读者通过阅读 MATLAB 的帮助文档了解这些绘图控制命令的细节。

这里继续例 6-4 来改变绘图的样式：

```
>> plot(t,y,'rv',t,y2,'ks',t,y3,'mp')
>> grid on
```

得到的图形如图 6-50 所示。

上面两条指令绘制的效果是仅显示相应曲线的数据点而不再连接成线，并且显示了坐标轴的网格线。

MATLAB 还允许对利用 plot 函数绘制的曲线进行更细致的控制。这些所谓的控制就是进一步设置曲线的其他属性。MATLAB 给每一种图形对象赋予了若干属性，通过修改属性就可以修改图形对象的外观。在前面章节介绍的交互式绘图工具中，很多操作就是通过修改图形对象的属性以达到修改其外观的目的，同时，这也是句柄图形和图形用户界面操作图形对象的方法。那么对于用 plot 函数绘制的曲线还可以修改哪些属性完成曲线细节的设置和修改呢？这里举例来说明。

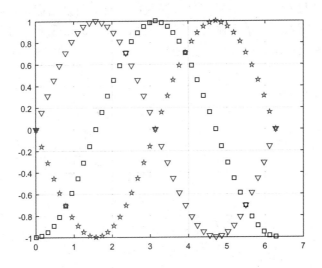

图 6-50 仅绘制曲线点并且增加坐标网格线

【例6-5】 设置曲线的细节属性。

在 MATLAB 命令行窗体中键入下面的命令:

```
>> x = -pi:pi/10:pi;
>> y = tan(sin(x)) - sin(tan(x));
>> plot(x,y,'--rs','LineWidth',2,...
            'MarkerEdgeColor','k',...
            'MarkerFaceColor','g',...
            'MarkerSize',10)
>> grid on
```

例 6-5 设置了曲线的线宽(LineWidth),标识符的填充色(MarkerFaceColor)、边缘色(MarkerEdgeColor)、尺寸大小(MarkerSize)等属性,得到的绘图结果如图 6-51 所示。

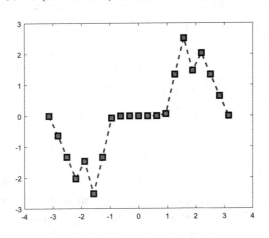

图 6-51 设置曲线的细节属性

如果将鼠标光标移动到曲线的数据标识处,图形窗体会自动显示鼠标光标处的数据数值，数值以标签形式显示，默认数字字体为深灰色。若单击数据标识，则会将数据标签正式添加到曲线上，此时默认数字字体的颜色为蓝色，如图 6-52 所示。如果不需要保留数据标签，则在数据标签上单击右键，通过快捷菜单中的 Delete Data Tip 命令来删除数据标签。

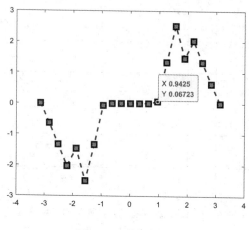

图 6-52　数据标签

 提示：

　　数据标签(Data Tips)是 MATLAB Release 2019b 版本增加的特性之一，创建数据标签还可以使用 datatip 函数，详细信息请阅读 MATLAB 的帮助文档。

　　图形对象的属性可以通过属性察看器(Properties Inspector)来察看和修改。单击图形窗体工具栏上的打开属性察看器图标 ▦，图形窗体将自动进入编辑模式(Edit Mode)，同时会打开图形对象属性察看器，默认地，会打开图轴的属性察看器。用鼠标左键单击图形窗体内的曲线，就可以得到如图 6-53 所示的曲线对象的属性察看器。属性察看器可以将属性按照字母排序显示或者分组显示。在分组显示时，会分为颜色与样式(Color and Styling)、数据标识(Markers)、数据(Data)、图例(Legend)、交互性(Interactivities)、回调函数(Callbacks)、回调函数执行控制(Callback Execution Control)、图形对象层次关系(Parent/Child)、识别(Indentifier)等几大类。有兴趣的读者可以通过点击图形窗体中不同图形对象之后来察看图形对象属性编辑器内内容的变化，再通过 MATLAB 的帮助文档了解这些属性的具体意义，也可以设置属性来看看这些图形对象外观会发生怎样的变化，从而掌握这些图形对象属性的具体意义。

 注意：

　　在较早版本的 MATLAB 中，例如 MATLAB Release R2013a，将这些属性分为三大类，分别为 Base Properties、Miscellaneous 和 Style Apperance。影响其外观的属性主要在 Style Apperance 属性列表下。图形对象的属性与句柄图形的应用密切相关，也是创建图形用户界面、使用句柄图形的基础。本书的第 7 章将简要介绍句柄图形和创建图形用户界面应用的内容，具体的细节请参阅 MATLAB 的帮助文档。

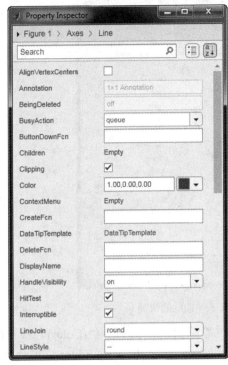 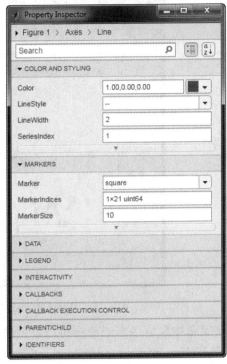

(a) 字母排序显示   (b) 分组显示

图 6-53 曲线的属性察看器

当 MATLAB 的图形窗体处于编辑模式时，可以直接对图形窗体内的图形对象进行增加文本注释、箭头、标注等操作，也可以通过设置对象的属性来改变图形对象的样式，之前章节介绍的交互式绘图工具其实就是利用了图形窗体的编辑模式，进入图形窗体的编辑模式可以采用下面几种方法：

■ 执行图形窗体中，Tool 菜单下的 Edit Plot 命令；

■ 单击图形窗体工具栏中选择对象按钮 ；

■ 执行 Edit 菜单下的 Propertiesis 菜单命令，包括 Figure Properties、Axes Properties 或者 Current Object Properties，分别会打开图形窗体、图轴以及当前图形对象的属性察看器，同时会让图形窗体进入编辑模式；

■ 执行 View 菜单下的 Figure Palette、Plot Browser 或 Property Editor 命令，可以将当前图形窗体切换到交互式绘图工具模式，其实也相当于进入了图形窗体的编辑模式；

■ 执行 Insert 菜单下的菜单命令，增加包括 Line、Arrow、Text Arrow 等注释内容，图形窗体会进入编辑模式；

■ 在 MATLAB 命令行窗体中，键入 plotedit 命令。

进入图形窗体编辑模式后，可以向图形窗体内添加各种元素，或者设置相应对象的属性，只需要在相应的图形对象上单击鼠标右键，通过弹出的快捷菜单来完成即可。例如设置如图 6-52 所示内容的图形窗体属性，进入编辑模式，然后在绘制的曲线上用鼠标右键单击，如图 6-54 所示。

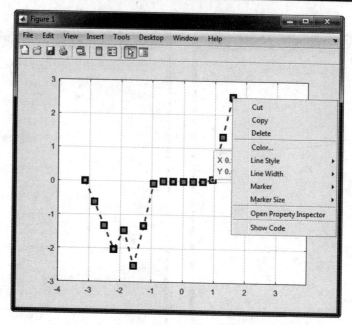

图 6-54　图形对象的编辑模式——曲线的快捷菜单

　　快捷菜单中包含了若干命令可以设置图形对象的属性，例如颜色(Color)、线形(Line Style)、线宽(Line Width)、标识(Marker)等，也可以选择 Open Property Editor 菜单命令，打开图形对象的属性察看器完成对图形对象的若干编辑工作。

　　完成编辑之后，只要单击 按钮就可以回到正常的显示模式。

注意：

　　只有在编辑模式下，才能够对图形对象进行编辑操作，例如图形对象的拷贝粘贴等，而且，也只有在编辑模式下，才能够弹出图形对象的右键快捷菜单。当被编辑的图形对象不同时，快捷菜单的内容也会不同。快捷菜单里面相应的菜单命令可以在图形窗体的菜单或者工具栏中找到，比较容易理解，这里就不再一一解释介绍了，读者可以根据本章介绍的若干内容自行理解掌握快捷菜单中的菜单命令，或者阅读 MATLAB 的帮助文档来了解其细节。

6.3.3　使用子图

　　MATLAB 的图形窗体可以划分为多个图形显示区域，每个图形显示区域彼此独立，用户可以根据自己的需要把数据绘制在指定的区域内。这种特性就是 MATLAB 的子图(Subplot)特性。使用子图的方法非常简单，使用 subplot 函数创建并选择绘制区域即可。

　　subplot 函数可以将现有的图形窗体分割成指定行数和列数的若干区域，在每个区域内，都可以包含一个图轴。利用该函数选择不同的绘图区域，则所有的绘图操作都会将结果输出到指定的绘图区中。

　　subplot 函数的基本用法如下：

subplot(m,n,p)

其中，m 和 n 为将图形窗体分割成的行数和列数，p 为选定的窗体区域的序号，以行元素优先顺序排列。

例如，在 MATLAB 命令行窗体中键入命令：

>> subplot(2,3,4)

则 MATLAB 将图形窗体分割成为二行三列，并且将第 4 个绘图区域设置为当前的绘图区域。例 6-6 说明了子图的使用方法。

【例 6-6】　使用子图——subplotexample.m。

```
001        function subplotexample
002        % subplotexample  例 6-6 子图的使用示例
003        x = 0:.1:2*pi;
004        % 创建新的图形窗体
005        figure(1);clf;
006        % 分隔窗体为 2 行 2 列，分别在不同的区域绘图
007        subplot(2,2,1);plot(1:10);grid on;
008        subplot(2,2,2);plot(x,sin(x));grid on;
009        subplot(2,2,3);plot(x,exp(-x),'r');grid on;
010        subplot(2,2,4);plot(peaks);grid on;
011        % 子图的特别用法
012        % 创建新的图形窗体
013        figure(2);clf
014        % 图形窗体分割为 4 行 5 列，选择第 2～4 号区域
015        subplot(4,5,2:4);plot(1:10);grid on;
016        % 选择向量中指定的区域
017        subplot(4,5,[7 8 9 12 13 14]);plot(peaks);grid on;
018        % 选择单一的区域
019        subplot(4,5,11);plot(membrane);grid on;
020        % 选择多个区域
021        subplot(4,5,16:20);surf(membrane);grid on;
```

运行例 6-6 的代码，在 MATLAB 命令行窗体中，键入命令：

>> subplotexample

则 MATLAB 创建两个图形窗体，每个图形窗体会被分割成若干部分，然后分别绘制不同的曲线或者曲面，如图 6-55 所示。

使用 subplot 函数创建并选择不同的绘图区域，后续的函数会根据所选择绘图区域的情况绘制出不同的结果。在例 6-6 的代码中，第二个图形窗体每个子图的图轴都不相同，这种结果充分发挥了 subplot 函数选择多个绘图区域的能力。请读者根据例子的代码和运行结果察看并学习 subplot 函数的使用方法。

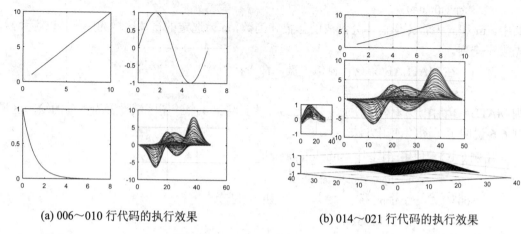

(a) 006～010 行代码的执行效果   (b) 014～021 行代码的执行效果

图 6-55   subplot 函数运行示例

6.3.4   控制绘图区域

所谓 MATLAB 的绘图区域，是指图形窗体中的图轴(Axes)。需要牢记一点，所有 MATLAB 的绘图都需要绘制在图轴之上，因此控制绘图的区域也就是控制图轴的显示区域。默认情况下，MATLAB 在绘制图形时会自动地根据绘制的数据调整图轴的显示范围，能够保证将所有数据以适当的比例显示在图形窗体中。用户可以修改图轴的显示范围，还可以增加或者修改图轴的标注。控制图轴有两个函数可以使用，一个是 axes 函数，另外一个是 axis 函数，这两个函数都能够实现图轴设置。

axis 函数可以修改图形窗体图轴的范围和显示比例，它的基本语法格式如下：

    axis([xmin xmax ymin ymax])

其中，xmin 和 xmax 决定 X 轴的显示范围，ymin 和 ymax 决定 Y 轴的显示范围。若此时没有任何图形窗体被打开，则在 MATLAB 命令行窗体中，键入下面的命令：

    >> axis

    ans =

        0   1   0   1

MATLAB 按照默认的设置创建一个图形窗体，里面包含一个空白的图轴，其中 X 轴的范围和 Y 轴的范围都为 0～1。

【例 6-7】 axis 函数使用示例。

在 MATLAB 命令行窗体中键入下面的命令：

    >> x = 0:pi/100:pi/2;

    >> y = tan(x);

    >> plot(x,y,'ko')

    >> grid on

这时的图形窗体中的内容如图 6-56 所示。

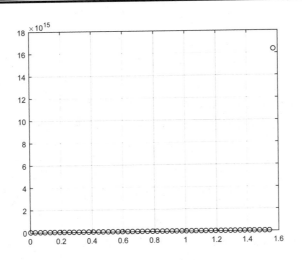

图 6-56 默认绘制所有数据的曲线

可以看出，由于默认情况下绘制在图形窗体内的曲线会包含所有数据，并且根据数据的范围自动调节图形显示的比例，所以图 6-56 显示的结果中，最开始的数据几乎排成了一条直线，并且都显示在 X 轴附近。因此需要修改显示范围，让数据显示得更加直观可读，方法如下所述。

在 MATLAB 命令行窗体中键入命令：

>> axis([0,pi/2,0,5])

该命令将图形窗体内图轴的范围缩小，这时，前面数据的细节就可以很容易地察看出来了，但是后面的数据没有显示在图轴中，如图 6-57 所示。

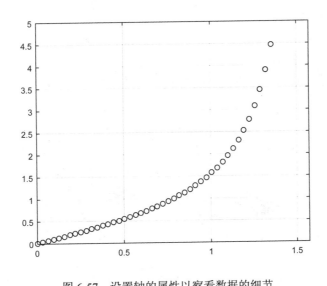

图 6-57 设置轴的属性以察看数据的细节

axis 函数除了能够用来直接设置轴的范围外，还能够用来设置轴的行为，例如设置轴是否按照数据的范围自动调节等，axis 的其他用法请参阅 MATLAB 帮助文档中相关的内容。

提示：

　　MATLAB 的图轴显示可以自由放大(Zoom In)、缩小 (Zoom Out)其绘制的内容，也可以平移(Pan)图轴内绘制的内容。这些操作可以通过图轴工具栏的相关命令来实现，也可以使用 zoom 命令进入缩放模式，使用 pan 命令进入平移模式，相关的缩放操作和平移操作都通过鼠标来完成。具体这些命令的使用方法请阅读 MATLAB 的帮助文档。

　　axes 函数也可以用于创建图轴，并且提供了对图轴更丰富的控制能力。 axes 函数在创建新的图轴时，还可以设置图轴的若干属性来控制绘制图轴的外观，例如，使用 axes 函数控制图轴的尺寸和位置，实际上是利用图轴的位置(Position)属性来实现，参见例 6-8。

【例 6-8】　使用 axes 函数——axes_example.m。

```
001    function axes_example
002    % axe_example  例 6-8 使用 axes 函数的示例
003    axes('position',[.1   .1   .8   .25]);
004    mesh(peaks(20));
005    grid on;
006    axes('position',[.1   .4   .4   .25]);
007    surf(peaks(20));
008    grid on;
009    axes('position',[.55   .4   .4   .5]);
010    surf(membrane);
011    grid on;
012    axes('position',[.1   .7   .4   .25]);
013    plot(peaks(20));
014    grid on;
```

执行例 6-8 的代码得到绘制的图形结果如图 6-58 所示。

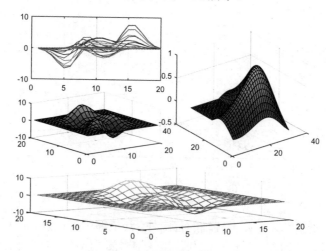

图 6-58　使用 axes 函数控制坐标轴

　　在例 6-8 中，使用 axes 函数来控制坐标轴的范围就是直接设置坐标轴的位置属性。这里需要说明的是，这里的位置属性是相对于整个图形窗体的位置，并且这里面使用的数据单位与图形窗体的单位(Unit)属性相关。默认情况下，图形窗体的单位属性是归一化(Normalized)的，于是，在例 6-8 的代码中相当于使用百分比表示图轴的位置和尺寸。归一化单位的情况下，MATLAB 的图形窗体坐标轴原点在窗体的左下角，坐标值为(0,0)，而右上角的坐标值为(1,1)。在 axes 函数设置坐标轴位置是使用的位置向量包含四个元素分别为[left,bottom,width,height]。分别表示坐标轴的左下角位置以及图轴的宽和高。请读者结合例6-8 的代码体会 axes 函数如何控制坐标轴范围。

 提示：

　　相对于 axis 函数，axes 函数要更加复杂一些，大家平时使用 axis 函数基本就能够完成对坐标轴的取值范围的控制，如果需要更复杂的控制，则需要使用 axes 函数。

　　正如前面介绍交互式绘图工具时所说，很多时候还需要设置图轴的坐标线间隔属性(Ticks)。在默认的情况下，MATLAB 按照绘制数据的范围设置坐标线的间隔，这种间隔的设置一般采用五等分自动完成。若有必要，用户也可以根据自己的需求设置这些间隔，具体的方法是设置图轴的间隔属性(XTick 或者 YTick 属性)，不同坐标轴的间隔需要分别设置。这里举例说明。

　　【例 6-9】　设置轴的坐标间隔。

　　在 MATLAB 命令行窗体中键入下面的命令：

```
>> x = -pi:pi/10:pi;
>> y = cos(x);
>> plot(x,y,'-r^');
>> grid on
```

这时 MATLAB 绘制的图形如图 6-59 所示。

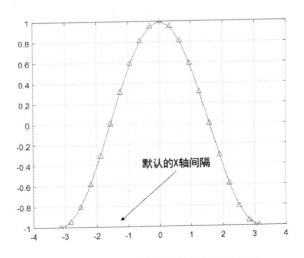

图 6-59　绘制曲线使用默认的坐标线间隔

修改图轴的坐标间隔属性，可以在绘图之前使用 axes 函数创建新的图轴时，直接定义图轴对象的"XTick"或者"YTick"属性。如果已经完成了绘图再来设置图轴的属性，就需要使用 set 函数，在本例子中，首先尝试修改 X 轴的范围和坐标间隔：

```
>> axis([-pi,pi,-inf,inf])
>> set(gca,'XTick',-pi:pi/4:pi)
```

这时图形窗体内绘制的图轴 X 轴将发生变化，如图 6-60 所示。

 注意：

在设置坐标轴的范围时，若将坐标轴取值设定为 inf(如本例)，则表示该坐标轴的范围为自动，也就是说，在本例子中 X 轴的范围为[-π,π]，则 Y 轴按照绘制数据的范围自动设定。

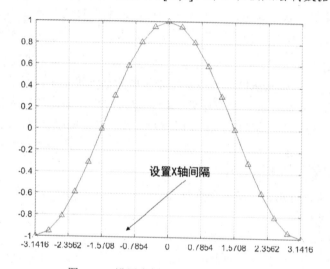

图 6-60　设置坐标间隔线和坐标范围

 提示：

set 函数和 get 函数是用来设置/获取 MATLAB 图形对象属性的常用函数。如前所述，MATLAB 的图形对象都包含有不同的属性和相应的属性值，这些属性和属性值就决定了MATLAB 图形对象的表现形式。例如在本例中设置了轴对象的属性——"XTick"，修改之后 X 轴的坐标间隔发生了变化。另外，本例使用 gca 函数来获取当前的图轴图形对象的句柄，有关句柄图形的内容可以参阅 MATLAB 帮助文档。

到目前，例 6-9 得到的图形已经基本符合要求了，但是 X 轴的标注依然是数字，而很多时候希望使用特殊符号表示，比如本例子中使用了常数"pi"，如果需要修改标注的内容，则需要修改图轴坐标轴的 XTickLabel 或者 YTickLabel 属性。

继续例 6-9，在 MATLAB 命令行窗体中键入下面的命令：

```
>> label = {'-pi',''',-pi/2'',''',0'',''',pi/2'',''',pi'};
>> set(gca,'XTickLabel',label)
```

这时绘制的图形如图 6-61 所示。

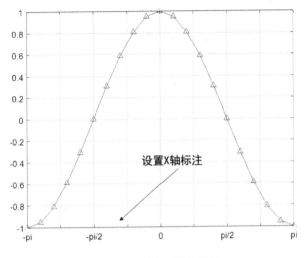

图 6-61 设置 X 轴的标注

若需要设置 Y 轴的坐标轴线和相应的标注可以参考例 6-9 的方法来完成。

6.3.5 格式化绘图命令

所谓格式化绘图，是指为 MATLAB 图形窗体中的图形对象添加必要的注释、标题或者其他文本信息，让 MATLAB 的图形能够表述更加丰富的信息。MATLAB 不仅能够在交互式绘图中完成这些工作，还可以通过一系列的函数编程完成这些格式化绘图的功能。在本小节，将详细讨论如何利用各种函数和命令在 MATLAB 图形窗体中添加图形标题、图形注释、轴标签等格式化图形信息的方法。

1. 增加文本信息

MATLAB 图形窗体的文本信息主要包括图形标题、文本注释、轴标签和图例等。图 6-62 中的 MATLAB 图形窗体包含了所有这些文本信息。

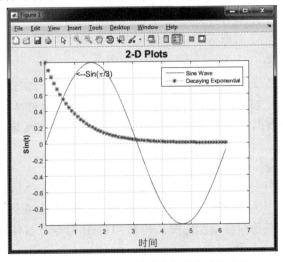

图 6-62 MATLAB 图形窗体的格式化效果

　　为图形窗体增加这些文本信息一般有多种途径，可以通过菜单命令、属性编辑器，或者使用 MATLAB 提供的函数。MATLAB 的图形窗体 Insert 菜单下包含多个菜单命令可以用来添加这些格式化的文本信息，而通过 MATLAB 图形编辑器，配合不同对象的属性编辑器也可以完成添加格式化文本信息的工作。不过这些方法都没有利用函数编写程序简便灵活。

　　1）添加标题(Title)

　　添加图形的标题需要使用 title 函数，该函数的基本用法为

　　　　title(string)

其中，字符向量或者字符串 string 为图形窗体的标题，该标题将被自动地设置在图轴的正中顶部，例如在 MATLAB 命令行窗体中，键入下面的命令：

　　　　>> title(date)

则 MATLAB 会创建包含一个空白图轴的图形窗体，同时将图轴的标题设置为当前的日期，如图 6-63 所示。

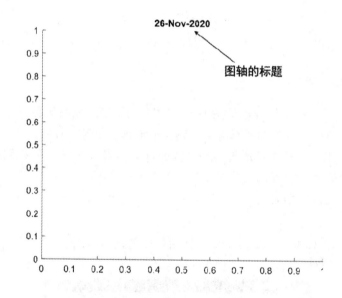

图 6-63　以当前日期为标题的图轴

　　2）添加图例(Legend)

　　图例作为标示绘制在图轴内数据曲线的说明，默认绘制在轴的右上角处，其中包括了绘制在轴内曲线的色彩、样式和标识，同时在绘制图例的地方为每一个曲线添加简要的说明文字，便于用户了解数据曲线的信息。添加轴的图例需要使用函数 legend，该函数的基本语法如下：

　　　　legend(string1,string2,…)

其中，字符向量或字符串 string1、string2 为图例的说明性文本，MATLAB 将自动按照绘制在轴上的曲线的绘制次序选择相应的文本作为图例。例如，假设在图形窗体上绘制如例 6-4 所示的三条曲线，为这三条曲线增加图例。在 MATLAB 命令行窗体键入下面的命令：

　　　　>> legend('y=sin(t)','y=sin(t-pi/2)','y=sin(t-pi)')

这时的图形窗体将出现相关的图例，如图 6-64 所示。

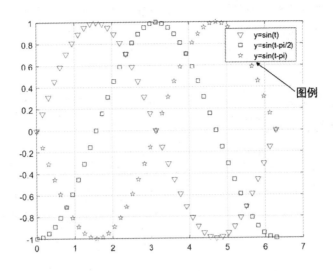

图 6-64　增加图例

　　通过图例可以非常方便地了解绘制在图形窗体中的曲线基本信息。图例所在的位置可以任意挪动，用鼠标就可以直接在图形窗体中移动图例的位置，也可以在创建图例的时候，利用 legend 函数设置图例的不同位置，即设置图例的位置(Location)属性，不过图例位置属性的取值比较有趣，它有若干个固定的取值。

- 'North'：在图轴内部，位于正上方；
- 'South'：在图轴内部，位于正下方；
- 'East'：在图轴内部，位于右侧正中；
- 'West'：在图轴内部，位于左侧正中；
- 'NorthEast'：在图轴内部，位于右上方，默认位置；
- 'NorthWest'：在图轴内部，位于左上方；
- 'SouthEast'：在图轴内部，位于右下方；
- 'SouthWest'：在图轴内部，位于左下方；
- 'NorthOutside'：在图轴外部，位于正上方；
- 'SouthOutside'：在图轴外部，位于正下方；
- 'EastOutside'：在图轴外部，位于右侧正中；
- 'WestOutside'：在图轴外部，位于左侧正中；
- 'NorthEastOutside'：在图轴外部，位于右上角；
- 'NorthWestOutside'：在图轴外部，位于左上角；
- 'SouthEastOutside'：在图轴外部，位于右下角；
- 'SouthWestOutside'：在图轴外部，位于左下角；
- 'Best'：在图轴内部，寻找最佳位置，与数据曲线不冲突为准；
- 'BestOutside'：在图轴外部，自动寻找最佳位置；

　　其实，这些位置属性与前面交互式绘图工具对应的图例位置编辑一一对应，大家可以结合前面介绍交互式绘图工具时讲述的内容理解这些属性。

当然，legend 函数还有其他多种属性可以设置，具体的内容请参阅 MATLAB 的帮助文档中关于 legend 函数的说明。

提示：

设置图形对象的属性还可以使用对象句柄和 set 函数来实现。关于句柄图形的相关内容可以参阅 MATLAB 的帮助文档。

3) 添加坐标轴标签(Label)

在 MATLAB 图形窗体中坐标轴标签可以用来说明与坐标轴有关的信息。坐标轴标签也可以包含各种需要添加的信息例如坐标轴数据的单位、物理意义等。MATLAB 可以为不同的坐标轴添加不同的信息，一般地，可以使用 xlabel、ylabel 和 zlabel 函数分别为图形窗体图轴的 X 轴、Y 轴和 Z 轴添加标签。以 X 轴为例，这三个函数的基本使用语法如下：

      xlabel(string)

其中字符向量或者字符串 string 就是坐标轴的标签。坐标轴的标签自动与坐标轴居中对齐。

例如，在图形窗体中为 X 轴和 Y 轴添加标签：

      >> plot(sin(0:pi/100:pi))

      >> xlabel('X 轴数据');ylabel('Y 轴数据')

添加标签之后的图形窗体内容如图 6-65 所示。

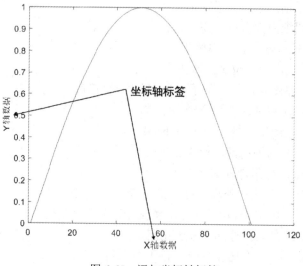

图 6-65　添加坐标轴标签

4) 添加文本注释(text)

文本注释是由创建图形的用户添加的说明性文字，这些文字可以用来说明数据曲线的细节特点，例如标识需要特别注意的数据点。创建文本注释的函数是 text 函数，它的基本语法如下：

      text(x,y,string)

其中，x 和 y 是文本注释位置的坐标值，该坐标值使用当前轴系的单位设置，这个坐标就是文本起始点的坐标。string 则是文本注释的具体内容，可以是字符向量、字符串或者字符串数组，也可以是由不同字符向量或者字符串构成的元胞数组，字符串数组或者元胞数组的每个元素为注释的一行内容。

例如，可以向图形窗体添加注释文本：

>> x = 0:.1:2*pi;y = sin(x);plot(x,y);grid on;

>> text(pi/3,sin(pi/3), '<--Sin(\pi/3)')

得到的效果如图 6-66 所示。

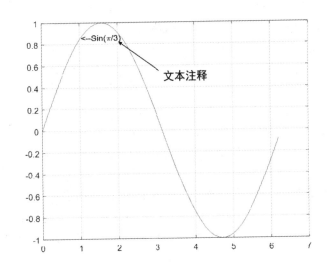

图 6-66　添加文本注释

 注意：

在这里使用了 TeX 字符用来显示常数 π。

2. 格式化文本标注

在前一个小节的例子中，所添加的各种文本标注都使用了系统默认的字体、字号等属性设置。若是所有的图形文本标注都使用这些格式未免显得千篇一律了。所以在必要时，可以通过修改这些图形对象的属性让文字显示得更加美观。这时，修改属性需要通过 set 命令，而前提是需要获取相应图形对象的句柄。有关句柄图形的基本知识将在本书的第 7 章中简要介绍，如果希望了解句柄图形的详细内容，请参阅 MATLAB 的帮助文档。

在本小节介绍创建格式化文本标注的方法。

文本标注的字体属性可以在创建文本标注的时候进行设置，其中有关字体本身的属性主要包括字体名称(FontName)、字体大小(FontSize)、字体是否加粗(FontWeight)以及字体大小的度量单元(FontUnits)等，见例 6-10。

【例 6-10】 添加格式化的文本信息——txtinfo.m。

```
001        % 例 6-10 txtinfo.m
002        %使用不同的文本标注属性
```

```
003        % 准备数据并绘制曲线
004        clear all;close all;
005        x = 0:.1:2*pi;y = sin(x);plot(x,y)
006        grid on;hold on
007        plot(x,exp(-x),'r:*');
008        % 添加标注
009        title('2-D Plots','FontName','Arial','FontSize',16)
010        % 使用中文字体
011        xlabel('时间','FontName','隶书','FontSize',16)
012        % 加粗文本
013        ylabel('Sin(t)','FontWeight','Bold')
014        % 修改字号
015        text(pi/3,sin(pi/3), '<--Sin(\pi/3)','FontSize',12)
016        legend('Sine Wave', 'Decaying Exponential')
```

执行脚本文件 txtinfo，在 MATLAB 命令行窗体中键入下面的命令：

>> txtinfo

得到的图形输出如图 6-67 所示。注意看一下例 6-10 的运行结果，由于对 X 轴和 Y 轴标签设置了不同的文本属性，所以图 6-67 中不同位置的文本具有不同的显示效果，特别新版 MATLAB 对中文的支持明显得到了优化，因此当前版本的 MATLAB 对中文显示不存在任何问题。

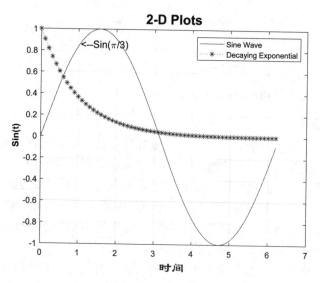

图 6-67　设置不同文本属性的文本标注

如果需要修改已经在图形窗体上添加好的文本，则需要使用图形句柄，再通过 set 命令来完成，或者通过属性察看器进行修改，也可以通过交互式绘图工具来完成，这里就不一一展开讲述了。如果读者感兴趣的话，可以自行尝试其操作，或者阅读 MATLAB 的帮助文档中相关的内容。

3. 特殊字符标注

在例 6-9 和例 6-10 中，都使用了特殊的字符集来显示字符 π，这个特殊的字符集就是 TeX 字符集。利用这个字符集就可以在 MATLAB 图形窗体的文本注释中使用诸如希腊字符、数学符号或者设置文字为上标和下标等。

提示：

在 MATLAB 可用的 TeX 字符集在附录 B 中可以查到。

在 MATLAB 图形窗体的所有文本标注中都可以使用这些特殊的字符，比如在标题、坐标轴标签、文本注释等。使用特殊文本时一定要注意不要忘记"\"符号，否则 MATLAB 就会按照普通文本处理这些字符。除了直接使用附录中的 TEX 字符集外，还可以用下面的标识符组合完成更丰富的字体标注。

- \bf：加粗字体；
- \it：斜体字；
- \sl：斜体字(很少使用)；
- \rm：正常字体；
- \fontname{fontname}：定义使用特殊的字体名称；
- \fontsize{fontsize}：定义使用特殊的字体大小，单位为 FontUnits。

其中，设置字体的大小或者名称直接影响接在定义符后面的文本内容，直到下一个字体定义出现。

进行上标或者下标文本的注释需要使用"^"和"_"字符。

进行上标标注的语法如下：

　　^{superstring}

其中，superstring 是上标的内容，它必须在大括号"{}"之中；

进行下标标注时的标注语法如下：

　　_{substring}

其中，substring 是下标的内容，它必须在大括号"{}"之中。

关于在 MATLAB 文本标注中添加特殊文本的具体方法，见例 6-11。

【例 6-11】 使用特殊文本标注——tex_example.m。

```
001    function tex_example
002    %tex_example 例 6-11 在文本注释中使用特殊文本
003    alpha = -0.5;
004    beta = 3;
005    A = 50;
006    t = 0:.01:10;
007    y = A*exp(alpha*t).*sin(beta*t);
008    close all;figure(1);
009    % 绘制曲线
010    plot(t,y);grid on;
```

```
011        %添加特殊文本注释
012        title('\fontname{仿宋}\fontsize{16}{仿宋} \fontname{Impact}{Impact}')
013        xlabel('^{上标} and _{下标}')
014        ylabel('Some \bf 粗体\rm and some \it{斜体}')
015        txt = {'y = {\itAe}^{\alphax}sin(\beta\itt)',...
016                  ['\itA\rm' ,' = ',num2str(A)],...
017                  ['\alpha = ',num2str(alpha)],...
018                  ['\beta = ',num2str(beta)]};
019        text(2,22,txt );
```

运行例 6-11，在 MATLAB 命令行窗体中键入命令：

```
>> tex_example
```

得到运行结果如图 6-68 所示。

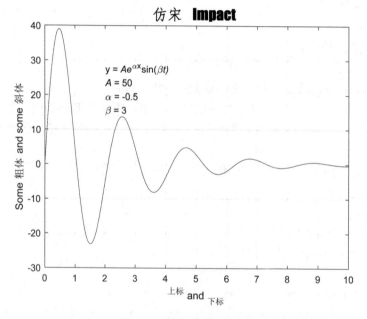

图 6-68　使用特殊文本注释

特殊文本可以放置在各种文本注释的内容之中，例 6-11 的 012～018 行代码分别在标题、坐标轴标签、文本注释内容中添加了特殊文本。在需要添加多行文本注释的时候，可以将注释的内容保存在元胞数组中，元胞数组的每一个元胞即为注释的一行。

6.3.6　特殊图形函数

前面两个小节介绍的都是绘制基本图形曲线的方法，使用的也是最基础的绘图函数 plot。同样对于二维平面绘图还可以使用诸如双坐标轴、对数坐标轴等，另外在 MATLAB 中还能够绘制一些特殊的图形，其中包括柱状图、饼图、火柴杆图等。这些特殊的图形主要用于专业的数据可视化和统计工作。在本小节，将简要介绍实现这些功能的 MATLAB 图形函数以及基本使用方法。

1. 特殊坐标轴系

特殊坐标系包括对数坐标系以及双 Y 轴坐标系。特殊坐标轴系的函数如下：

- loglog：两个坐标轴都使用对数刻度；
- semilogx：X 轴用对数刻度，Y 轴用普通线性刻度；
- semilogy：Y 轴用对数刻度，X 轴用普通线性刻度；
- yyaxis：设置两个 Y 轴进行绘图；

【例 6-12】 使用特殊的坐标轴系——other_axes.m。

执行包含下列代码的脚本文件：

```
001     %other_axes 例 6-12 特殊坐标系示例
002     close all;clear all;
003     data = 1:10000;
004     subplot(2,2,1);
005     loglog(data);grid on;
006     title('LOGLOG(1:10000)')
007     subplot(2,2,2);
008     semilogy(data);grid on;
009     title('SEMILOGY(1:10000)');
010     subplot(2,2,3);
011     semilogx(data);grid on;
012     title('SEMILOGX(1:10000)')
013     subplot(2,2,4);
014     yyaxis left; plot(data,data);
015     yyaxis right; plot(data,data.^2);
016     grid minor;
017     title('TWO AXES');
```

例 6-12 执行的结果如图 6-69 所示。这里需要说明一点，在创建两个 Y 轴的曲线时还可以用函数 plotyy，但是本例中使用的命令是 yyaxis。函数 yyaxis 是 MATLAB Release 2016a 版本引入的新特性，用于替代 plotyy 函数的功能，预计在未来版本的 MATLAB 中 plotyy 函数将被彻底淘汰。其余的函数相对比较直观容易理解，请读者参阅 MATLAB 的帮助文档以及例 6-12 的代码来了解使用这些函数的细节。

2. 绘制特殊图形

在 MATLAB 中能够绘制的特殊图形包括：柱状图和面积图、饼图、直方图、离散数据图、矢量方向图以及等高线图等。这些特殊图形的绘制一般都是通过调用对应函数来完成。不同的特殊图形绘制函数应用不同，需要根据特殊的数据可视化和统计要求来选择。本小节涉及的绘图函数种类众多，仅能给出部分函数的用法示例而无法一一详细解释其语法和用法。请读者注意查阅 MATLAB 的帮助文档了来了解其细节。

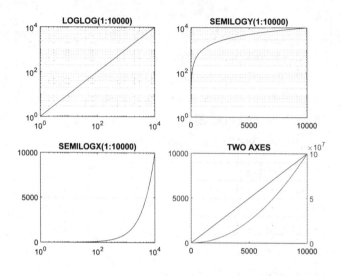

图 6-69　使用特殊的坐标轴系

【例 6-13】　柱状图和面积图——bar_example.m。

绘制柱状图和面积图的函数如下：

- bar：绘制二维柱状图，将 m 行 n 列的矩阵绘制成 m 组每组 n 个垂直柱；
- barh：绘制二维水平柱状图，将 m 行 n 列的矩阵绘制成 m 组每组 n 个水平柱；
- bar3：绘制三维柱状图，将 m 行 n 列的矩阵绘制成 m 组每组 n 个垂直柱；
- barh3：绘制三维水平柱状图，将 m 行 n 列的矩阵绘制成 m 组每组 n 个水平柱；
- errorbar：在基础曲线上绘制误差条
- area：绘制面积图，将向量数据绘制成面积图。

例如，执行包含下面代码的脚本文件能够得到如图 6-70 所示的结果。

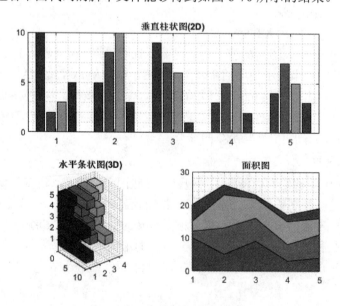

图 6-70　柱状图和面积图示例

```
001    %BAR_EXAMPLE 例 6-13 柱状图和面积图示例
002    data = [10 2 3 5; 5 8 10 3; 9 7 6 1; 3 5 7 2; 4 7 5 3];
003    subplot(2,2,[1 2]);bar(data);grid minor;
004    title('垂直柱状图(2D)');
005    subplot(2,2,3);bar3h(data);grid minor
006    title('水平条状图(3D)');
007    subplot(2,2,4);area(data);grid minor
008    title('面积图');
```

 注意：

柱状图处理矩阵依照行元素进行，而面积图处理矩阵则按照列元素进行。

【例 6-14】　饼图——pie_example.m。

饼图用来显示向量或者矩阵元素占所有元素和的百分比。饼图也有二维饼图和三维饼图，绘制的函数分别为 pie 和 pie3。

例如执行包含下面代码的脚本文件能够得到如图 6-71 所示的结果。

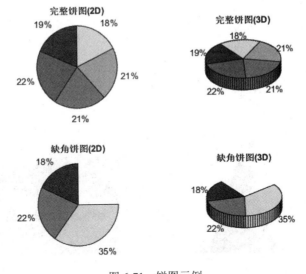

图 6-71　饼图示例

```
001    %pie_example 例 6-14 饼图示例
002    A = sum(rand(5,5));
003    subplot(2,2,1);pie(A);
004    title('完整饼图(2D)');
005    subplot(2,2,2);pie3(A);
006    title('完整饼图(3D)');
007    B = [0.18 0.22 0.35];
008    subplot(2,2,3),pie(B);
```

```
009        title('缺角饼图(2D)');
010        subplot(2,2,4),pie3(B);
011        title('缺角饼图(3D)');
```

示例中的代码演示了创建饼图的最基本方法，饼图的文本、标签、图例等均可以分别设置，还可以创建分离式的饼图等，请读者查阅 MATLAB 的帮助文档来了解其细节。

【例 6-15】 直方图——hist_example.m。

直方图用来显示数据的概率分布情况。直方图可以绘制在普通的直角坐标下，也可以绘制在极坐标系下，使用的函数分别为 histogram 和 polarhistogram。这两个函数分别计算输入向量中数据落入某一范围的数量，而绘制的直方高度或者长度则表示落入该范围的数据的个数。

例如，执行包含下列代码的脚本文件能够得到如图 6-72 所示的结果。

```
001        %hist_example 例 6-15 柱状图示例
002        A = randn(100000,1);
003        B = rand(100000,1);
004        subplot(2,2,1); histogram (A);
005        title('正态分布');
006        subplot(2,2,2); histogram (B);
007        title('均匀分布');
008        subplot(2,2,3); polarhistogram (A);
009        title('正态分布');
010        subplot(2,2,4); polarhistogram (B);
011        title('均匀分布');
```

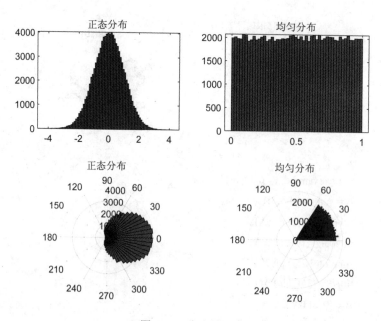

图 6-72　直方图示例

需要指出的是，histogram 函数是 MATLAB Release 2014b 版本增加的特性，polarhistogram 函数是 MATLAB Release 2016b 版本增加的特性。如果读者使用的 MATLAB 版本比这两个版本还老旧，则需要用 hist 函数替代示例中的 histogram 函数，用 rose 函数替代示例中的 polarhistogram 函数。

从直方图的示例中可以看出两种不同的随机函数运行结果的差异。

【例 6-16】 离散数据图——stem_example.m。

在数字信号处理领域经常处理一些离散数据，而 MATLAB 提供了相应的函数用于进行离散数据的可视化，例如常用的火柴杆图、阶梯图等。前面介绍的柱状图或面积图也是绘制离散数据的一种选择。

绘制火柴杆图可以使用 stem 函数或者 stem3 函数，前者绘制二维空间的曲线，后者绘制三维空间的曲线。而阶梯图需要使用 stairs 函数。

```
001        %stem_example 例 6-16 离散数据图示例
002        alpha = .01; beta = .5; t = 0:0.2:10;
003        y = exp(-alpha*t).*sin(beta*t);
004        close all;figure(1);
005        stem(t,y,'r');grid on;hold on;
006        stairs(t,y,'g');
007        plot(t,y,'b');
008        figure(2)
009        theta = 2*pi*(0:127)/128;
010        x = cos(theta);
011        y = sin(theta);
012        z = abs(fft(ones(10,1), 128))';
013        stem3(x, y, z)
```

上述代码将创建两个图形窗体，其中一个将二维火柴杆图和阶梯图绘制在一起，另一个为三维的火柴杆图，如图 6-73 所示。

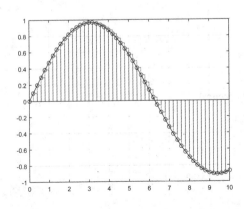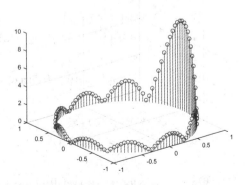

图 6-73 离散数据图示例

注意：

在绘制三维火柴杆图的时候使用了快速傅里叶函数，该函数是数字信号处理常用的函数之一，为 MATLAB 的内建函数。

【例 6-17】 其他矢量图——others_example.m。

除了上述四种类型的特殊绘图函数以外，MATLAB 还能够绘制矢量方向图和等高线图，这些函数如下：

- compass：绘制放射线图；
- feather：绘制线性放射线图；
- quiver：绘制场图；
- quiver3：绘制三维场图；
- contour：绘制等高线轮廓图；
- contour3：绘制三维等高线轮廓图；
- contourf：绘制填充的等高线图；
- clabel：等高线标签；
- meshc：绘制三维 mesh 曲线和等高线；
- surfc：绘制三维 surf 曲线和等高线。

例如，使用上述函数绘制特殊图形的脚本文件如下：

```
001        %others_example 例 6-17 矢量方向图绘制示例
002        subplot(2,2,1)
003        [X,Y,Z] = peaks(-2:0.25:2);
004        [U,V] = gradient(Z, 0.25);
005        contour(X,Y,Z,10);
006        hold on
007        quiver(X,Y,U,V);
008        title('表面梯度 - (CONTOUR & QUIVER)')
009        subplot(2,2,2)
010        contourf(X,Y,Z,10);
011        title('填充等高线 - (CONTOURF)')
012        theta = 0:0.1:4*pi;
013        [x,y] = pol2cart(theta(1:5:end), theta(1:5:end));
014        subplot(2,2,3)
015        compass(x,y)
016        title('放射线图- (COMPASS)')
017        subplot(2,2,4)
018        feather(x(1:19),y(1:19))
019        title('线性放射线图 - (FEATHER)')
```

上面的代码运行得到的图形结果如图 6-74 所示。

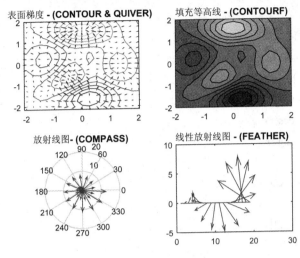

图 6-74 特殊图形绘制示例

注意：

　　本小节涉及的函数较多，由于篇幅所限没有给出详细的解释。部分函数的用法相对复杂，已经超出了本书的讲述范围。对这些内容有兴趣的读者请参阅 MATLAB 的帮助文档。

6.4　基本三维绘图

　　MATLAB 具有在三维空间展示数据的能力，很多时候需要使用 MATLAB 提供的若干函数进行三维数据可视化，同时还有若干种方法进行三维图形对象属性的设置和控制。在本小节，将简要介绍 MATLAB 绘制三维图形的基本方法。其实三维图形的绘制也是在二维平面中实现的，通过设置视角、视场让图形看上去是三维的效果，其中涉及了计算机图形学等学科的基本知识，有兴趣的读者可以参阅有关的教科书。

　　绘制三维图形的基本过程要比绘制二维图形复杂了一些，基本过程如下：

- ■　准备需要绘制在 MATLAB 图形窗体中的数据；
- ■　创建图形窗体，并且选择绘制数据的区域；
- ■　使用 MATLAB 的 3D 绘图函数绘制图形或者曲线；
- ■　设置调色板和投影算法；
- ■　增加光照，设置材质；
- ■　设置视点(viewpoint)；
- ■　设置绘图坐标轴的属性；
- ■　设置透视比；
- ■　为绘制的图形添加标题、轴标签或者标注文本等；
- ■　打印或者导出图形。

并不是所有三维绘图的过程都包含上面的十个步骤，在例 6-18 中，进行了一次最简单的三维绘图。

【例 6-18】 简单三维绘图——plot_3d.m。

```
001    %plot_3d 例 6-18 简单三维绘图
002    % 准备数据
003    z = 0:0.1:40;
004    x = cos(z);
005    y = sin(z);
006    clf;
007    % 绘制曲线
008    plot3(x,y,z)
009    % 添加标注
010    grid on
011    title('Spiral Plot - using PLOT3')
012    xlabel('x')
013    ylabel('y')
014    zlabel('z')
```

该脚本文件运行的结果如图 6-75 所示。

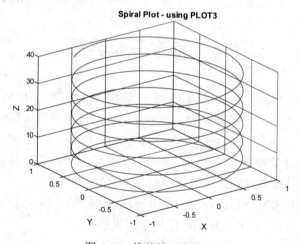

图 6-75　简单的三维绘图

例 6-18 中使用了函数 plot3，该函数类似 plot 函数，能够将 X、Y、Z 坐标绘制在三维的空间。它的基本语法如下：

```
plot3(xdata,ydata,zdata,'clm',…)
```

在命令行中，clm 的取值和 plot 函数的取值完全一致。

例 6-18 使用 zlabel 函数向坐标轴添加标签。它的用法类似于 xlabel 和 ylabel 函数。绘制这个三维曲线时没有进行其他复杂的操作，比如设置光线、视点和三维实体的表面材质等操作。例 6-19 演示了更加复杂的绘制三维曲面过程。

【例 6-19】 绘制复杂的三维曲面——plot_3dfull.m。

```
001    %准备数据
```

```
002        Z = peaks(20);
003        %选择图形窗体
004        figure(1);clf
005        %调用 3D 绘图函数
006        h = surf(Z);
007        %设置调色板和投影算法
008        colormap hot;
009        shading interp;
010        set(h,'EdgeColor','k')
011        %增加光照
012        light('Position',[-2,2,20])
013        lighting phong
014        %设置材质
015        material([0.4,0.6,0.5,30])
016        set(h,'FaceColor',[0 0.7 0.7],'BackFaceLighting','lit')
017        %设置视点
018        view([30,25])
019        set(gca,'CameraViewAngleMode','Manual')
020        %设置轴属性
021        axis([0 20 0 20 -8 8])
022        set(gca,'ZTickLabel',{'Negative','','Positive'})
023        %设置透视比
024        set(gca,'PlotBoxAspectRatio',[2.5 2.5 1])
025        %添加文本注释
026        xlabel('X Axis');ylabel('Y Axis');zlabel('Function Value');
027        title('Peaks');
```

可以在调试状态下运行该例子以便仔细察看每一步骤执行之后的效果，如图 6-76 所示。

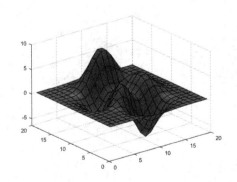

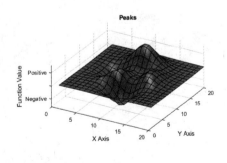

(a) 运行至第 16 行代码的效果　　　　　　(b) 所有代码执行完毕的效果

图 6-76　程序运行的最终结果

在例 6-19 的代码中使用了很多三维图形属性设置的函数，以及大量的图形对象属性。这些内容已经超出了本书的讨论范围，有兴趣的读者可以结合本例的代码阅读 MATLAB 的帮助文档中相关说明。

为了便于绘制三维图形，MATLAB 提供了一些函数用于特殊的三维曲面绘制。其中经常使用的函数有 mesh 函数和 surf 函数。

mesh 函数用来绘制三维的线框图，它的输入参数一般为 X、Y 和 Z 三个坐标系的数据。同时该函数还有 meshc 和 meshz 函数两种变形。其中 meshc 函数用来绘制具有等高线性质的 mesh 曲面，meshz 函数绘制 mesh 曲面的参考面。这三个函数的使用参见例 6-20。

【例 6-20】 mesh 函数的应用——mesh_example.m。

```
001      % mesh_example 例 6-20 mesh 函数举例
002      % 准备数据
003      [X,Y] = meshgrid(-3:.125:3);
004      Z = peaks(X,Y);
005      subplot(1,3,1);
006      meshc(X,Y,Z);
007      axis([-3 3 -3 3 -10 10]);title('Meshc');
008      subplot(1,3,2);
009      meshz(X,Y,Z);
010      axis([-3 3 -3 3 -10 10]);title('MeshZ');
011      subplot(1,3,3);
012      mesh(X,Y,Z);
013      axis([-3 3 -3 3 -10 10]);title('Mesh');
014      colormap gray
015      set(gcf,'Position', [14 237 997 275]);
```

例 6-20 的运行结果如图 6-77 所示。

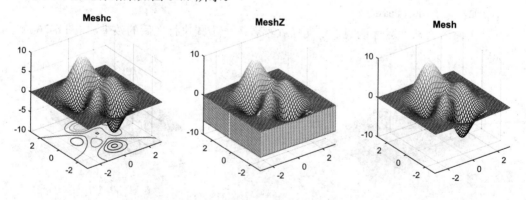

图 6-77　mesh 函数使用示例

在例 6-20 中，meshgrid 函数用来创建三维曲线绘图原始数据，它根据输入参数来创建等间距的网格数据。关于 meshgrid 函数的详细信息请参阅 MATLAB 的帮助文档。通过例 6-20 的运行结果能够明显地看出函数 mesh、meshc、meshz 之间的区别。mesh 函数的详细使用方法请参阅 MATLAB 的帮助文档。

　　surf 函数和 mesh 函数不同，surf 函数能够创建用色彩表示的曲面图，而不是线框图。而且该函数有一种变形，就是 surfc，这里可将例 6-20 的代码进行适当的修改，用 surfc 替换 meshc，用 surf 替换 mesh，则相应的代码运行得到的结果如图 6-78 所示。

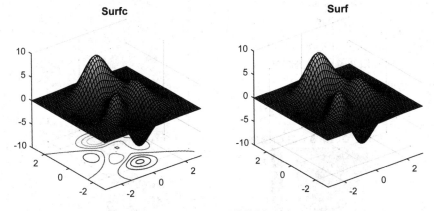

图 6-78　surf 函数使用示例

　　surf 函数和 surfc 函数的具体使用方法请参阅 MATLAB 的帮助文档。

　　其他三维曲线/曲面绘制函数就不再展开介绍了。最后给出一个三维曲面的绘制示例，这里主要使用了 waterfall 函数、contour3 函数和前面介绍过的 plot3 函数，请读者查阅 MATLAB 的帮助文档来了解这些函数具体的意义和使用方法。

　　【例 6-21】　其他三维绘图函数示例——surf_3d.m。

```
001    %surf_3d 例 6-21 三维绘图函数示例
002    % 准备数据
003    x = -8:0.3:8; y = x;
004    [X,Y]=meshgrid(x,y);
005    R = sqrt(X.^2 + Y.^2) + eps;
006    Z = sinc(R)./R;
007    % 等高线
008    subplot(2,2,1)
009    contourf(peaks(30), 10)
010    colorbar
011    grid on
012    title('Peaks - (CONTOURF & COLORBAR)')
013    % plot3 函数绘制矩阵数据
014    subplot(2,2,2)
015    mesh(X,Y,Z)
016    grid on
017    axis([-8 8 -8 8 -1 1])
018    title('Sinc - (mesh)')
```

```
019        % waterfall 函数，效果类似 surfz 函数
020        subplot(2,2,3)
021        waterfall(membrane(1));
022        title('L-shaped Membrane - (WATERFALL)')
023        %三维等高线
024        subplot(2,2,4)
025        contour3(peaks(30), 25);
026        title('Peaks - (CONTOUR3)')
027        colormap hsv
```

例 6-21 的运行结果如图 6-79 所示。

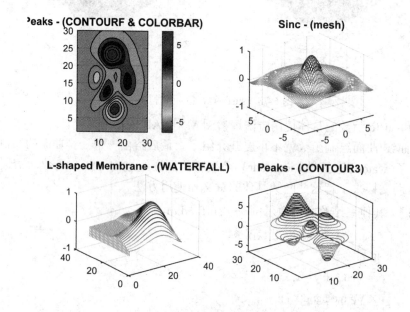

图 6-79   三维绘图函数应用示例

6.5   图形显示与调色板

　　MATLAB 的图形窗体不仅能够绘制曲线，还可以用于显示图片。从第 5 章介绍的内容可以了解到，MATLAB 能够读取大多数常见的图片格式，利用第 5 章介绍的 importdata 函数即可以读取图片数据，或者使用 imread 函数来读取图片数据，例如在 MATLAB 命令行窗体中，键入下面的命令：

　　>> img = importdata('dd.jpg');

　　该命令将搜索路径上名为 dd.jpg 的图片文件导入到 MATLAB 的工作空间：

　　>> whos

Name	Size	Bytes	Class	Attributes
img	1200x1600x3	5760000	uint8	

可以看到，导入的图片文件是一个 8 位无符号整数三维数组，它每一个元素代表了 RGB 三色的一个分量，每一页上的对应元素代表一个色彩分量，例如：

```
>> img(1,1,:)
ans(:,:,1) =
    19
ans(:,:,2) =
    12
ans(:,:,3) =
    20
```

这里表示图片的第一个像素上的 RGB 分量是 19，12，20。

使用 MATLAB 的图形窗体显示该图片，如图 6-80 所示。

```
>> imagesc(img)
```

图 6-80 显示图片

显示图形还可以使用 image 函数，在大部分情况下 image 函数和 imagesc 函数对同样的矩阵数据处理的显示效果没有什么差别，而 imagesc 将根据图形数据按照一定比例协调图片的显示。这里绘制的数据是导入的图片，若使用 image 函数绘制普通矩阵会是什么样的结果呢？

【例 6-22】 image 函数绘制普通矩阵——image_example.m。

```
001    %image_example 例 6-22 使用 image 函数绘制普通矩阵
002    A = magic(4);
003    %使用默认的调色板
004    image(A);
005    %创建新的调色板
```

```
006        map = hsv(16);
007        %应用调色板
008        colormap(map);
009        %绘制调色板的内容
010        colorbar;
011        title('使用 16 色调色板');
```

尽管例 6-22 的代码非常短小，还是需要花费一点时间仔细研究一下。

首先，脚本文件创建了一个具有 16 个元素的幻方矩阵，这个矩阵元素数值从 1 至 16 不等。在使用 image 函数将矩阵转变为图像并且显示在图形窗体内时使用了系统默认的调色板。

然后脚本文件从 MATLAB 自带的调色板中获取了一个子集，这个子集使用 hsv 函数将系统提供的 hsv 调色板的前 16 个色彩数据取出，复制给新的调色板——map。接着使用 colormap 函数应用新创建的调色板。其中 colorbar 函数将调色板的内容绘制在图像右侧，这时才得到例 6-22 的最终结果，如图 6-81 所示。

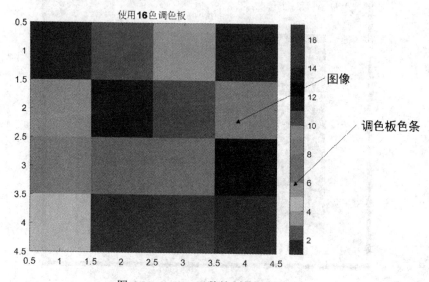

图 6-81　image 函数绘制普通矩阵

MATLAB 提供了部分默认的调色板，这些调色板分别代表了一种色调，用户可以将这些调色板使用在绘图之中。另外，在图形图像文件格式中，有一种是以索引色保存起来的文件，此类文件加载到 MATLAB 工作空间之后，都会有一个调色板矩阵。而应用调色板和绘制色条的方法非常简单，只要在 colormap 函数中应用相应的调色板，然后调用 colorbar 函数即可绘制调色板的色条。

例如，将 MATLAB 的 Logo 图片文件保存成为索引色位图图片，然后在 MATLAB 命令行窗体中键入：

```
>> img = importdata('logo.bmp');
>> image(img.cdata);
>> colormap(img.colormap)
```

>> colorbar('southoutside')

这时图片显示的效果如图 6-82 所示。

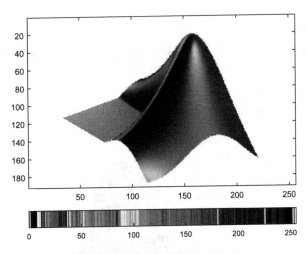

图 6-82 显示索引色的图片

请注意，这里导入图形得到的变量 img 是个结构对象数据，里面分别是图像数据 cdata 和调色板 colormap。表 6-3 对 MATLAB 提供的默认调色板进行了总结。

表 6-3 MATLAB 的标准调色板

调色板	说 明
parula	自 MATLAB Release 2014b 版增加的标准调色板，以蓝色和黄色基色为主，也是自 MATLAB Release 2014b 版本开始的系统默认调色板
jet	MATLAB Release 2014b 版之前的系统默认调色板，以红黄蓝三原色为主
hsv	包含赤橙黄绿青蓝紫色调
hot	以黑、红、黄、白四种色彩为过渡色的色调
cool	以青色和洋红色为主的色调
spring	以洋红色和黄色为主的过渡色色调
summer	绿色和黄色为主的过渡色色调
autumn	红色和黄色为主的过渡色色调
winter	蓝色和绿色为主的过渡色色调
gray	线性的灰阶色调
bone	以深灰蓝色为主的过渡色色调
copper	线性的黄铜色调
pink	粉红色为主的柔和过渡色色调
lines	由 MATLAB 绘制曲线所用的默认色彩组成的调色板
colorcube	增强色调色板，当前系统支持的 RGB 色彩表
prism	由棱镜分光得到的色彩组成的调色板
flag	以红白蓝黑四种色彩为主的调色板
white	白色

　　表 6-3 总结的这些调色板名称也都是相应的 MATLAB 函数。每个调色板都可以指定不同的色彩个数，系统默认为 256 个。例如，创建一个具有 128 种色彩的增强色调色板，命令行如下：

　　　　map = colorcube(128);

　　例如对图 6-82 所示的索引图片使用其他调色板，可以在 MATLAB 命令行窗体中键入如下的命令：

　　　　>> colormap(flip(hot(256)));

则此时的图形窗体显示的图像如图 6-83 所示。

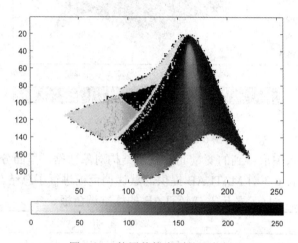

图 6-83　使用其他类型的调色板

　　除了 MATLAB 系统提供的这十几种标准的调色板以外，MATLAB 还允许用户自己定义调色板。用户自定义的调色板需要通过 MATLAB 提供的调色板编辑器来创建。在 MATLAB 命令行窗体中键入命令：

　　　　>> colormapeditor

　　若此时已经存在打开的 MATLAB 图形窗体，则调色板编辑器加载当前图形窗体使用的调色板，否则打开一个空白的图形窗体，然后显示系统默认使用的调色板，如图 6-84 所示。

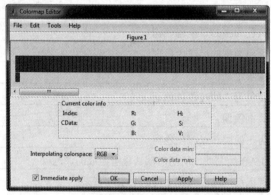

图 6-84　系统默认的调色板编辑器

　　用户在编辑自己的调色板时，可以通过加载标准调色板，然后再修改其中色块的方法来进行。修改色块的时候，只要双击需要修改的色块，系统就会弹出色彩选择对话框，供

用户选择不同的色彩。若需要删除已有的色块，只要用鼠标选择准备删除的色块，然后按
Delete 键就可以完成操作。若需要添加色块，只要在编辑器色彩条下方的空白处单击鼠标，
就可以向已有的调色板添加新的控制点色块。控制点色块可以在色条上任意移动，直到得
到最后需要的效果。

　　用户自定义的调色板会保存在图形窗体的 colormap 属性中。当保存图形窗体时，就会
把图形窗体的调色板一起保存下来，也可以通过 get 函数将调色板数据获取出来，并单独保
存起来。

提示：

　　关于调色板以及如何创建自定义调色板的详细信息请读者查阅 MATLAB 帮助文档内相
关的内容。

6.6　保存和输出图形

　　为了便于使用绘制好的图形曲线，MATLAB 提供了将图形窗体中的内容输出到图形文
件，或者将图形打印出来的功能。本小节将简要介绍一下将图形窗体中的内容导出成图形
文件以及打印图形时需要使用的函数和注意事项。

6.6.1　保存图形

　　MATLAB 支持将图形窗体内容保存成为二进制格式的文件。为此，MATLAB 提供了一
种类似于 MAT 格式的文件用来保存 MATLAB 的图形，这种文件的扩展名为*.fig。它是一
种二进制的图形格式文件，只能够在 MATLAB 中使用。

　　若需要将文件保存成为 fig 格式的图形文件，则在图形窗体中选择 File 菜单下的 Save
或者 Save as 命令，也可以直接单击图形窗体工具栏上的保存按钮，在弹出的对话框中选
择保存类型为 fig 文件，如图 6-85 所示。

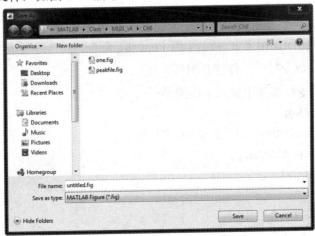

图 6-85　保存图形文件的对话框

在对话框中给定文件名称，然后单击保存按钮就可以保存文件了。

提示：

在图形窗体内的图轴工具栏中，可以通过导出按钮下的"保存为"命令将图轴的内容单独保存下来，不过这里不支持保存为 fig 文件，而且只能保存当前图轴内的内容，如图 6-86 所示。

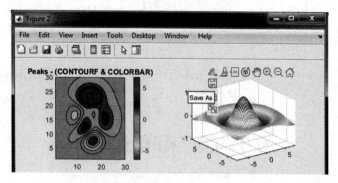

图 6-86　图轴工具栏下的"保存为"命令

打开 fig 文件的过程和保存文件的过程类似，都可以通过菜单命令或者工具栏的按钮完成操作。

MATLAB 为保存图形文件还提供了相应的命令，这个命令就是 saveas 命令。该命令的一般语法结构如下：

```
saveas(h,'filename.ext');
saveas(h,'filename','format');
```

其中，h 为图形的句柄，可以使用 gcf 命令获取当前活动图形窗体的句柄；filename 为保存的文件名，注意要给出扩展名，saveas 命令根据扩展名 ext 的不同将文件存为不同的格式。而第二种命令行格式中，format 直接说明文件的保存格式，它可以是图形文件的扩展名，也可以指定为.m 或者.mfig，此时图形窗体的内容将被保存成为一个可调用的 M 文件和相应的图形数据 fig 文件。

打开图形文件就需要使用 open 函数，open 函数会根据文件的扩展名不同而调用相应的辅助函数，例如在打开 fig 图形文件时，调用 openfig 命令。具体过程请参阅例 6-23。

【例 6-23】　在命令行中保存打开图形文件。

在 MATLAB 命令行窗体中键入下面的命令：

```
>> surf(peaks(30))
>> % 将图形文件保存为 M 文件和 fig 文件
>> saveas(gcf,'peakfile','mfig')
>> % 调用 M 文件重新显示窗体
>> peakfile
>> % 使用 open 命令打开文件
>> open('peakfile.fig')
```

上面的 saveas 命令执行的时候还生成了同名的 M 文件，包含的代码主要内容是：

```
001    function h = peakfile
002    [path, name] = fileparts(mfilename('fullpath'));
003    figname = fullfile(path, [name '.fig']);
004    if (exist(figname,'file')), h1=open(figname); else h1=open([name '.fig']); end
005    if nargout > 0, h = h1; end
```

在代码文件中不可缺少的还有大量的注释，而 M 文件的代码保证能够可靠地打开已保存的图形文件，读者可以参考 MATLAB 的帮助文档来了解代码中所使用的函数细节。

6.6.2 导出与打印图形

尽管保存 fig 文件非常方便，但是 fig 文件只能够在 MATLAB 中使用，所以 MATLAB 可以将图形文件保存为其他图形格式文件。表 6-4 中列举了能够直接在图形窗体中导出的图形文件类型。

表 6-4   MATLAB 支持的图形文件格式

文件扩展名	说　明	saveas 命令 format 参数
.fig	MATLAB 默认支持的二进制图像文件格式	fig
.m	创建 M 文件和 fig 格式的图像文件	m，mfig
.jpg	JPEG 格式图像文件	jpeg
.png	便携式网络图像格式	png
.eps	带有预视图像的 PS 格式	eps，epsc，epsc2，epsc2
.pdf	便携式文档格式	pdf
.bmp	Windows 操作系统中的标准位图图像文件格式	bmp, bmpmono, bmp16m, bmp256
.emf	Windows 32 位扩展图元文件格式	meta
.pbm	可移植位图格式	pbm，pbmraw
.pcx	Zsoft 公司的 PC PaintBrush 位图格式	pcx16, pcx256, pcx24b, pcxmono
.pgm	可移植灰度图格式	pgm，pmgraw
.ppm	可移植像素图格式	ppm，ppmraw
.tif	标签图像文件格式	tiff，tiffn
.svg	可缩放的矢量图像格式	svg
.ps	PostScript 格式文件	ps，ps2，psc，psc2
.hdf	栅格图像数据格式	hdf

为了能够正确地将 MATLAB 图形窗体内容导出，可以执行图形窗体 File 菜单下的 Export Setup 命令，此时将弹出 MATLAB 的图形导出设置工具，如图 6-87 所示。

在这个导出设置对话框中，需要设置的属性包括图片的尺寸(Size)、渲染(Rendering)、字体(Fonts)以及线条(Lines)，每个属性都会有不同的具体内容需要分别设置。默认地，在 Export Styles 中包含了图片导出的默认设置：Document 和 Presentation，这是 MATLAB 根据最常用的工具设定的导出格式，如果用户导出的图片恰好就是为这两种软件所用，则可以直接选择这两组默认设置。

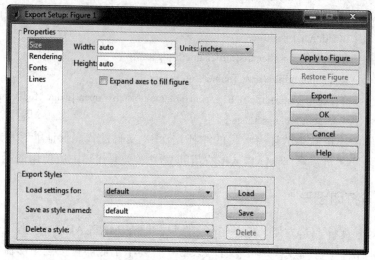

图 6-87　导出图形设置工具

当完成设置之后，可以将自定义的导出设置保存起来，在 Export Styles 组别下的 Save as style named 文本框中给出样式名称，然后单击 Save 按钮就可以将选定的样式保存起来，以后再导出图形时，就可以直接利用这个样式了。

导出设置对话框中每个属性的设置相对来说比较简单直观，受到篇幅的限制这里不一一解释每个选项的意义，读者应该能够自行掌握，或者阅读 MATLAB 帮助文档中相关的内容介绍来了解其中的细节。

在前面小节介绍的 saveas 命令中，也可以使用这些扩展名来保存图形文件，而保存图像文件的时候需要用到表 6-3 所列的 format 字符串内容，有的时候也可以用图像文件的扩展名作为 format 参数，例如将图形文件保存成为 tiff 格式的文件，命令行为

　　　　saveas(h,filename,'tif');

或者

　　　　saveas(h,filename,'tiff');

MATLAB 提供了另外一个功能强大的命令来保存图形文件，这个命令就是 print 命令。从字面上理解，print 命令的作用是将图形文件通过打印机输出出来，其实它也支持将图形窗体内容保存成其他格式的图形文件或者数据文件，它的功能比 saveas 命令的功能要更加丰富，用 print 命令将当前的图形窗体内容导出成为某种格式的图像文件的命令为

　　　　print(filename,formattype)

其中，formattype 与表 6-4 所列出的 saveas 函数 format 参数内容很类似，只是在 saveas 的 format 参数字符串之前增加-d 前缀。

如果需要将当前图形窗体的内容通过打印机打印出来，则命令为

　　　　print(printer,driver)

命令行中的 printer 是当前系统已经安装的打印机，driver 是打印驱动的名称，在 Windows 系统内-dwin 表示黑白打印，-dwinc 表示彩色打印。print 命令的功能很多，受篇幅的限制，这里就不一一说明解释了，请读者参阅 MATLAB 的帮助文档。这里仅举几个简单常用的例子。例如，若将图形文件输出到打印机，则使用命令行：

```
>> print
```

这时 print 命令直接将图形窗体的内容输出到当前系统默认的打印机。

如果需要将图形窗体内容输出成为 PostScript 文件，需要指定相应的设备，命令行：

```
>> print –dps filename
```

将图形窗体内容保存为黑白的 PS 文件，而命令行：

```
>> print –dpsc filename
```

可以将图形窗体内容保存为彩色的 PS 文件。

pint 命令还可以将图形窗体内容输出到剪贴板，其命令为

```
print('-clipboard',clipboardformat)
```

这里的 clipboardformat 可以用-dbitmap、-dpdf 和-demf。

MATLAB 还提供了一个名为 printopt 的 M 文件，该文件主要可以由系统管理员编辑以指明系统默认的打印机类型和打印目标。当调用它时，返回默认值的打印命令和设备选项。例如在 Windows 系统下执行该命令：

```
>> [pcmd,dev] = printopt
pcmd =
COPY /B %s Documents\*.pdf
dev =
-dwin
```

在不同的计算机上 printopt 命令得到的结果会不同，因为大家的计算机默认打印机设置都不会完全相同，请读者自行尝试。

6.7　简单数据分析工具

前面小节介绍了 MATLAB 强大的数据可视化功能。现实的工作中将数据绘制出来是手段，利用数据可视化完成数据处理是目的。在各种数据处理手段中，数据插值和曲线拟合是两种常用的手段，MATLAB 的基本核心模块为数据插值和曲线拟合提供了最基本的方法。如果需要进行复杂的曲线拟合请尝试使用 MATLAB 的曲线拟合工具箱(Curve Fitting Toolbox)，或者开发定制的曲线拟合以及插值计算算法，而如果需要进行复杂的数据统计，则需要使用数据统计和机器学习工具箱(Statistics and Machine Learning Toolbox)。

本小节将介绍在 MATLAB 核心模块中进行数据插值和曲线拟合的方法。

6.7.1　简单数据统计

MATLAB 的图形窗体提供了基本的数据统计功能，这些功能其实也是利用若干 MATLAB 函数来实现。只不过在图形窗体中使用数据统计功能时，可以将统计的结果直接绘制在 MATLAB 图形窗体中，而且这些结果也能够保存到 MATLAB 的工作空间。本小节通过一个例子来介绍简单数据统计工具的基本用法。

【例 6-24】　简单数据统计工具的基本用法——census_stats.m。

```
001        % census_stats 例 6-24 简单数据统计工具使用示例
```

002	% 加载数据，数据为 MATLAB 自带的 DEMO
003	load census;
004	% 绘制曲线
005	plot(cdate,pop,'ko');
006	hold on;grid on;
007	legend('人口','Location','northwest');
008	title('人口普查信息');
009	xlabel('时间(年)');ylabel('人口数(百万)');

提示：

本例使用的数据来自于 MATLAB 自带的 DEMO，关于该 MATLAB 自带例子的信息请参阅帮助文档 help census。

在 MATLAB 命令行窗体中键入下面的命令：

    >> census_stats

这时得到的图形窗体内容如图 6-88 所示。

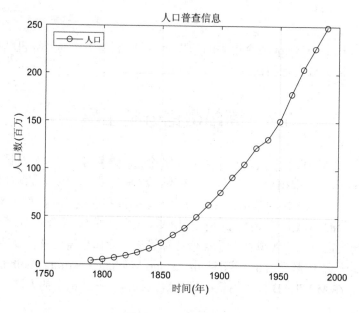

图 6-88　人口数据绘图

此时执行图形窗体的 Tool 菜单下的 Data Statistics 命令，可以打开数据统计对话框，如图 6-89 所示。

在数据统计对话框中，MATLAB 对 X 轴和 Y 轴的数据进行了简要的统计计算，其中包括了最小值(min)、最大值(max)、均值(mean)、中值(median)、众数(mode)、标准差(std)和数值范围(Range)。通过选择每一组数据边上的复选框，就可以将不同的统计计算结果绘制在图形窗体中，比如在本例中选择 Y 轴数据的均值(mean)，这时的图形窗体如图 6-90 所示。

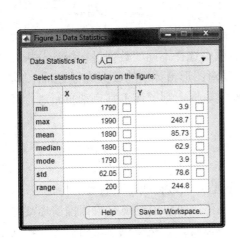

图 6-89 数据统计对话框

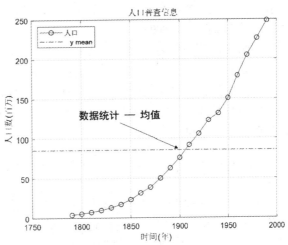

图 6-90 添加数据统计信息

以此类推还可以将其他的统计结果绘制在图形中。

单击数据统计对话框中的 Save to Workspace 按钮可以将统计计算的结果保存到工作空间，在弹出的对话框中选择 Y 轴的数据并且设置变量名，如图 6-91 所示。

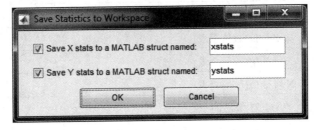

图 6-91 将统计结果保存到工作空间

保存到工作空间的变量是结构对象。

```
>> whos
    Name        Size        Bytes    Class       Attributes
    cdate       21x1         168     double
    pop         21x1         168     double
    xstats      1x1         1232     struct
    ystats      1x1         1232     struct
>> ystats
ystats =
    struct with fields:
        min: 3.9000
        max: 248.7000
        mean: 85.7286
        median: 62.9000
        mode: 3.9000
```

        std: 78.6011

        range: 244.8000

关闭图形窗体同时会自动关闭数据统计工具。若图形窗体中绘制有多条曲线，则可以通过数据统计工具对话框的"Statistics for"下拉列表框中选择不同的数据进行统计分析。而且，一旦打开数据统计工具对话框，则统计工具自动对图形窗体中的数据进行更新计算，若在图形窗体中绘制了新的曲线或者更新了当前的曲线数据，则统计工具自动重新进行计算，并重新绘制结果。

6.7.2 插值运算

一般地，从试验获取的数据都是一些离散数据，这些离散数据或许具有某些特定规律，利用曲线拟合可以获取数据的整体趋势，而利用数据插值则可以通过现有数据推演出某些数据的发展和变化。MATLAB 软件作为优秀的数据处理软件，自然提供了常用的各种数据插值计算以及曲线拟合的函数。本小节主要介绍 MATLAB 核心模块提供的插值运算函数，见表 6-5。

表 6-5　插值计算函数

函　　数	说　　明
interp1	一维插值(数值查表)
interp2	二维插值(数值查表)
interp3	三维插值(数值查表)
interpn	N 维插值(数值查表)
interpft	使用 FFT 算法的一维插值
griddata	二维数据网格的表面数据插值
griddatan	多维数据网格的超表面数据插值
mkpp	产生分段多项式
pchip	分段的厄密多项式
ppval	计算分段多项式的数值
spline	三次样条插值
unmkpp	分段多项式的细节

表 6-5 中，比较常用的函数是进行基本插值运算的 interp 系列函数，例如进行一维插值计算的 interp1 函数，一般的用法如下：

      yi = interp1(x, y, xi, method)

其中：

（1）x 和 y 为原始数据；

（2）xi 为需要计算的插值点；

（3）method 可以为插值计算指定相应的算法，为字符向量类型，其取值可以为 nearest、linear、next、previous、spline、cubic、pchip、v5cubic、makima。

在 interp 系列函数中 method 参数可以使用的不同取值分别对应了不同的插值计算方法，例如 linear 为线性插值算法，它也是系统默认的插值算法，而 spline 为三次样条插值算法。有关插值算法的详细介绍请参阅讲述"数值分析"的教科书。对于更高维的插值算法函数，请参阅 MATLAB 的帮助文档。

若进行插值运算时，xi 的取值超过了 x 的范围，则需要进行外插运算。这个时候，需要在使用函数的时候，指定参数'extrap'，即函数的使用方法如下：

yi = interp1(x, y, xi, method,'extrap');

【例 6-25】 一维插值计算示例——interp_ex1.m。

```
001     %interp_ex1 例 6-25 一维插值计算示例
002     % 准备数据
003     x = 0:10;
004     y = cos(x);
005     % 插值点
006     xi = 0:0.2:10;
007     % 进行插值运算
008     yin = interp1(x,y,xi,'nearest');
009     yic = interp1(x,y,xi,' pchip');
010     % 绘制结果
011     plot(x,y,'o',xi,yin,'*',xi,yic,'-x')
012     grid on
013     legend('origin','nearest',' pchip')
014     title('一维插值计算示例')
```

运行脚本文件得到的结果如图 6-92 所示。

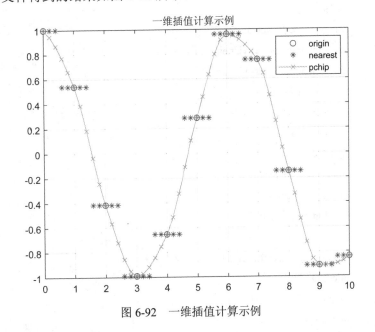

图 6-92 一维插值计算示例

例 6-25 使用了两种一维插值算法，分别为 nearest 和 pchip，nearest 算法仅计算插值点左近的数值，而目前 MATLAB 版本中的 pchip 算法就是三次插值运算，从结果上看 neatest 插值得到的结果很不理想，而三次插值计算得到的结果相对要理想得多。

 注意：

在 MATLAB Release 2015 中，interp1 函数的插值算法 cubic 和 pchip 采用了同样的算法，而未来版本中，pchip 将逐渐替代 cubic 算法，所以读者在自己的工作中要多使用新的算法。另外，不同的插值算法所占用的计算机资源和效率也不尽相同。因此，请用户根据需要选择合适的插值算法。

二维插值运算函数的使用方法类似一维插值运算函数的使用方法，同样也可以在使用函数的同时指定相应的插值算法：nearest、linear、cubic 和 spline 等。例 6-26 对这几种插值算法进行了比较。

【例 6-26】 二维插值运算算法比较——compare_interp.m.

```
001    function compare_interp
002    %compare_interp 例 6-26 插值算法的比较
003    close all;
004    % 准备数据
005    [x,y] = meshgrid(-3:1:3);
006    z = peaks(x,y);
007    figure(1); clf
008    surfc(x,y,z);
009    title('原始数据')
010    % 插值计算
011    [xi, yi] = meshgrid(-3:0.25:3);
012    zi1 = interp2(x,y,z,xi,yi,'nearest');
013    zi2 = interp2(x,y,z,xi,yi,'linear');
014    zi3 = interp2(x,y,z,xi,yi,'cubic');
015    zi4 = interp2(x,y,z,xi,yi,'spline');
016    % 绘制结果
017    figure(2)
018    subplot(2,2,1);surf(xi,yi,zi1);
019    title('2D - "nearest"')
020    subplot(2,2,2);surf(xi,yi,zi2);
021    title('2D - "linear"')
022    subplot(2,2,3);surf(xi,yi,zi3);
023    title('2D - "cubic"')
024    subplot(2,2,4);surf(xi,yi,zi4);
025    title('2D - "spline"')
```

```
026        % 绘制结果
027        figure(3)
028        subplot(2,2,1);contour(xi,yi,zi1)
029        title('2D - "nearest"')
030        subplot(2,2,2);contour(xi,yi,zi2)
031        title('2D - "linear"')
032        subplot(2,2,3);contour(xi,yi,zi3)
033        title('2D - "cubic"')
034        subplot(2,2,4);contour(xi,yi,zi4)
035        title('2D - "spline"')
```

例 6-26 的结果如图 6-93(a)～(c)所示。

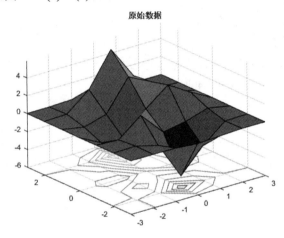

(a) 原始数据的曲面图

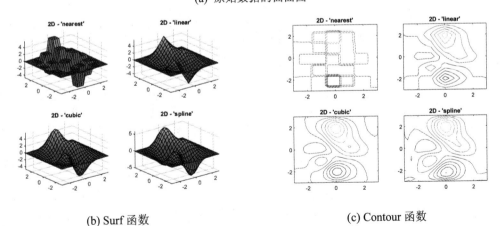

(b) Surf 函数   (c) Contour 函数

图 6-93 插值运算的比较

有关数据插值的应用还有很多内容，受篇幅的限制这里就不再一一详细介绍。有兴趣的读者可以首先学习有关数值分析的知识，然后再来了解不同的 MATLAB 数据插值函数，通过对比，掌握这些插值运算函数的具体使用方法。

6.7.3　曲线拟合

曲线拟合与数据插值的目的不同，曲线拟合需要从一些离散的数据中推导出输入和输出之间的数学解析关系，而数据插值是通过原始数据计算得出新的离散点数据。曲线拟合的结果一般为一个或者多个数学解析关系，利用这些解析关系能够对数据进行一定的推断，甚至准确的曲线拟合结果可以用来进一步评估验证实测的数据。本小节将介绍利用 MATLAB 核心模块进行曲线拟合的函数和方法，而 MATLAB 高级的曲线拟合应用可以使用 MATLAB 曲线拟合工具箱，请参阅相关的帮助文档。

利用 MATLAB 进行曲线拟合主要有两种方法：回归法拟合和多项式拟合。本小节通过一些具体的实例来说明这两种不同的曲线拟合方法。

【例 6-27】 回归法曲线拟合。

回归法主要使用 MATLAB 的左除运算来寻找曲线拟合解析函数的系数。

例如，有这样一组数据：

```
>> t = [0 .3 .8 1.1 1.6 2.3]';
>> y = [0.5 0.82 1.14 1.25 1.35 1.40]';
```

将这组数据绘制出来：

```
>> plot(t,y,'r*')
>> grid on
```

得到如图 6-94 所示的图形结果。

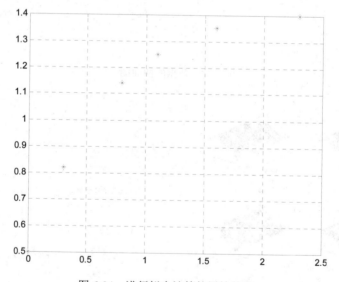

图 6-94　进行拟合计算的原始数据

通过图 6-94 察看数据的分布情况，可以猜测该数据由如下的表达式得出：

$$y = a_0 + a_1 t + a_2 t^2$$

进行曲线拟合的任务就是分别求得表达式中的 a_0、a_1、a_2 三个系数。那么可以得到相应的等式关系：

$$Y = AT$$

若需要求得 A，则只要计算除法：

$$A = Y \setminus T$$

于是在 MATLAB 中键入下面的命令，就可以得到计算的结果：

```
>> X = [ones(size(t))    t    t.^2]
X =
    1.0000         0         0
    1.0000    0.3000    0.0900
    1.0000    0.8000    0.6400
    1.0000    1.1000    1.2100
    1.0000    1.6000    2.5600
    1.0000    2.3000    5.2900
>> A = X\y
A =
    0.5318
    0.9191
   -0.2387
```

这样得到的多项式应该为

$$y = 0.5318 + 0.919t - 0.2387t^2$$

为了验证拟合结果，可以进一步进行计算：

```
>> T = (0:0.1:2.5)';
>> Y = [ones(size(T))    T    T.^2]*A;
>> plot(T,Y,'-',t,y,'o'), grid on
>> legend('拟合数据','原始数据','Location','northwest')
```

这时得到的图形结果如图 6-95 所示。

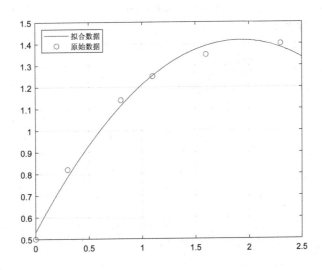

图 6-95   二次多项式拟合结果与原始数据的比较

可以看到，二次线性多项式拟合的结果还可以接受。

除了多项式以外，还可以猜测计算原始数据的多项式为指数函数的形式：

$$y = a_0 + a_1e^{-t} + a_2te^{-t}$$

于是为了求得系数，可以在 MATLAB 的命令行中键入下面的命令：

```
>> X = [ones(size(t))    exp(-t)    t.*exp(-t)]
X =
        1.0000      1.0000           0
        1.0000      0.7408      0.2222
        1.0000      0.4493      0.3595
        1.0000      0.3329      0.3662
        1.0000      0.2019      0.3230
        1.0000      0.1003      0.2306
```

左除：

```
>> A = X\y
A =
        1.3974
       -0.8988
        0.4097
```

这样得到的指数函数多项式应该为

$$y = 1.3974 - 0.8988e^{-t} + 0.4097te^{-t}$$

为了验证这次得到的拟合结果，可以进一步计算：

```
>> T = (0:0.1:2.5)';
>> Y = [ones(size(T))    exp(-T)    T.*exp(-T)]*A;
>> plot(T,Y,'-',t,y,'o'), grid on
>> legend('拟合数据','原始数据','Location','northwest')
```

这时得到的曲线图形如图 6-96 所示。

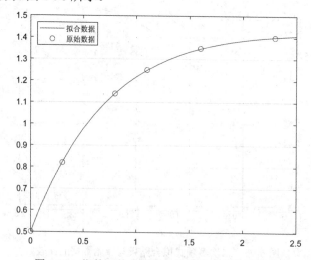

图 6-96　指数函数曲线拟合结果和原始数据比较

与之前的二次线性多项式的拟合结果做个比较，可以看出利用指数函数的拟合结果比较好。

另外一种曲线拟合的方法是使用 MATLAB 提供的多项式拟合函数，MATLAB 核心模块提供的多项式拟合函数是 polyfit 和 polyval 函数。

polyfit 函数主要用来进行拟合计算，它的基本语法为

$$p = polyfit(x,y,n)$$

其中，x 和 y 为参与曲线拟合计算的原始数据；n 为进行拟合计算的多项式阶数。函数的返回值是多项式的系数，也就是说，函数的运算结果为多项式：

$$y = p_n x^n + p_{n-1} x^{n-1} + \cdots + p_1 x + p_0$$

的系数向量。

polyval 函数主要用来计算多项式的数值，它的基本语法为

$$y = polyval(p,x)$$

其中，p 为多项式的系数向量，而 x 是变量数值，得到的结果就是多项式数值向量。

【例 6-28】 polyfit 函数和 polyval 函数应用示例——curve_fit.m。

```
001    %curve_fit 例 6-28 多项式拟合计算示例
002    clear all;clc;close all;
003    % 准备原始数据
004    x = 0:.1:10;
005    y = sin(x)+cos(2*x);
006    % 5 次多项式拟合
007    [k5, s5] = polyfit(x,y,5);
008    [y5,delta5] = polyval(k5, x,s5);
009    % 11 次多项式拟合
010    [k11, s11] = polyfit(x,y,11);
011    [y11,delta11] = polyval(k11, x,s11);
012    % 绘制数据曲线
013    figure(1)
014    plot(x, y, 'ko', x, y5, 'r-');hold on
015    plot(x, y5+2*delta5,'m--',x, y5-2*delta5,'m--');grid on;
016    % 标注
017    title('多项式拟合示例', 'Fontsize',12)
018    legend('原始曲线', '5 阶拟合', '95%预测区间','Location','southwest')
019    set(findobj('Type', 'line'), 'LineWidth', 2)
020    figure(2);
021    plot(x, y, 'ko', x, y11, 'r-');hold on
022    plot(x, y11+2*delta11,'m--',x, y11-2*delta11,'m--');grid on;
023    % 标注
024    title('多项式拟合示例', 'Fontsize',14)
```

```
025          legend('原始曲线', '11 阶拟合', '95%预测区间','Location','southwest')
026          set(findobj('Type', 'line'), 'LineWidth', 2)
```

运行例 6-28 的代码：

>> curve_fit

Warning: Polynomial is badly conditioned. Add points with distinct X values, reduce the degree of the polynomial, or try centering and scaling as described in HELP POLYFIT.

> In polyfit (line 72)

In curve_fit (line 10)

出现了上述警告信息的原因是使用了过高的数据拟合阶数，由于 polyfit 函数是通过左除算法获取多项式的系数，如果存在矩阵接近奇异(不可逆)，又需要对该矩阵进行求逆计算时，则会出现上述的警告信息。

例 6-28 运行的图形结果如图 6-97 所示。

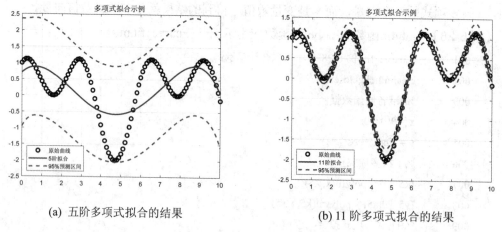

(a) 五阶多项式拟合的结果　　　　　　(b) 11 阶多项式拟合的结果

图 6-97　曲线拟合的图形结果

6.7.4　基本拟合工具

为了便于进行曲线拟合计算，MATLAB 核心模块提供了基本曲线拟合工具。利用这个图形工具可以方便地实现常用的曲线拟合工作。利用该工具可以完成下列工作：

- 使用 3 次样条曲线(cubic spline)或最高 10 阶的多项式拟合数据；
- 对一组给定的数据，同时绘制多条拟合曲线；
- 绘制拟合残差曲线；
- 察看拟合的数值结果；
- 对拟合曲线求值(内插或外推)；
- 用拟合数值结果和残差的范数标注图形；
- 把拟合的结果保存到 MATLAB 工作空间。

在进行曲线拟合计算的时候，可以通过命令行函数和基本曲线拟合工具双管齐下进行，不过，基本曲线拟合界面仅能针对二维数据进行拟合计算。

本小节通过一个具体的示例来说明基本曲线拟合工具的使用方法和步骤。

【例6-29】 使用基本曲线拟合工具。

进行曲线拟合工作的第一步是加载原始数据，在本例中，使用的数据来自于 MATLAB 自带的示例，关于该 MATLAB 自带示例的信息请参阅在线帮助。

在 MATLAB 命令行窗体中键入下面的命令：

>> load census

>> plot(cdate,pop,'ro','DisplayName','Census');

>>grid on;

绘制出原始数据后，执行图形窗体的菜单命令，Tools 菜单下的 Basic Fitting 命令。这时将弹出基本曲线拟合工具的图形用户界面，如图6-98 所示。

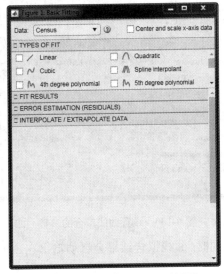

图 6-98 基本曲线拟合工具界面

在弹出的对话框中，首先选择需要进行曲线拟合的数据，由于当前的图形窗体中只有一组数据，并且在绘制图形的时候指定了 DisplayName 属性为 Census，所以在 Data 的下拉列表框中只有 Census 作为当前进行曲线拟合运算的数据。若图轴上有多条数据，则可以根据不同数据曲线的 DisplayName 属性选择进行曲线拟合的原始数据。

第二步，选择一个合适的拟合算法。在基本曲线拟合工具中提供了若干曲线拟合算法，其中以多项式拟合居多。本例中，需要选择 Cubic 复选框，即使用三次多项式进行曲线拟合计算，此时 FIT RESULT 标签页会自动打开，标签页内会显示拟合结果多项式结果、拟合优度(R^2)和均方根(RMSE)，也可以选择将这些拟合计算的结果以注释的形式显示在图形窗体中，默认仅显示拟合多项式的结果。然而，在选择曲线拟合算法的时候，系统会给出如图6-99 所示的对话框提示。

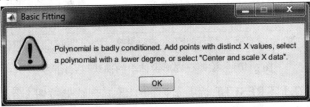

图 6-99 基本拟合计算的提示信息

　　该信息在前面利用函数进行多项式计算的时候曾经出现过。为了解决该问题，需要选择 Center and Scale X data 复选框，当然也可以选择降低曲线拟合算法的阶数。

　　然后在 ERROR ESTIMATION 页面可以设置绘制包含残差的子图等。这时的曲线拟合工具界面如图 6-100 所示。

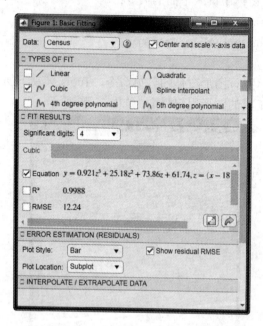

图 6-100　设置曲线拟合的参数

在设置曲线拟合参数的同时，曲线拟合结果会自动输出在图形窗体中，如图 6-101 所示。

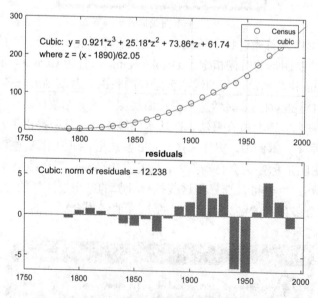

图 6-101　绘制在图形窗体中的曲线拟合结果

　　这时还可以单击在 FIT RESULT 标签页内的扩展拟合结果按钮 ，通过单独的对话框察看曲线拟合的结果，也可以单击按钮 将拟合结果导出到工作空间，如图 6-102 所示。

图 6-102 察看曲线拟合的结果

单击对话框中的 Export to Workspace 按钮和单击基本曲线拟合界面中的按钮都可以得到如图 6-103 所示的对话框。

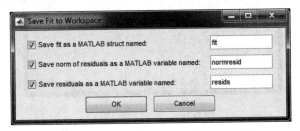

图 6-103 将曲线拟合的结果保存到工作空间

点击 OK 按钮之后这些曲线拟合的结果会保存在 MATLAB 工作空间，并且在命令行窗体中，可以看到如下的信息：

Variables have been created in the current workspace..

察看一下变量：

```
>> whos
    Name            Size            Bytes    Class        Attributes

    cdate           21x1              168    double
    fit             1x1               406    struct
    normresid       1x1                 8    double
    pop             21x1              168    double
    resids          21x1              168    double
>> fit

fit =

    struct with fields:

        type: 'polynomial degree 3'

        coeff: [0.9210 25.1834 73.8598 61.7444]
```

基本拟合工具也可以基于当前的拟合结果进行内插和外插计算。例如，可以在

INTERPOLATE/EXTRAPOLATE DATA 标签页内设置计算 2000 年至 2040 年之间的人口数量的变化，间隔为 10 年，选择 Plot evaluated results 复选框，可以将这些外插计算的结果也绘制到图形界面中，如图 6-104 所示。

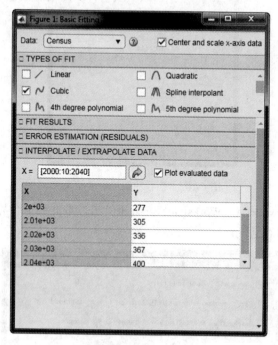

图 6-104　进行外插计算

此时，如果单击按钮🖉可以将外插计算的结果保存在工作空间中。

最后，如有必要还可以适度调整一下注释文本和图标的位置，曲线拟合运算结果如图 6-105 所示，也可以利用在工作空间内的曲线拟合计算结果用 polyval 函数进行多项式计算。

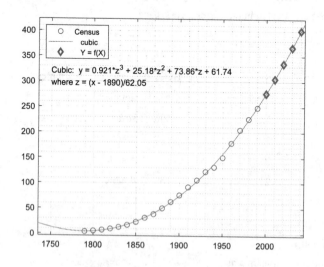

图 6-105　曲线拟合运算的结果推算

注意:

可以利用交互式图形工具设置注释和图例的位置，以获取最佳的曲线显示结果。

基本曲线拟合工具在 MATLAB Release 2020a 版本时更改了图形界面，之前版本的基本拟合工具的界面如图 6-106 所示。基本内容没有什么变化，只是界面的布局发生了相应的改变。

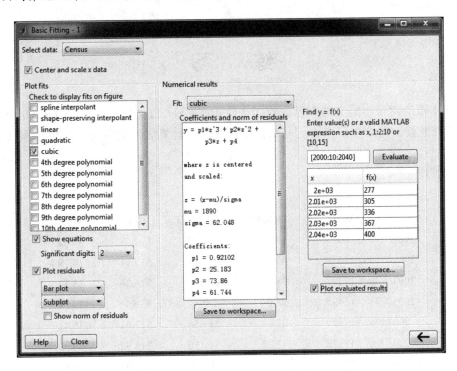

图 6-106　旧版本 MATLAB 的基本拟合工具界面

到这里利用基本曲线拟合工具进行简单的曲线拟合运算的过程就基本结束了，读者应该已经基本掌握了该工具的使用方法。更高级的曲线拟合工作可以使用 MATLAB 的曲线拟合工具箱来完成。不过曲线拟合工具箱已经超出了本书的讨论范围，有兴趣的读者请参阅 MATLAB 的帮助文档。

本 章 小 结

本章详细介绍了 MATLAB 的基本图形和数据可视化的能力。其中包括了灵活的二维和三维数据可视化、各种图形标注和特殊图形绘制等，而且 MATLAB 还提供了丰富的导入/导出数据图形的能力。MATLAB 不仅能够将图形绘制出来，还能够完成一定的数据分析功能。MATLAB 的交互式绘图工具一定程度上简化了数据可视化的工作，这些都是 MATLAB 强大的图形和数据可视化功能的一个重要表现。通过本章的学习，读者不仅能够掌握交互式的绘图操作，还应该能够掌握基本的数据可视化和绘图函数的使用方法，同时能够完成简要的数据统计分析的工作。除了利用 MATLAB 本身的数据分析功能以外，还可以利用曲线拟合工具箱完成复杂的曲线拟合工作，使用统计与机器学习工具箱进行高级数据统计工作。数据可视化和分析是科学计算、信号处理、控制系统应用等领域的重要内容，掌握本章的内容可以为这些领域内的高级应用打下坚实的基础。

本章介绍的函数和各种操作相对比较复杂，当掌握这些内容之后，就应该能够处理一些复杂的 MATLAB 数据分析任务了，希望读者能够在自己日常工作中多使用这些功能，掌握其中的精髓。

练　习

1. 在本章的附带示例文件中包含数据文件 carlog.xls，该文件中记录了过去 10 个月的车辆燃油消耗数据。在这里要求将这些数据进行处理，计算燃油效率，即单位体积汽油行驶的里程。

下面是数据的片断：

Car 1

Date	Miles	DeltaMi	DeltaGal	Cost	MPG
2003/7/19	16613	348.0	10.052	$15.47	34.62
2003/7/25	17017	404.0	11.617	$18.11	34.78
2003/7/30	17397	380.2	10.702	$16.36	35.53
2003/7/31	17495	98.0	2.494	$3.84	39.29
2003/8/4	17920	424.4	11.656	$17.01	36.41
2003/8/6	18352	432.2	11.110	$16.32	38.90
2003/8/12	18711	358.9	10.916	$17.02	32.88
2003/9/10	19569	858.3	23.793	$38.08	36.07
2003/9/22	19990	420.7	12.253	$22.04	34.33

…… …… …… ……

首先完成必要的数据统计：
- 进行数值分析。
- 在变量编辑器中，绘制燃油效率曲线；
- 使用数据统计工具，计算平均值；
- 最佳的燃油效率是多少？
- 最差的燃油效率是多少？

然后进行曲线拟合：
- 在变量编辑器中，将每一列数据创建具体的变量(五列数据创建五个变量)。可以通过快捷菜单中 Create Variable from Selection 命令来完成；
- 绘制数据 DeltaMi 和 DeltaGal，仅显示数据点进行线性拟合数据；
- 利用拟合公式计算燃油率。

问题：两次计算得到的结果一致么？

2. 放射性元素半衰期参数通常表示为希腊字符 λ (lambda)，具有较小半衰期参数的物质放射性较低，而具有较大半衰期参数的物质放射性较强。同样在本章的示例文件中也包含了数据文件，该文件的内容如下：

Source: S. Meyer and E. von Schweidler,

Sitzungberichte der Akademie der Wissenschaften zu Wien,

Mathematisch-Naturwissenschaftliche Classe,

p. 1202 (Table 5), 1905.

Time(days)	Relative Activity
0.2	35.0
2.2	25.0
4.0	22.1
5.0	17.9
6.0	16.8
8.0	13.7
11.0	12.4
12.0	10.3
15.0	7.5
18.0	4.9
26.0	4.0
33.0	2.4
39.0	1.4
45.0	1.1

(1) 编写一段脚本，对包含的数据进行曲线拟合，其经验公式为

$$A_t = A_0 e^{-\lambda t}$$

其中，A_t 是当前时刻 t 残留的物质质量，A_0 为零时刻的物质质量，λ 就是需要拟合计算出来的半衰期参数。

(2) 尝试将前面创建的脚本文件改写为函数文件，要求：

■　函数具有三个输入参数，t, count, plotflag；

■　创建子函数，实现曲线拟合的工作；

■　创建子函数，如果 plotflag 为 1，则绘制计算结果；

■　将 A_0 和 λ 作为输出参数。

 提示：

在本章的练习中，都需要使用前面第 5 章介绍的文件 IO 函数，读者可以尝试使用不同的函数来实现数据的导入和导出工作。

第7章　图形用户界面基础

　　第6章介绍了 MATLAB 强大而又灵活的数据图形可视化功能，在 MATLAB 应用环境中，还可以通过创建交互式用户界面来实现更加丰富的数据图形可视化功能。目前，创建图形用户界面的方法主要有三种形式，分别为句柄图形、GUIDE 以及 MATLAB 应用(App)设计工具。本章将简要地介绍句柄图形的基础知识，重点介绍 GUIDE 创建交互式图形用户界面的方法，初步介绍 MATLAB 应用(App)设计工具的相关功能。

本章要点：

- 句柄图形入门；
- GUIDE 的使用；
- MATLAB 应用设计工具；
- 交互式图形用户界面实例。

提示：

　　GUIDE 为 Graphical User Interfaces Development Environment 的缩写。

　　MATLAB 应用(App)是 MATLAB Release 2016a 版本增加的特性。MATLAB 应用是一种交互式图形用户界面应用程序，通过 MATLAB 应用设计工具(App Designer)开发，从功能上可以替代利用 GUIDE 或者句柄图形开发的图形用户界面应用程序。在发布 MATLAB Release 2019b 版本时，The MathWorks 公司宣布 GUIDE 将在未来某个版本的 MATLAB 中被应用设计工具(App Designer)彻底替代。

7.1　句柄图形入门

　　第6章介绍了很多用于数据可视化的 MATLAB 图形函数，这些函数的功能是将不同的二维曲线或者三维曲面绘制在图形窗体中。如果此时在图形窗体中增加必要的控件，并且设置其动作响应所执行的代码，就构成了交互式图形用户界面。在 MATLAB 环境下创建的交互式图形用户界面类似于其操作系统——Windows、Unix、Mac 或者 Linux 的图形界面，它使用这些平台上的统一外观作为自己的外观样式，它的图形用户界面应用程序可以做到一处编写、到处运行，只要相应的平台上具有 MATLAB 即可。

　　句柄图形(Handle Graphics)是在 MATLAB 环境下利用 M 语言编程开发交互式图形用户界面的基础，也是最古老的方法。利用句柄图形开发的图形用户界面应用程序只有一个 M 语言函数文件，比较容易实现跨平台应用。除了基本的绘图外，MATLAB 提供了常用的用户界面控件，包括菜单、快捷菜单、按钮、复选框、单选框、文本编辑框、静态文本、下拉列表框、列表框等。需要注意的是，MATLAB 的图形用户界面应用程序大多数是对话框应用程序，利用 MATLAB 编写文档视图应用程序相对来说比较困难。图 7-1 所示的交互式图形用户界面就是利用句柄图形技术开发的实例。

 提示：

图 7-1 所示的图形用户界面示例代码包含在本章的示例代码之中，大家可以察看并且运行 volvec.m 文件，代码内调用了 MATLAB 示例自带的数据文件。

MATLAB 图形用户界面应用程序的例子非常多，不仅在 MATLAB 示例中有很多用户界面的例子，在 MATLAB 的工具箱中也有很多是具有图形用户界面的小工具，如控制系统工具箱中的 PID 调参工具(pidtool)、曲线拟合工具箱的曲线拟合工具(cftool)等。不同版本的 MATLAB 使用了不同的开发技术来开发这些图形化的工具，早期版本的 MATLAB 大多数都使用句柄图形来开发此类工具。在 MATLAB 中还可以利用 Java 语言来扩充界面功能，不过使用 Java 语言来扩充 MATLAB 的功能属于 MATLAB 外部接口编程的内容，有兴趣的读者可以参阅 MATLAB 帮助文档中的相关内容。

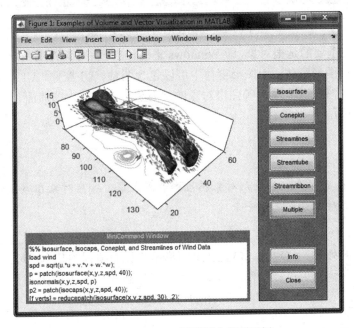

图 7-1　MATLAB 图形用户界面示例

通过如图 7-1 所示的界面，用户在不了解过多内部算法细节的情况下就可以使用 MATLAB 强大的数据可视化和计算功能，当用户单击图形界面右边的按钮时，可在图形窗体的绘图区域绘制各种图形，同时在文本显示区域显示具体的命令行代码。

MATLAB 对图形对象的管理依照一定的层次关系来进行，上下层次之间是"父"与"子"的关系，子层次的对象会继承父层次对象的某些属性，这种逻辑关系在使用句柄图形创建交互式图形用户界面时非常重要，因为对父层次对象的属性进行操作会影响到子层次图形对象的相关属性。当"简单的 GUI"图形用户界面显示于 Windows 操作系统中时，其包含的图形对象层次分布如图 7-2 所示。

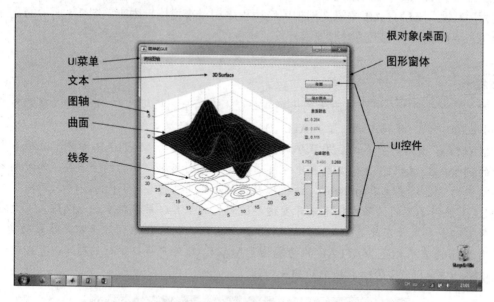

图 7-2   句柄图形的具体层次

图 7-2 中比较重要的是根对象，即 Windows 桌面，它是所有 MATLAB 图形对象的顶层。根对象之下可以有图形窗体，而图形窗体中可以包含图轴、UI 控件、UI 菜单等，因此图形窗体是图轴、UI 控件、UI 菜单等图形对象的父对象，在图轴内的曲面、线条、文本(图轴的标题)等都是图轴的子对象。

提示：

可以利用第 6 章中介绍的图形对象属性察看器来察看相应对象在当前图形窗体内的父层次对象和子层次对象分别是哪一个。

在 MATLAB 中，只要获得了图形对象的句柄图形，就可以通过修改句柄所包含的属性来修改图形对象的外观，这也是 MATLAB 图形用户界面编程的基本原理。MATLAB 提供了若干函数来对句柄图形进行操作，其中较为常用的函数在表 7-1 中进行了总结。

表 7-1   常用的句柄图形操作函数

函　数	说　明
findobj	按照指定的属性来获取图形对象的句柄
gcf	获取当前的图形窗体句柄
gca	获取当前的轴对象句柄
gco	获取当前的图形对象句柄
get	获取当前的句柄属性和属性值
set	设置当前句柄的属性值

例 7-1 详细讨论了利用句柄图形修改图形对象的方法。

【例 7-1】　使用句柄图形修改图形对象。

在 MATLAB 命令行窗体中键入下面的命令：

>> X = linspace(-pi,pi,25);

>> Y = sin(X);

>> plot(X,Y,'kX');

>> grid on;

这时的图形结果为黑色的以"×"为符号的正弦曲线，如图 7-3 所示。

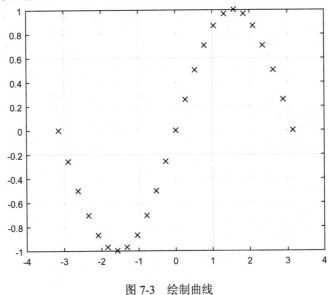

图 7-3　绘制曲线

获取当前曲线对象的句柄图形：

>> h_line = findobj(gca,'Marker','X')

h_line =

　Line with properties:

　　　　　　Color: [0 0 0]

　　　　LineStyle: 'none'

　　　　LineWidth: 0.5000

　　　　　Marker: 'x'

　　　MarkerSize: 6

　MarkerFaceColor: 'none'

　　　　　　XData: [1×25 double]

　　　　　　YData: [1×25 double]

　　　　　　ZData: [1×0 double]

　Show all properties

这里列出了线条对象的句柄图形比较重要、常用的几个属性，可以点击命令行窗体中当前最后一行文本的 all properties，在 MATLAB 命令行窗体内察看线条对象的句柄图形所包含的全部属性。

```
>> whos
  Name       Size        Bytes    Class          Attributes
  X          1x25         200     double
  Y          1x25         200     double
  h_line     1x1            8     matlab.graphics.chart.primitive.Line
```

可以看到，h_line 变量的数据类型是 MATLAB 图形对象中的线条对象，实质上它是一种 Java 类对象，代表了在当前坐标轴上绘制的曲线，有了这个变量，可以通过函数操作曲线对象，如获取整个曲线的属性列表：

```
>> get(h_line)
          AlignVertexCenters: off
                  Annotation: [1×1 matlab.graphics.eventdata.Annotation]
                BeingDeleted: off
                  BusyAction: 'queue'
               ButtonDownFcn: ''
                    Children: [0×0 GraphicsPlaceholder]
                    Clipping: on
                       Color: [0 0 0]
                   ColorMode: 'manual'
                 ContextMenu: [0×0 GraphicsPlaceholder]
                   CreateFcn: ''
             DataTipTemplate: [1×1 matlab.graphics.datatip.DataTipTemplate]
                   DeleteFcn: ''
                 DisplayName: ''
            HandleVisibility: 'on'
                     HitTest: on
               Interruptible: on
                    LineJoin: 'round'
                   LineStyle: 'none'
               LineStyleMode: 'manual'
                   LineWidth: 0.5000
                      Marker: 'x'
             MarkerEdgeColor: 'auto'
             MarkerFaceColor: 'none'
               MarkerIndices: [1 2 3 4 5 6 7 8 9 10 11 12 13 14 15 16 17 18 19 20 21 22 23 24 25]
                  MarkerMode: 'manual'
                  MarkerSize: 6
                      Parent: [1×1 Axes]
                PickableParts: 'visible'
```

```
                    Selected: off
        SelectionHighlight: on
                SeriesIndex: 1
                        Tag: "
                       Type: 'line'
                   UserData: []
                    Visible: on
                      XData: [1×25 double]
                  XDataMode: 'manual'
                XDataSource: "
                      YData: [1×25 double]
                YDataSource: "
                      ZData: [1×0 double]
                ZDataSource: "
```

这里罗列了能够获取的图形对象的属性，现在获取具体的属性内容：

```
>> h_line_parent = get(h_line,'Parent');
```

上述命令行获得了曲线的父对象的句柄图形，即当前图轴的句柄图形。

设置曲线的属性需要使用 set 函数，例如：

```
>> set(h_line)
        AlignVertexCenters: {[on]   [off]}
                BusyAction: {'queue'   'cancel'}
             ButtonDownFcn: {}
                  Children: {}
                  Clipping: {[on]   [off]}
                     Color: {1×0 cell}
                 ColorMode: {'auto'   'manual'}
               ContextMenu: {}
                 CreateFcn: {}
                 DeleteFcn: {}
               DisplayName: {}
          HandleVisibility: {'on'  'callback'  'off'}
                   HitTest: {[on]   [off]}
             Interruptible: {[on]   [off]}
                  LineJoin: {'chamfer'  'miter'  'round'}
                 LineStyle: {'-'   '--'   ':'   '-.'   'none'}
             LineStyleMode: {'auto'   'manual'}
                 LineWidth: {}
                    Marker: {1×14 cell}
           MarkerEdgeColor: {'auto'   'none'}
```

```
         MarkerFaceColor: {'auto'    'none'}
           MarkerIndices: {}
             MarkerMode: {'auto'    'manual'}
              MarkerSize: {}
                  Parent: {}
            PickableParts: {'visible'    'none'    'all'}
                Selected: {[on]    [off]}
       SelectionHighlight: {[on]    [off]}
             SeriesIndex: {}
                     Tag: {}
                UserData: {}
                 Visible: {[on]    [off]}
                   XData: {}
               XDataMode: {'auto'    'manual'}
             XDataSource: {}
                   YData: {}
             YDataSource: {}
                   ZData: {}
             ZDataSource: {}
```

这里罗列出了能够设置的线条对象的若干属性。例如，尝试设置曲线的颜色、数据标识的尺寸：

```
>> set(h_line,'Color',[1 1 1],'MarkerSize',10);
```

上述命令行将曲线设置为白色，同时将符号的大小设置为 10，不过这个时候的坐标轴也是白色，所以看不出曲线。

设置坐标轴的属性：

```
>> set(gca,'Color',[0.15,0.15,0.15])
```

这时坐标轴的背景色成为深灰色，曲线的符号为白色，所以曲线可以被看到。

设置网格线：

```
>> set(gca,'XGrid','on','GridLineStyle','-.','XColor',[0.75 0.75 0])
```

```
>> set(gca,'YGrid','on','GridLineStyle','-.','YColor',[0 0.75 0.75])
```

上述的两条命令将坐标轴的网格线绘制了出来，而且使用了点画线，分别设置了不同的颜色。

设置背景色：

```
>> set(gcf,'Color',[0.5 0.5 0.5])
```

这条命令将整个图形窗体的背景色设置为灰色。这样所有的命令综合在一起得到的效果如图 7-4 所示。

在 MATLAB 中，不同图形对象有不同的属性，受篇幅的限制，这里就不一一列举了，有兴趣的读者请参阅 MATLAB 的帮助文档。

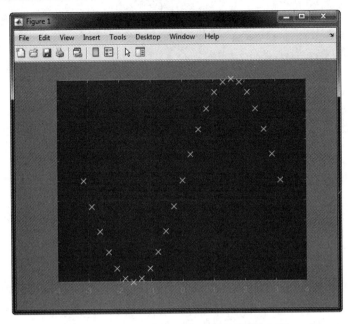

图 7-4　设置不同图形对象属性得到的结果

 注意：

在早期的 MATLAB 版本中，获取的图形对象的句柄图形为某个不特定的双精度数值，这个数值本身没有什么规律，表示当前图形对象。

例 7-1 中，这些命令操作其实也是进行 MATLAB 的图形用户界面编程的基本过程，无论是利用句柄图形、GUIDE 还是 App 设计工具来创建图形用户界面应用，其基本过程都是首先获取需要修改属性的图形对象的句柄图形，然后利用 get 函数获取一些属性——获取动作，再通过 set 函数设置一些属性——完成响应，这样图形用户界面就完成了一次对用户输入动作的响应。

除了能够直接设置具体图形对象的属性以外，MATLAB 还允许用户对图形对象的默认属性进行修改。所谓图形对象的默认属性，就是那些 MATLAB 图形对象所固有的预定义的"出厂设置"。例如，默认条件下图形窗体的背景色为深灰色，坐标轴的背景色为白色等。在没有指定特殊的属性值之前，MATLAB 就使用这些默认的图形对象属性来显示图形对象。

若需要修改 MATLAB 的默认属性，则使用下面的命令行：

　　　　set(ancestor,'Default<Object><Property>',<Property_Val>)

其中，ancestor 为某一层次的图形对象的句柄图形，该对象的句柄图形距离根对象越近，则影响的对象就越多。也就是说，若在根层次设置了默认属性，则所有的对象都继承这个默认属性；若在图轴层次设置默认属性，则图轴层次以下的对象会继承该默认属性。下面举例说明设置对象默认属性的方法。

【例 7-2】　设置修改对象的默认属性——default_properties.m。

```
001        % default_properties 例 7-2 修改图形窗体默认背景色
002        set(0,'DefaultFigureColor',[0.15 0.15 0.15]);
```

```
003        % 修改默认的坐标轴背景色
004        set(0,'DefaultAxesColor',[0.95 0.95 0.95]);
005        % 修改坐标线的色彩
006        set(0,'DefaultAxesXColor',[0.6 0.9 0]);
007        set(0,'DefaultAxesYColor',[0.6 0.9 0]);
008        % 修改文本的色彩
009        set(0,'DefaultTextColor',[0.9 0.6 0]);
010        X = linspace(-pi,pi,25);
011        Y = sin(X);
012        plot(X,Y,'yX');
013        grid on
014        title('修改默认属性');
015        legend('sin');
```

运行例 7-2 的脚本文件，将修改部分对象的默认属性，得到的图形结果如图 7-5 所示。这里调用函数 set 的时候使用的第一个参数 0 表示根对象。

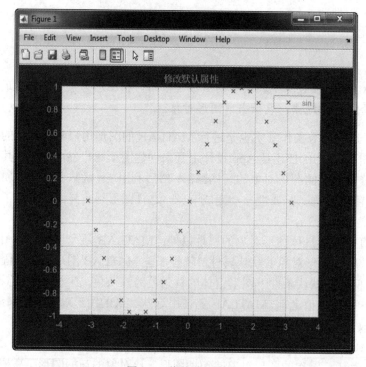

图 7-5　修改默认属性

修改的默认属性在本次 MATLAB 会话期间都有效，当关闭 MATLAB、再次启动时，这些默认的属性就会恢复"出厂设置"，所以，若希望设置的默认属性在每次启动 MATLAB 都发挥作用，则需要在 startup.m 文件中添加修改默认设置的命令。注意例 7-2 的代码，这里首先修改了默认属性，然后进行图形的绘制。

提示：

如果希望将已经修改的默认属性恢复为出厂设置，则可以使用下面的命令行：

>> set(h, 'PropertyName', 'default')

或者：

>> set(h, 'PropertyName', 'factory')

>> set(h, 'PropertyName', 'remove')

7.2　GUIDE 工具入门

GUIDE 是 MATLAB 提供的一个集成化图形用户界面应用程序的开发工具，它在句柄图形的基础之上，通过封装图形句柄以及创建回调函数的方法来实现交互式图形用户界面应用程序的开发。尽管在 MATLAB Release 2016a 版本中增加了 MATLAB 应用，而且自 MATLAB Release 2019b 版本开始，The MathWorks 宣布 GUIDE 将在未来某个版本的 MATLAB 中被应用设计工具(App Designer)彻底替代，但是以笔者对 MathWorks 和 MATLAB 的理解，为了保持对旧版本 MALTAB 软件的支持以及照顾已有用户的使用习惯，GUIDE 依然会长时间地存在于 MATLAB 的开发环境中。

本小节将通过一个实例来介绍 GUIDE 的基本使用方法。这个实例将创建一个如图 7-6 所示的交互式图形用户界面应用程序。

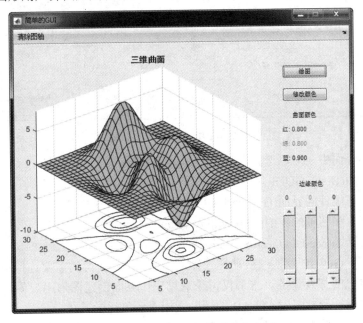

图 7-6　图形用户界面应用程序实例

该图形用户界面包含如下控件：

(1) 两个推按钮(push button)：分别完成绘制三维曲面和改变色彩的功能。

(2) 五个静态文本框(static text)：分别完成显示不同信息的功能。

(3) 三个滚动条(slide)：用来改变三维曲面上的分隔线色彩。

(4) 一个图轴(axes)：用来显示三维曲面。

(5) 一个菜单(menu)：用来完成清除坐标轴的功能。

7.2.1　GUIDE 工具的界面

在 MATLAB 中，要启动 GUIDE，应在 MATLAB 命令行键入命令：

>>guide

也可通过 MATLAB 工具条 HOME 标签页下 New 菜单中的 Graphic User Interface 命令来启动 GUIDE。

这时在 MATLAB 中将直接启动 GUIDE Quick Start 窗体。在这个窗体中，用户可以初步选择图形用户界面的类型，如图 7-7 所示。

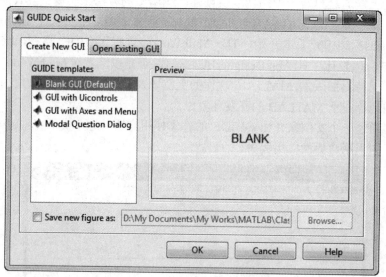

图 7-7　GUIDE 快速启动界面

在快速启动界面中，可以选择四种类型的新建界面：

■　空白界面(Blank GUI)；

■　具有图形控件的界面(GUI with UIcontrols)；

■　具有菜单和图轴的界面(GUI with Axes and Menu)；

■　模式对话框(Modal Question Dialog)。

其中，空白界面是 GUIDE 默认的启动样式。用户可以根据自己的需要选择不同的初始界面类型，以加快自己的开发任务。本书仅讨论通过空白界面创建图形用户界面的方法，而关于其他的界面类型，请参阅 MATLAB 的帮助文档或者自行尝试。

选择空白界面，单击 OK，这时 MATLAB 将启动 GUIDE 的图形界面，如图 7-8 所示。在 GUIDE 界面中，位于中央的深灰色部分为绘制控件的画布，用户可以调整画布的尺寸以得到不同的界面尺寸。在 GUIDE 界面的底部有一条蓝色的区域，里面的文字提醒用户 GUIDE 工具在未来版本的 MATLAB 即将被淘汰，请读者尝试使用 MATLAB App 设计工具来完成图形界面的开发工作。

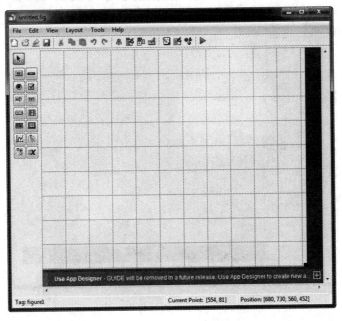

图 7-8　具有空白界面画布的 GUIDE 工具

在 GUIDE 界面的左侧为 MATLAB 的控件面板，控件面板上列出了能够在画布上绘制的图形控件，具体包括：

- 推按钮(Push Button)；
- 滚动条(Slider)；
- 单选框(Radio Button)；
- 复选框(Check Box)；
- 文本框(Edit Text)；
- 静态文本框(Static Text)；
- 列表框(Listbox)；
- 下拉列表框(Pop-up Menu)；
- 单选按钮(Toggle Button)；
- 表格(Table)；
- 图轴(axes)；
- 面板(Panel)；
- 单选框组(Button Group)；
- ActiveX 控件(ActiveX Control)。

GUIDE 控件面板的外观可以通过设置其属性进行简要的修改，选择 GUIDE 中 File 菜单下的 Reference 命令，在弹出的预设参数对话框中选择 "Show name in Component Palette" 复选框，并且取消 "Show App Designer message panel"，这样 GUIDE 工具界面内空间面板将显示每个控件的名称，同时用于提示 GUIDE 即将被淘汰的信息也不会再显示了，此时的 GUIDE 的图形界面如图 7-9 所示。

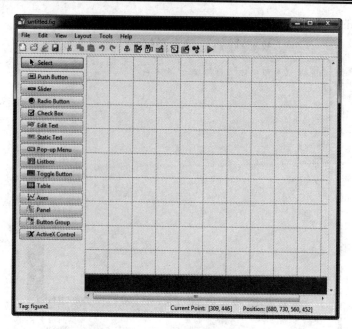

图 7-9   显示不同控件的名称

GUIDE 图形界面的工具栏包含了一些常用的工具，如图 7-10 所示。

图 7-10   GUIDE 工具的工具按钮

这些工具的名称如下：

- 串对齐工具；
- 菜单编辑器；
- Tab 次序定义；
- 工具栏编辑器
- M 文件编辑器；
- 属性察看器；
- 对象浏览器；
- 激活工具。

这些常用的工具的具体使用方法将在本节逐步介绍。

提示：

除了能够创建新的图形界面之外，还可以选择打开已经存在的图形界面文件(该文件的扩展名为 fig，是 MATLAB 自己的图形文件格式)，还可以通过下面的命令行直接打开一个存在的 GUI 界面文件：

>> guide gui_filename

这时 GUIDE 中将打开已经创建好的图形界面。

7.2.2 创建图形用户界面外观

在本章要实现的图形用户界面中包含一个图轴，用来显示三维表面(surface)，而且包含两个按钮，分别用来在图轴中绘制三维表面和修改三维表面的颜色。在修改颜色时，需要通过几个文本框将颜色数值显示出来。通过滚动条可以修改三维表面的网格线色彩。在图形界面上还有一个菜单，通过菜单命令可以清除当前图轴的内容。那么，创建这样一个图形用户界面的大体步骤是怎样的呢？

(1) 进行界面设计。创建的图形用户界面要美观大方，因此需要对界面空间的布局、控件的大小等进行初步设计，最好的方法就是在一张纸上简要地绘制一下界面的外观，做到心中有数。

(2) 利用 GUIDE 的外观编辑功能，将必要的控件依次绘制在界面的"画布"上。这一步主要将所有控件摆放在合适的位置，并且设置控件大小，如果有必要还需要创建菜单栏以及工具栏。

(3) 设置控件的属性。这里的控件属性包括了影响控件外观的属性，如标签文本、显示文本、文本字体、颜色等，以及控件的名称、实现具体功能的控件回调函数的名称等。

(4) 针对不同控件的功能进行 M 语言编程。

本小节将详细介绍创建图形用户界面外观的方法，而设置控件属性和实现不同控件功能的 M 语言编程将在 7.2.3 节讲述。

在创建交互式图形用户界面应用之前，首先选择执行 GUIDE 工具界面中 Tools 菜单下的 GUI Options 命令来打开 GUI 选项设置对话框。此时需要选择 Generate Fig File Only 单选框，也就是在目前创建用户界面外观的阶段，仅创建图形用户界面的外观图形文件，而不创建相应的 M 文件，这样便于在创建图形用户界面外观的阶段检查外观效果，如图 7-11 所示。

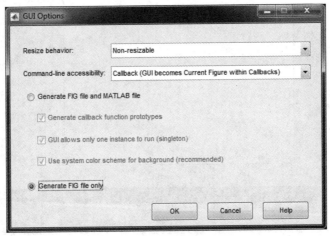

图 7-11 设置图形用户界面应用的属性

单击 OK 按钮之后再次选择 Tools 菜单下的 Grid and Rulers 命令，在弹出的对话框中可以设置画布上网格线的尺寸，画布上的网格线可以帮助用户来设置控件的尺寸以及确定对齐控件的位置，所以需要选择合适的网格尺寸，默认的数值为 50 像素，可以根据需要设置自己的数值，在本例中，设置尺寸为 20 像素，如图 7-12 所示。

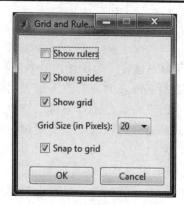

图 7-12　设置网格尺寸

对开发环境进行了简要设置之后，再来设置画布的尺寸，画布的尺寸也就是图形界面的未来尺寸，需要在绘制控件之前将界面的尺寸大体确定下来。

之后，就要将不同的控件绘制在画布上了。这个过程相对来说比较简单，而且绘制控件的时候暂时可以不用考虑控件的尺寸和位置对齐等问题。只要大致将不同的控件放置在相应的位置上即可，如图 7-13 所示。

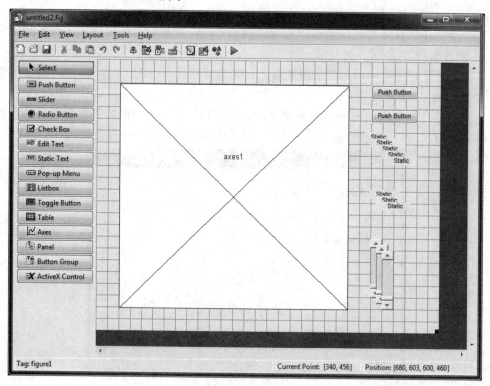

图 7-13　放置图形用户界面的控件

这里需要注意，创建控件的时候可以用鼠标拖放创建，也可以直接用鼠标来"绘制"控件，特别是在创建滚动条的时候，默认地，如果直接用鼠标从左侧的控件栏当中拖放滚动条到画布中，创建的是一个垂直方向的滚动条，如果需要创建水平方向的滚动条，则需要用鼠标绘制相应的控件。

这个时候的图形界面中包含了必要的图形界面控件，不过用来显示信息用的静态文本框没有排列好，显得非常凌乱，可以使用 GUIDE 的排列工具完成控件的排列工作。这里需要排列的控件是几个静态文本框，首先将最后一个静态文本框放置在理想的位置上，如图 7-14 所示。

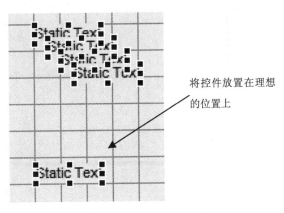

图 7-14　设置必要控件的位置

然后选择其余四个静态文本框，单击 GUIDE 工具栏中的对齐工具按钮 ，在弹出的排列工具对话框中，分别选择垂直方向上均匀分布，水平方向上左边界对齐，如图 7-15 所示。

单击 Apply 按钮之后，可以察看对齐控件之后的效果，如图 7-16 所示。

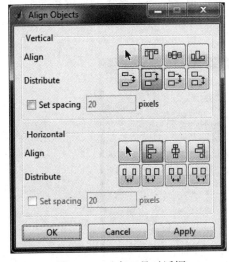

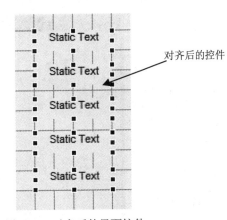

图 7-15　对齐工具对话框　　　　图 7-16　对齐后的界面控件

然后可以利用同样的办法把其他的静态文本以及滚动条放置在合适的位置上，同时也需要调整这些控件的尺寸，力求界面美观。

在界面之中还需要创建菜单。创建菜单可以通过菜单编辑器完成，单击工具栏上的菜单编辑器按钮 ，可以打开菜单编辑器对话框，在对话框中，单击创建新菜单按钮 ，则可以创建新的菜单，设置菜单 Label 属性为"清除图轴"，设置 Tag 属性为"ClearAxis"，如图 7-17 所示。

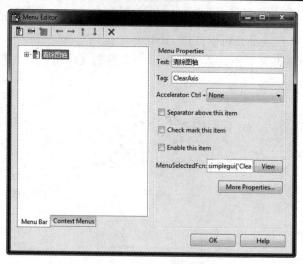

图 7-17   创建菜单

 注意:

这里在创建菜单时，同时需要设置菜单的 Label 属性和 Tag 属性，Tag 属性将在后面编写界面应用程序时使用。

为了能够让菜单发挥作用，还需要添加一个菜单项，单击新建菜单项按钮 ，同样在菜单编辑器对话框中设置菜单项的 Label 属性和 Tag 属性分别为"完成"和"ClearAxisDone"，设置快捷键方式为 Ctrl+D，如图 7-18 所示。

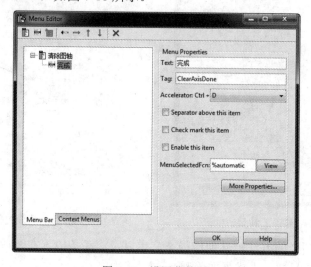

图 7-18   设置菜单项

对于其他图形用户界面中的对象也需要设置相应的属性。所有的属性中，比较重要的是控件的 String 属性和 Tag 属性，前者为显示在控件上的文本，后者相当于为控件取个名字，这个名字为控件在应用程序中的 ID，控件的句柄和相应的回调函数都与这个名字有直接的关系。设置控件的属性可以使用 GUIDE 的属性察看器和控件浏览器完成。

单击 GUIDE 工具栏中的控件对象浏览器按钮 🐾，在弹出的对话框中，可以察看所有已经添加在图形界面中的对象以及对象的 String 和 Tag 属性，目前只是设置了菜单和菜单项，其余的控件属性还没有修改，此时的控件对象浏览器如图 7-19 所示。

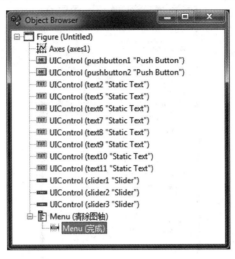

图 7-19　控件对象浏览器

首先设置图形窗体的属性，用鼠标双击控件对象浏览器中的 Figure，可以打开属性察看器编辑修改察看图形窗体的属性。属性察看器的所有属性默认采用字母排序，可以修改外观为按照属性类别来显示。在这里需要修改的属性包括图形窗体的 Name 属性和 Tag 属性，将 Name 属性设置为"简单的 GUI"，将 Tag 属性设置为"simplegui"，如图 7-20 所示。

图 7-20　设置图形界面的属性

　　然后双击控件对象浏览器中的 uicontrol(pushbutton1…)，这时将打开按钮对象的属性察看器，同时，在 GUIDE 的外观编辑器中，可以看到画布上的第一个按钮被选中了。这时，需要将该按钮的 String 属性设置为"绘图"，将 Tag 属性设置为"btnDraw"，如图 7-21 所示。

图 7-21　设置按钮的属性

依此类推，分别将其他的控件设置为如下属性：

第二个按钮	String：修改颜色	Tag：btnChangeColor	
静态文本框 1	String：曲面颜色	Tag：txtColor	
静态文本框 2	String：红	Tag：txtRed	HorizontalAlignment：left
静态文本框 3	String：绿	Tag：txtGreen	HorizontalAlignment：left
静态文本框 4	String：蓝	Tag：txtBlue	HorizontalAlignment：left
静态文本框 5	String：边缘颜色	Tag：txtEdgeColor	
静态文本框 6	String：红	Tag：txtEdgeRed	
静态文本框 7	String：绿	Tag：txtEdgeGreen	
静态文本框 8	String：蓝	Tag：txtEdgeBlue	
滚动条 1		Tag：sliderEdgeRed	
滚动条 2		Tag：sliderEdgeGreen	
滚动条 3		Tag：sliderEdgeBlue	

上述没有列出的控件属性均保持默认的属性值。

 注意：

　　在设置图形界面对象的 Tag 属性时，建议按照如下的格式进行设置：objectstyleObjectFunction，即使用表示对象类型的字符向量作为 Tag 属性的前缀，这样在编写控件回调函数时，能够直接从控件的名称上判断控件的类型，便于程序的管理维护。

　　最后，定义一下 Tab 次序。当激活图形界面时，可以通过 Tab 键在不同的控件中相互切换，单击工具栏上的 Tab 次序定义按钮 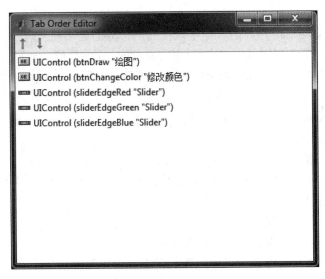，在弹出的次序定义工具中定义次序，如图 7-22 所示。

图 7-22　定义控件 Tab 次序

可以通过次序调整工具栏中 ⬆ 或者 ⬇ 按钮调整控件的 Tab 次序。

　　到现在，整个图形界面元素就基本上创建完毕了，这时可以单击 GUIDE 工具栏中的 Run 按钮 ▶，激活图形界面。由于在前面的步骤中设置了仅生成 Fig 文件，所以在这时仅激活界面来察看界面的布局状况，如图 7-23 所示。

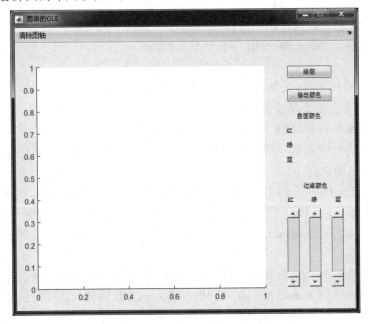

图 7-23　激活界面察看效果

到现在为止，图形用户界面外观的创建就告一段落了，如果用户对创建的图形界面不满意，例如控件的位置、字体的大小等，那就需要进一步的调整和修改，否则，就进入图形用户界面编程的步骤。

7.2.3　图形用户界面编程

现在已经得到了图形用户界面，但是现在的图形界面还不能实现任何功能，它不能响应用户的输入，也不能在界面的图轴中绘制图形对象。这些功能需要通过编写 M 语言应用程序代码来完成。图形用户界面的功能需要通过控件响应用户的动作来完成，在 MATLAB 的图形用户界面应用程序中，用户界面控件需要响应用户的鼠标动作——单击就是选中控件。用于响应用户鼠标动作的 MATLAB 代码，被称为图形用户界面控件的回调函数。需要强调一点，在进行图形用户界面编程之前，最好完成相应控件属性的设置工作，特别是 Tag 属性，编写回调函数的过程中，不用轻易改变这些已经设置好的属性。

MATLAB 图形用户界面控件的回调函数是指在界面控件被选中的时候，响应动作的 M 语言函数。在回调函数中，一般需要完成如下功能。

(1) 获取发出动作的对象句柄；

(2) 根据发出的动作，设置影响的对象属性；

(3) 或者根据发出的动作执行相应的算法完成某些数据处理或者计算，绘制图形等。

例如，在本章的示例中，单击"绘图"按钮之后，首先需要在回调函数中获取发生对象句柄，这一步骤通常由 GUIDE 背后的工作机制来自动完成，然后设置相应对象的属性——在图轴上绘制相应的曲线或者图像，这一步骤需要用户编写具体的代码来实现。不过，利用 GUIDE 进行图形界面编程的好处之一就是，GUIDE 会为用户创建一个 M 回调函数文件的构架。一般来说，不需要用户自己来获取发生事件的控件对象，构架函数文件将自动处理并将相应的句柄传递到函数中。

在构架函数文件中，控件的回调函数声明为

function object_Callback(hObject , eventData , handles)

其中：

- 函数名称中 object 为发生事件控件的 Tag 属性字符向量；
- hObject 为发生事件控件的句柄；
- eventData 为保留字段，目前版本的 MATLAB 还暂时不使用；
- handles 为一个结构，这个结构中包含所有界面上控件的 Tag 属性值，还可以添加用户自己的数据。

handles 结构在图形用户界面 GUIDE 编程过程中是比较重要的元素，该结构中不仅包含了所有界面对象的 Tag 属性，通过 Tag 属性就可以直接像操作控件句柄一样来获取或者修改控件的属性，而且在 handles 结构中还可以添加用户自定义数据，这些数据可以在不同的回调函数之间共享。

为了能够创建 M 构架文件需要执行 Tools 菜单下的 GUI Option 命令，在弹出的对话框中，选择 Generate Fig File and M File 单选框，则此时在激活界面的同时就会尝试生成并执行相应的 M 函数文件，如图 7-24 所示。

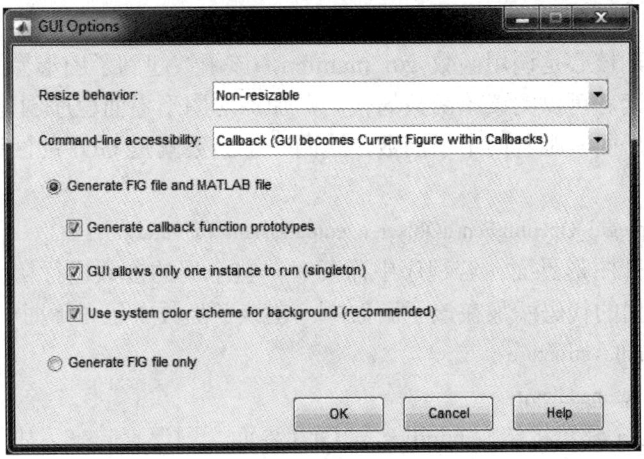

图 7-24　选择生成 M 文件的属性

编辑图形界面的 M 文件还可以通过单击 GUIDE 工具栏中的 M 语言编辑器按钮 ▣ 来实现，这时 MATLAB 将首先询问是否保存 fig 文件，保存 fig 文件后再打开图形界面的 M 语言函数文件，本章的例子需要保存文件名称为 simplegui.fig，同时 GUIDE 将生成 M 文件，文件名为 simplegui.m。

GUIDE 创建的 M 文件一般分为调度代码、GUI 回调函数和 GUI 控件回调函数几个不同部分。这里将结合例子说明这几部分代码的作用。

首先，在程序的头部为程序的初始化和调度代码。通常情况下，用户不需要修改这部分代码。在程序执行的过程中，这部分代码起到了调度程序的功能，分别完成了打开图形界面、初始化以及响应用户输入参数等功能。本例中，自动生成的此段代码如下：

```
% Begin initialization code - DO NOT EDIT
gui_Singleton = 1;
gui_State = struct('gui_Name',          mfilename, ...
                   'gui_Singleton',   gui_Singleton, ...
                   'gui_OpeningFcn', @simplegui_OpeningFcn, ...
                   'gui_OutputFcn',  @simplegui_OutputFcn, ...
                   'gui_LayoutFcn',   [] , ...
                   'gui_Callback',    []);
if nargin && ischar(varargin{1})
    gui_State.gui_Callback = str2func(varargin{1});
end

if nargout
    [varargout{1:nargout}] = gui_mainfcn(gui_State, varargin{:});
else
    gui_mainfcn(gui_State, varargin{:});
end
```

% End initialization code - DO NOT EDIT

上面的代码中，核心是调用函数 gui_mainfcn，该函数起到了图形界面创建、控件监听等作用，有兴趣的读者可以阅读该函数的代码，加深对图形界面程序创建的认识。

在调度代码的后面紧跟着两个子函数，这两个子函数就是 GUI 的回调函数。第一个回调函数是：

function simplegui_OpeningFcn(hObject, eventdata, handles, varargin)

该函数负责打开图形界面。若程序中需要对一些全局的参数进行初始化或者设置，可以将初始化用户数据的代码添加在该子函数中。在该子函数中包含下面一句代码：

% Update handles structure

guidata(hObject, handles);

这里调用 guidata 函数将结构 handles 与 GUI 界面共同保存起来。如前文所述，handles 结构中包含了所有图形界面上控件的 Tag 属性值(也就是句柄)，同时还能够完成在不同的回调函数之间共享用户数据的功能。每次修改了 handles 结构内部数据之后，一定要调用 guidata 函数更新该结构的数据，否则在其他的子函数中无法使用最新的数据。

第二个回调函数是：

function varargout = simplegui_OutputFcn(hObject, eventdata, handles)

该子函数负责将必要的结果返回给用户的输出参数，前提是，用户在执行该 M 文件时，在命令行中指定了输出：

varargout{1} = handles.output;

提示：

关于 varargout 等输出参数以及可变输入/输出参数的函数编写，请参阅 MATLAB 的帮助文档。

接下来的子函数用于响应用户的动作输入，完成相应功能的 GUI 控件回调子函数。在本例中，首先编写绘图按钮的回调函数。在 M 文件中找到函数 btnDraw_Callback，并且添加相应的代码：

```
001    function btnDraw_Callback(hObject, eventdata, handles)
002    % 绘制三维曲面
003    hsurfc = surfc(peaks(30));
004    set(hsurfc,'FaceColor',[0.8 0.8 0.9]);
005    set(hsurfc,'EdgeColor',[0 0 0]);
006    % 保存三维曲面的句柄
007    handles.hsurface = hsurfc;
008    title('三维曲面','FontName','黑体');
009    guidata(hObject,handles);
010    % 设置相应的文本显示当前色彩数值
011    set(handles.txtRed,'String','红: 0.800' ,'ForegroundColor', 'red');
012    set(handles.txtGreen,'String','绿: 0.800','ForegroundColor', 'green');
```

```
013        set(handles.txtBlue,'String','蓝: 0.900','ForegroundColor', 'blue');
014        % 获取并设置边缘颜色滚动条
015        edgecolor = get(hsurfc,'EdgeColor');
016        set(handles.sliderEdgeRed,'Value',edgecolor{1}(1));
017        set(handles.sliderEdgeGreen,'Value',edgecolor{1}(2));
018        set(handles.sliderEdgeBlue,'Value',edgecolor{1}(3));
019        % 设置边缘文本颜色
020        set(handles.txtEdgeRed,'String',num2str(edgecolor{1}(1)),...
021            'ForegroundColor','red');
022        set(handles.txtEdgeGreen,'String',num2str(edgecolor{1}(2)),...
023            'ForegroundColor','green');
024        set(handles.txtEdgeBlue,'String',num2str(edgecolor{1}(3)),...
025            'ForegroundColor','blue');
```

在上述的代码中，首先绘制了三维曲面，然后将三维曲面的句柄保存在了 handles 结构中。最后还设置了相应的文本属性以显示不同的色彩数值。

 注意:

再次强调，在编写 GUIDE 回调函数时，若修改了 handles 结构及结构字段的数据，则需要通过 guidata 函数将 handles 的结构保存起来。只有这样，才能够通过 handles 结构将用户数据传递到子函数中。有关 guidata 函数请读者参阅 MATLAB 的帮助文档。

若此时执行 M 函数文件，单击 Draw 按钮，就可以在图轴中观察到程序的输出——三维曲面，与本节开始处的图 7-6 效果完全一致。

继续修改 M 文件，在不同控件的回调函数中添加代码完成全部用户界面的功能。具体的代码如下:

代码清单:

Simple GUI 的 M 代码(回调函数部分):

单击 Change Color 按钮的回调函数:

```
001        % --- Executes on button press in btnChangeColor.
002        function btnChangeColor_Callback(hObject, eventdata, handles)
003        %修改曲面色彩
004        % 获取曲面的句柄
005        hsurf = handles.hsurface;
006        %hsurf = findobj(gcf,'Type','Surface');
007        % 生成随机的色彩
008        newColor = rand(1,3);
009        % 设置曲面的色彩
010        set(hsurf,'FaceColor',newColor);
011        % 设置相应的文本显示当前色彩数值
```

```
012        str = sprintf( '红: %.3f', newColor(1));
013        set(handles.txtRed,'String', str,'ForegroundColor','red');
014        str = sprintf( '绿: %.3f', newColor(2));
015        set(handles.txtGreen,'String', str, 'ForegroundColor','green');
016        str = sprintf( '蓝: %.3f', newColor(3));
017        set(handles.txtBlue,'String', str, 'ForegroundColor','blue');
```

三个滚动条的回调函数内容完全一致：

```
001        % --- Executes on slider movement.
002        function sliderEdgeRed_Callback(hObject, eventdata, handles)
003        %  修改曲面的边缘色彩
004        setEdgeColor(handles);


001        % --- Executes on slider movement.
002        function sliderEdgeGreen_Callback(hObject, eventdata, handles)
003        %  修改曲面的边缘色彩
004        setEdgeColor(handles);


001        % --- Executes on slider movement.
002        function sliderEdgeBlue_Callback(hObject, eventdata, handles)
003        %  修改曲面的边缘色彩
004        setEdgeColor(handles);
```

其调用的函数内容如下：

```
001        function setEdgeColor(handles)
002        %  获取对象句柄
003        hsurf = handles.hsurface;
004        %  获取滚动条当前的数值
005        newRed = get(handles.sliderEdgeRed,'Value');
006        newGreen = get(handles.sliderEdgeGreen,'Value');
007        newBlue = get(handles.sliderEdgeBlue,'Value');
008        %  设置新的色彩数值
009        currentColor    = [newRed, newGreen, newBlue];
010        %  设置色彩属性
011        set(hsurf,'EdgeColor',currentColor);
012        %  设置边缘颜色文本
013        str = sprintf( '%.3f', newRed);
014        set(handles.txtEdgeRed,'String',str,'ForegroundColor','red');
015        str = sprintf( '%.3f', newGreen);
016        set(handles.txtEdgeGreen,'String',str,'ForegroundColor','green');
017        str = sprintf( '%.3f', newBlue);
```

018　　　　　set(handles.txtEdgeBlue,'String',str,'ForegroundColor','blue');

菜单命令的回调函数：

001　　　　　function ClearAxisDone_Callback(hObject, eventdata, handles)

002　　　　　%清除并且回复默认图轴

003　　　　　cla

004　　　　　grid off

005　　　　　title('');

006　　　　　set(gca, 'CameraPosition', [0.5000 0.5000 9.1603]);

007　　　　　set(gca, 'CameraUpVector', [0 1 0]);

008　　　　　set(gca, 'CameraViewAngle', 6.6086);

009　　　　　set(handles.txtRed,'String', '红','ForegroundColor','black');

010　　　　　set(handles.txtGreen,'String', '绿','ForegroundColor','black');

011　　　　　set(handles.txtBlue,'String', '蓝','ForegroundColor','black');

012　　　　　set(handles.txtEdgeRed,'String', '红','ForegroundColor','black');

013　　　　　set(handles.txtEdgeGreen,'String', '绿','ForegroundColor','black');

014　　　　　set(handles.txtEdgeBlue,'String', '蓝','ForegroundColor','black');

015　　　　　set(handles.sliderEdgeRed,'Value',0);

016　　　　　set(handles.sliderEdgeGreen,'Value',0);

017　　　　　set(handles.sliderEdgeBlue,'Value',0);

提示：

　　回调函数 ClearAxisDone_Callback 是菜单项的执行命令函数，如果在 M 语言编辑器中没有找到该回调函数，可以首先在 GUIDE 菜单编辑器中找到相应菜单项的属性，然后在 Callbacks 文本编辑框中输入%automatic，再单击 Callbacks 文本编辑框后面的 View 按钮，MATLAB 会自动将回调函数添加到 M 语言代码中，如图 7-25 所示。

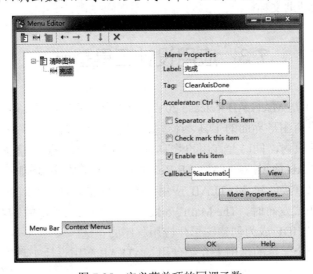

图 7-25　定义菜单项的回调函数

　　现在图形用户界面的应用程序都编写完毕了，可以运行该 M 文件并且检测每个控件的功能。图 7-26 为图形用户界面执行过程中的状态之一。

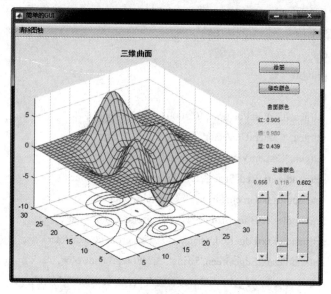

图 7-26　图形用户界面简单例子的执行状态

　　仔细阅读本例代码可以发现，大部分的图形用户界面代码使用到的函数都是用 get 函数来获取属性，set 函数来设置属性，所有回调函数中都使用了一个非常重要的函数——guidata，该函数主要用来在图形用户界面中存储或者获取用户数据。它的基本语法为

　　　　存储数据：guidata(object_handle,data);

　　　　获取数据：data = guidata(object_handle);

　　这里 object_handle 若不是图形窗体的句柄，则使用 object_handle 句柄对象的父层次的图形窗体对象句柄来保存数据。gui_data 函数为用户提供了一种简便的保存和获取用户应用程序数据的途径，是在 MATLAB 图形用户界面应用程序中常用的函数之一。详细信息请读者参阅 MATLAB 的帮助文档。

7.3　应用设计工具基础

　　MATLAB 的应用是 MATLAB Release 2012b 版本引入的特性，最初是 MATLAB 专业工具箱内包含的若干具有图形界面的工具，经过安装设置之后以图标形式出现在 MATLAB 桌面环境的 APPS 标签页内，同时允许用户将具有图形用户界面的 M 语言应用程序封装打包起来创建成为 MATLAB 应用。在 MATLAB Release 2016b 版本中，增加了应用设计工具(App Designer)，允许用户直接创建 MATLAB 应用。随着 MATLAB 版本的升级，在 MATLAB Release 2019b 版本正式发布时，The MathWorks 宣布，在未来版本的 MATLAB 中，应用设计工具将正式替代 GUIDE 成为创建图形化应用程序的首选。

　　本小节将通过一个简单的示例来介绍使用 MATLAB 应用设计工具创建图形用户界面应用的基本流程。

本小节示例的运行界面如图 7-27 所示。

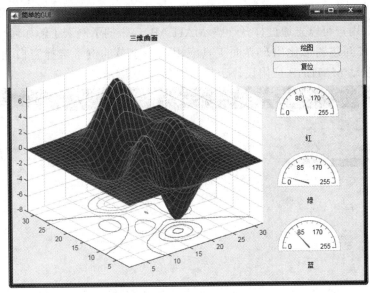

图 7-27　利用 MATLAB 应用设计工具开发的图形用户界面应用

　　这个界面与前一节介绍 GUIDE 时创建的界面有些许类似，包含了图轴、按钮以及指针式表头。在利用 MATLAB 应用设计工具创建图形用户界面应用时，首先从部件库内找到所需要的各种部件，通过鼠标拖放的形式将相应的部件添加到设计页面视图(Design View)内，然后在部件浏览器(Component Browser)里面设置部件的属性，最后，在代码页面视图(Code View)内通过编写部件的回调函数代码来实现具体的功能。

　　首先需要在 MATLAB 中启动应用设计工具，可以通过如下两种方式：

　　(1) MATLAB 命令。在 MATLAB 命令行窗体内键入命令 appdesigner。

　　(2) 菜单命令。执行 MATLAB 桌面工具 APPS 标签页内的 Design APP 按钮命令。

　　两种方式均可以打开如图 7-28 所示的 MATLAB 应用设计工具启动页。

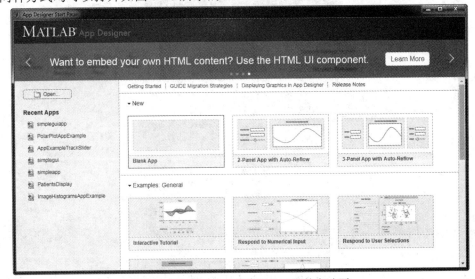

图 7-28　MATLAB 应用设计工具的启动页

在启动页内可以看到最近利用应用设计工具打开过的 MATLAB 应用列表(Recent APPs)、三种应用的基本模式(分别为空白面板、两面板模式和三面板模式)以及 MATLAB 提供的若干示例。用户可以先通过打开一些 MATLAB 自带的示例来了解如何使用 MATLAB 应用设计工具来创建图形化用户界面工具应用。本小节的例子选择空白面板应用(Blank App)，此时会启动 MATLAB 应用设计工具，如图 7-29 所示。

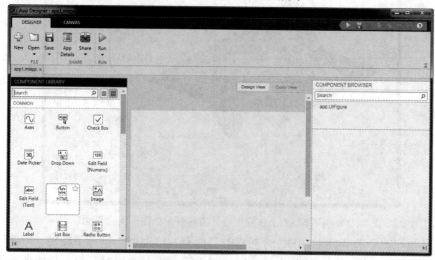

图 7-29　MATLAB 应用设计工具——空白面板

应用设计工具主要由四个部分组成，分别是位于顶部的工具栏，左侧的部件库(COMPONENT LIBRARY)、中间的设计页面(Design View 和 Code View)以及最右边的部件浏览器(COMPONENT BROWSER)。部件库里面包含了若干可以用于创建图形界面的部件，包括图轴、按钮、复选框、下拉列表框等，大多数部件与 GUIDE 里面所包含的控件基本一致。部件库里面还包含了若干全新的仪器仪表部件，例如 90 度表头、旋钮、开关等，如图 7-30 所示。

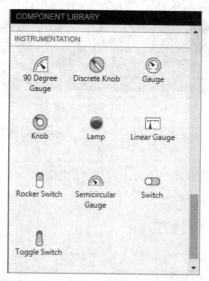

图 7-30　MATLAB 应用设计工具部件库——仪器仪表部件

部件库默认以图标的形式显示在部件库内，单击部件库的 ☰ 按钮就可以以列表形式来察看部件库，如图 7-31 所示。

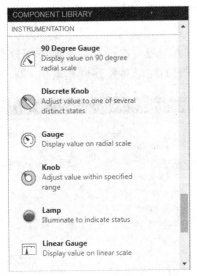

图 7-31 以列表的形式察看部件库——仪器仪表部件

接下来将例子所需要的部件从部件库内找到，然后用鼠标拖放的方式将部件放置于设计页面视图内。本例中包含一个图轴、两个按钮和三个 90 度表头。拖放的时候直接将部件就位，可以通过鼠标设置其尺寸大小，还可以利用应用设计工具的画布(CANVAS)标签页内的工具来微调部件的尺寸、位置等。与 GUIDE 创建图形用户界面的基本原则一致，美观、大方即可，并且拖放部件到设计页面视图内的时候，MATLAB 应用设计工具能够提示用户对齐这些部件。

双击设计页面视图内各个部件包含的文字就可以直接编辑，这里需要设置相应的界面最终结果，如图 7-32 所示。

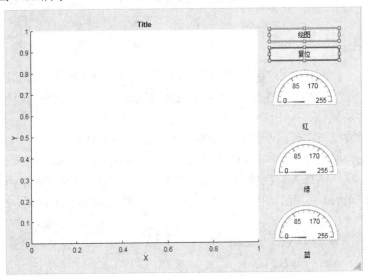

图 7-32 页面初步设计——设置部件的文字显示属性

这些文字是设计页面视图内各个部件的名称，修改显示文字的方法是在 MATLAB 应用设计工具右侧上部分的部件浏览器内，用鼠标右键单击期望修改名称的部件，在弹出的快捷菜单中选择命令 Rename 或者选择期望修改名称的部件按下 F2 键。对于部件的命名方式，笔者的习惯是与使用 GUIDE 工具创建控件命名 Tag 属性的方式一致。

选择不同的部件时，MATLAB 应用设计工具右侧下部分会显示相应部件的属性察看器 (Inspector)，其内容与第 6 章介绍的图形对象属性察看器基本一致，如图 7-33 所示。

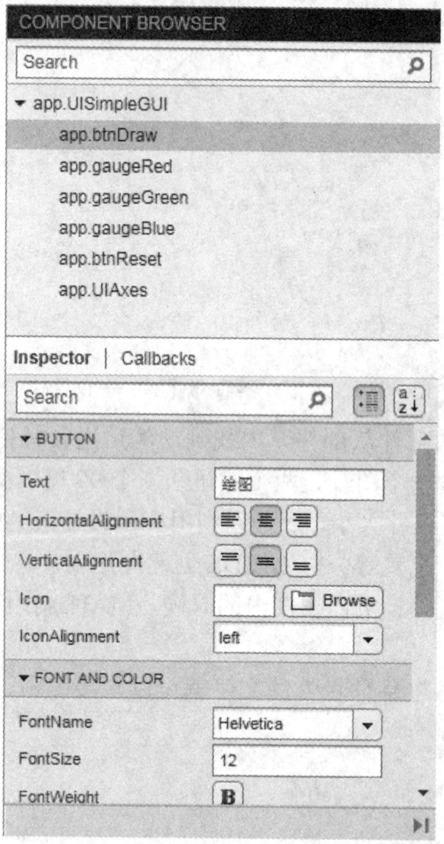

图 7-33　选择不同的部件设置名称并且察看其属性

在本例中，需要设置的属性是 90 度表头的数据范围，将三个表头的数据范围都设置为 0,255。其余部件的属性都采用默认设置。

接下来需要编程来实现两个按钮的功能以及与三个表头的联动。在"绘图"按钮上单击鼠标右键，在弹出的快捷菜单中，选择 Callbacks 子菜单下的 Go to btnDrawnButtonPushed Callback 命令，则 MATLAB 应用设计工具会自动切换到设计工具的代码页面视图。这时 btnDrawnButtonPushed 回调函数内没有包含任何内容，等待读者添加代码。这里，添加的代码如下：

```
001        cla(app.UIAxes,"reset");
002        color = rand(1,3);
003        surfc(app.UIAxes,peaks(32),...
```

```
004                         "FaceColor",color,...
005                         "EdgeColor",'flat');
006           title(app.UIAxes,'三维曲面','FontName','黑体');
007           grid(app.UIAxes,"on");
008
009           app.gaugeRed.Value = 255*color(1);
010           app.gaugeGreen.Value = 255*color(2);
011           app.gaugeBlue.Value = 255*color(3);
```

然后用同样的方法创建"复位"按钮的回调函数 btnResetButtonPushed，代码如下：

```
001           cla(app.UIAxes,"reset");
002
003           app.gaugeRed.Value = 0;
004           app.gaugeGreen.Value = 0;
005           app.gaugeBlue.Value = 0;
```

MATLAB 应用的代码采用了面向对象的 M 语言代码，因此尽管调用的依然是之前第 6 章介绍的图形命令，但是调用方式完全采用了面向对象的形式。编写这部分代码时需要注意，MATLAB 应用的代码中对于类(Class)、方法(Methods)、属性(Properties)的定义通常不能直接修改，如果需要修改比如类的属性则需要返回设计页面视图，通过页面工具来修改。代码视图页面只允许用户编辑、修改回调函数内的代码。MATLAB 应用设计工具具有比较好的代码提示功能，如果读者此时已经比较熟练地掌握了 MATLAB 图形函数的使用方法，依照应用设计工具的提示应该可以比较容易地实现 MATLAB 应用程序的代码开发。但是，MATLAB 应用中的图形对象(例如图轴、图形窗体等)句柄默认为不可见(Invisible)的状态，因此 gcf、gca、gco 等可以在句柄图形或者 GUIDE 开发的图形用户界面应用程序中使用的获取句柄函数均不可以使用。获取 MATLAB 应用界面内部件或者图形对象的方法需要通过部件对象或者创建类的属性(Properties)的方式来实现。而在不同的子函数之间传递数据的方式也只能通过创建类的属性方式来实现。

到这里，这个简单的 MATLAB 应用已经开发完毕。读者可以单击 MATLAB 应用设计工具上的运行 ▷ 按钮来尝试运行。最后将开发好的应用保存成扩展名为 mlapp 的文件。创建完毕的 MATLAB 应用可以发布给第三方用户使用，方法是执行 MATLAB 应用设计工具的 DESIGNER 标签下 Share 菜单中的 MATLAB APP 命令，则会将 MATLAB 应用创建成为安装程序，供在第三方的 MATLAB 环境中安装使用。

 注意：

MATLAB 应用的运行优先级高于同名的 M 语言代码 m 文件。如果当前的文件夹内有两个文件，名称为 abcd.m 和 abcd.mlapp，则当用户在 MATLAB 命令窗口键入命令 abcd 时，会优先执行 abcd.mlapp，而不是 m 文件。

面向对象的 M 语言应用程序开发已经超出了本书讨论的范围，读者可以参考 MATLAB 的帮助文档中关于面向对象程序开发的内容。

本 章 小 结

本章讨论了在 MATLAB 中创建图形用户界面的方法，分别介绍了 MATLAB 图形对象的层次以及图形对象句柄的基础知识，MATLAB 创建图形用户界面应用程序的集成开发环境 GUIDE 的基本使用方法，以及利用 MATLAB 应用设计工具(APP Designer)开发 MATLAB 应用的简要流程。无论采用哪种方式来开发图形用户界面应用程序，都少不了对 MATLAB 图形对象以及基本的 M 语言绘图应用的理解。只有充分理解和掌握了前面章节的内容，才能够事半功倍地完成图形用户界面的开发。如果读者在开发图形用户界面应用的时候遇到了问题，多数原因并不是不理解程序代码或者图形界面的开发流程，而是无法正确找到图形对象的属性等。三种图形界面应用程序开发方式各有优缺点，不过随着软件版本的不断升级，MATLAB 应用及其设计工具的功能将越来越丰富，也会越来越强大，假以时日，利用 GUIDE 开发图形界面的工作会被应用设计工具完全替代，但是完全掌握 MATLAB 应用设计工具需要读者充分认知和理解面向对象的 M 语言代码开发，一定程度上也加大了学习难度。句柄图形开发图形用户界面有效率方面的优势，并且句柄图形存在于 MATLAB 的历史非常悠久，也是很多 MATLAB 用户特别是老用户坚持使用的图形用户界面开发方式。关于句柄图形以及面向对象的 M 语言程序开发可以阅读 MATLAB 的帮助文档。

练 习

尝试创建如图 7-34 所示的图形界面。

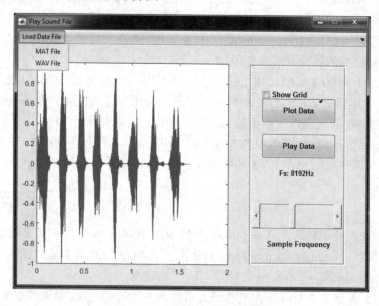

图 7-34　播放并绘制声音数据

该图形界面工具具有如下功能：

(1) 通过菜单命令加载声音数据文件，该声音数据文件可以为 MAT 格式或者 WAV 格式；

(2) 加载声音数据文件后，将声音的采样频率显示在相应的静态文本框中，例如图 7-31 所示，当前的声音文件采样频率为 8129 Hz；

(3) 通过对话框上的按钮绘制加载的数据，并且可以根据需要通过复选框选择是否显示网格；

(4) 通过对话框的按钮来播放加载的声音；

(5) 利用滚动条可以修改当前声音文件的采样频率，将新的采样频率显示在对话框上，并且可以通过新的采样频率来播放声音文件。

 提示：

本章的示例文件中包含了可以用于本练习的数据文件 train.wav 和 bird.mat。

在本章的练习中需要使用第 5 章介绍的数据文件 I/O 函数来读取这些声音数据文件，请读者回想一下如何正确加载 WAV 文件或者保存了声音数据的 MAT 文件，另外，如何完善应用程序，避免程序不正常的退出和错误？是不是可以加载其他类型的数据文件呢？

可以尝试使用 GUIDE 来创建本题的图形界面，也可以使用 MATLAB 应用设计工具。

滚动条的取值范围为 2000～16 384 即可。

附　　录

附录 A　MATLAB 关键字

MATLAB 的关键字可以通过在 MATLAB 命令行窗体中键入下面的命令获取：

```
>> iskeyword
ans =

    'break'
    'case'
    'catch'
    'classdef'
    'continue'
    'else'
    'elseif'
    'end'
    'for'
    'function'
    'global'
    'if'
    'otherwise'
    'parfor'
    'persistent'
    'return'
    'spmd'
    'switch'
    'try'
    'while'
```

以上就是 MATLAB 的关键字，或者叫作保留字，在选择函数或者变量名称的时候，请不要使用这些字符作为变量或者函数的名称。

附录 B　MATLAB 可用的 TEX 字符集

标识符	符号	标识符	符号	标识符	符号
\alpha	α	\upsilon	υ	\sim	~
\beta	β	\phi	φ	\leq	≤
\gamma	γ	\chi	χ	\infty	∞
\delta	δ	\psi	ψ	\clubsuit	♣
\epsilon	ε	\omega	ω	\diamondsuit	♦
\zeta	ζ	\Gamma	Γ	\heartsuit	♥
\eta	η	\Delta	Δ	\spadesuit	♠
\theta	θ	\Theta	Θ	\leftrightarrow	↔
\vartheta	ϑ	\Lambda	Λ	\leftarrow	←
\iota	ι	\Xi	Ξ	\uparrow	↑
\kappa	κ	\Pi	Π	\rightarrow	→
\lambda	λ	\Sigma	Σ	\downarrow	↓
\mu	μ	\Upsilon	Υ	\circ	°
\nu	ν	\Phi	Φ	\pm	±
\xi	ξ	\Psi	Ψ	\geq	≥
\pi	π	\Omega	Ω	\propto	∝
\rho	ρ	\forall	∀	\partial	∂
\sigma	σ	\exists	∃	\bullet	●
\varsigma	ς	\ni	∋	\div	÷
\tau	τ	\cong	≅	\neq	≠
\equiv	≡	\approx	≈	\aleph	ℵ
\Im	ℑ	\Re	ℜ	\wp	℘
\otimes	⊗	\oplus	⊕	\oslash	Ø
\cap	∩	\cup	∪	\supseteq	⊇
\supset	⊃	\subseteq	⊆	\subset	⊂
\int	∫	\in	∈	\o	°
\rfloor	⌋	\lceil	⌈	\nabla	∇
\lfloor	⌊	\cdot	·	\ldots	…
\perp	⊥	\neg	¬	\prime	′
\wedge	∧	\times	×	\0	∅
\rceil	⌉	\surd	√	\mid		
\vee	∨	\varpi	ϖ	\copyright	©
\langle	〈	\rangle	〉		

附录 C　数据文件 IO 函数

本书第 5 章介绍了 MATLAB 的数据文件 I/O 功能，这里将这些数据 IO 函数总结一下，便于读者查阅。

1. 文件打开与关闭

fopen	打开数据文件
fclose	关闭数据文件

2. 二进制文件

fread	从文件中读取数据
fwrite	向文件写入数据

3. 格式文件读写

fscanf	从文件中读取格式化数据
fprintf	向文件写入格式化数据
fgetl	读取整行
fgets	读取整行，但是保留换行符
input	提示用户输入数据

4. 字符向量转换

sprintf	写数据
sscanf	读数据

5. 文件指针

ferror	错误信息与状态
feof	文件结尾
fseek	搜索文件指针
ftell	获取文件指针
frewind	回退文件指针

6. 文件名称

matlabroot	MATLAB 根目录
filesep	目录分隔符
pathsep	路径分隔符
mexext	MEX 文件扩展名
fullfile	完整文件名
partialpath	部分文件名
tempdir	临时文件路径
tempname	临时文件名

7. 文件导入/导出

load	加载 MAT 数据文件
save	保存 MAT 数据文件
textscan	按照指定的格式从文本文件中读取数据
readtable	从文件中读取表格数据对象
writetable	将表格数据对象写入文件
xlsfinfo	获取文件类型基本信息
xlsread	读取 Excel 电子表格文件数据
xlswrite	将数据写入 Excel 表格文件中

8. 图像文件

imread	读取图像文件
imwrite	写入图像文件
imfinfo	获取图像文件信息

9. 声音文件

auwrite	写入.au 文件
auread	读取.au 文件
wavwrite	写入.wav 文件
wavread	读取.wav 文件

附录 D　可读的常见文件类型

数据类型		命　　令	返　回　值
MAT	- MATLAB 数据文件	load	文件中所有数据
CSV	- 逗号分隔的数据文件	csvread	双精度数组
DAT	- 格式化文本数据文件	importdata	双精度数组
DLM	- 格式化文本数据文件	dlmread	双精度数组
TAB	- TAB 间隔文本数据文件	dlmread	双精度数组
电子表格			
XLS	- Excel 电子表格	xlsread	双精度数组和元胞数组
科学数据文件			
CDF		cdfread	CDF 记录，元胞数组
FITS		fitsread	
HDF		hdfread	
MOVIE 文件			
AVI	- 视频文件	aviread	MATLAB 电影
图像格式			
TIFF	- TIFF 图像	imread	真彩色、灰度图或者索引图
PNG	- PNG 图像	imread	真彩色、灰度图或者索引图
HDF	- HDF 图像	imread	真彩色
声音文件			
AU	- NeXT/Sun 音频文件	auread	音频数据与采样率
SND	- NeXT/Sun 音频文件	auread	音频数据与采样率
WAV	- Microsoft 音频文件	wavread	音频数据与采样率

附录 E　数据 IO 格式化字符向量

字符向量	描　　述
%n	读取数字并且转换 double 类型数据
%d	读取数字并且转化为 int32 类型
%d8	读取数字并且转化为 int8 类型
%d16	读取数字并且转化为 int16 类型
%d32	读取数字并且转化为 int32 类型
%d64	读取数字并且转化为 int64 类型
%u	读取数字并且转化为 uint32 类型
%u8	读取数字并且转化为 uint8 类型
%u16	读取数字并且转化为 uint16 类型
%u32	读取数字并且转化为 uint32 类型
%u64	读取数字并且转化为 uint64 类型
%f	读取数字并且转换 double 类型数据
%f32	读取数字并且转换 single 类型数据
%f64	读取数字并且转换 double 类型数据
%s	读取字符向量
%q	读取字符向量
%c	读取单个字符
%[...]	将格式化字符组合成为数组，读取批量数据
%[^...]	将格式化字符组合成为数组，但是不按照匹配类型读取数据
%*n...	忽略前 n 个字符

附录 F MATLAB 运算符的优先级

MATLAB 能够实现各种运算，例如算术运算、逻辑运算、关系运算等。运算符同样具有一定的优先级，这些优先级可以划分为不同的层次，在同一层次上，运算的优先级相同，将根据在表达式中出现的位置，从左至右执行：

(1) 圆括号 ()；

(2) 转置(.')、幂运算(.^)、复转置(')、矩阵幂(^)；

(3) 一员加法(+)、一员减法(-)、逻辑反(~)；

(4) 乘法(.*)、右除法(./)、左除法(.\)、矩阵乘法(*)、矩阵右除法(/)、矩阵左除法(\)；

(5) 加法(+)、减法(-)；

(6) 冒号运算符(:)；

(7) 小于(<)、小于等于(<=)、大于(>)、大于等于(>=)、等于(==)、不等于(~=)；

(8) 元素与 AND(&)；

(9) 元素或 OR(|)；

(10) 逻辑与(&&)；

(11) 逻辑或(||)。

 注意：

MATLAB 的运算符 & 要比运算符| 的优先级高，因此对于表达式 a|b&c 相当于 a|(b&c)。同样对于逻辑与运算和逻辑或运算也要注意。可以使用圆括号改变默认的优先级。

附录G　实用命令

1. 显示控制

启动脚本	\<matlabroot>\toolbox\local\startup.m
format	设置输出格式
echo	控制 M-文件命令输出是否在屏幕显示
more	控制屏幕滚动输出
diary	保存 MATLAB 进程的文本
disp	在屏幕上显示表达式产生的字符/结果输出(无变量赋值)
;	抑制计算结果在屏幕上的显示
...	在下一行继续书写表达式
↑	滚动显示前面输入的命令，调用命令行历史
???↑	滚动显示前面以???开头的命令，调用命令行历史
Esc	清除命令行

2. 文件和目录

pathtool	路径浏览器
pwd	显示当前工作目录
cd	显示当前工作目录
ls 或 dir	当前目录下内容列表
which	查询函数/变量的来源
clear	从内存中清除函数/变量
what	显示目录中的文件(按类型归类)
mkdir	创建目录
copyfile	把文件从原来的位置拷贝到另一位置
delete	删除指定文件
type	显示指定文本的内容
!	调用操作系统命令

3. 变量的使用

workspace	工作空间浏览器
openvar	变量编辑器
who	显示工作空间中的变量
whos	显示 workspace 中的变量的详细信息(尺寸，空间占用，用途，类型)
which	查询函数/变量的来源
clear	从内存中清除函数/变量
size	返回矩阵的尺寸
length	显示最大维数的大小

4. 创建矩阵

zeros	全零矩阵
ones	全 1 矩阵
eye	单位矩阵
rand	均匀分布随机数矩阵
randn	正态分布随机数矩阵
diag	创建诊断矩阵/提取诊断信息
pascal	帕斯卡矩阵
magic	幻方阵

5. 字符向量/字符串操作

strvcat	字符向量垂直拼接(空行填充空串)
str2mat	字符向量转成矩阵(空串忽略)
strcmp	比较整个字符向量
strncmp	比较前 N 个字符
strfind	在另一个字符向量中查找一个字符向量
num2str	数值矩阵转成字符向量数组
str2num	字符向量转成数值数组

以上函数的详细信息请参阅 MATLAB 的帮助文档。

参 考 文 献

[1]　MATLAB Programming Tips. The MathWorks Inc., 2020.

[2]　Using MATLAB. The MathWorks Inc., 2020.

[3]　Using MATLAB Graphics. The MathWorks Inc.,2020.

[4]　Creating Graphical User Interfaces. The MathWorks Inc., 2020.

[5]　MATLAB Release Notes. The MathWorks Inc., 2020.

[6]　ROBBINS M. Good MATLAB Programming Practices for the Non-Programmer. MATLAB Central File Exchange,2003.https://www.mathworks.com/matlabcentral/fileexchange/2371-good-matlab-programming-practices.

[7]　JOHNSON R. MATLAB Programming Style Guidelines. MATLAB Central File Exchange, 2003. https://www.mathworks.com/matlabcentral/fileexchange/2529-matlab-programming-style-guidelines.

[8]　PEYRE G. MATLAB Tips & Tricks. MATLAB Central File Exchange, 2007. https://www.mathworks.com/matlabcentral/fileexchange/5642-matlab-tips-tricks.

[9]　SCHESTOWITZ R Z. MATLAB GUI Tips: Collated advice on construction of user interfaces[M]. University of Manchester, 2004.